高等职业教育"十三五"规划教材

建筑机械与设备

（第3版）

主　编　陈裕成　李　伟
副主编　唐　文　宋光辉

北京理工大学出版社
BEIJING INSTITUTE OF TECHNOLOGY PRESS

内 容 提 要

　　本书根据高职高专院校人才培养目标以及专业教学改革的需要进行编写，全面系统地阐述了常用建筑施工机械设备的工作原理及操作方法。全书共分为八章，主要内容包括：建筑施工机械与设备管理、施工动力与电气设备、建筑起重吊装与运输机械、土石方工程机械与设备、桩工机械、混凝土机械、钢筋机械与设备、其他建筑施工机械与设备等。

　　本书可作为高职高专院校建筑工程技术等相关专业的教材，也可以作为建筑机械设备管理人员的培训教材和常备参考用书。

版权专有　侵权必究

图书在版编目（CIP）数据

　　建筑机械与设备 / 陈裕成，李伟主编. —3版. —北京：北京理工大学出版社，2019.2
（2019.3重印）
　　ISBN 978-7-5682-6646-8

　　Ⅰ.①建… 　Ⅱ.①陈… ②李… 　Ⅲ.①建筑机械—高等学校—教材 ②建筑设备—高等学校—教材 　Ⅳ.①TU6②TU8

　　中国版本图书馆CIP数据核字（2019）第009947号

出版发行 / 北京理工大学出版社有限责任公司
社　　址 / 北京市海淀区中关村南大街5号
邮　　编 / 100081
电　　话 / （010）68914775（总编室）
　　　　　 （010）82562903（教材售后服务热线）
　　　　　 （010）68948351（其他图书服务热线）
网　　址 / http://www.bitpress.com.cn
经　　销 / 全国各地新华书店
印　　刷 / 河北鸿祥信彩印刷有限公司
开　　本 / 787毫米 ×1092毫米　1/16
印　　张 / 14.5　　　　　　　　　　　　　　　　　　　责任编辑 / 江　立
字　　数 / 343千字　　　　　　　　　　　　　　　　　文案编辑 / 江　立
版　　次 / 2019年2月第3版　2019年3月第2次印刷　　　责任校对 / 周瑞红
定　　价 / 42.00元　　　　　　　　　　　　　　　　　责任印制 / 边心超

一直以来，随着我国经济建设的迅速发展和科学技术的进步，建筑机械与设备管理一直是施工企业在施工管理过程中所关心的话题。其不仅是工程建设的核心组成部分，也是施工企业管理的重要核心组成部分。机械与设备管理对提高工程质量安全和安全质量具有重要的现实意义。它也是企业规范化管理的重要内容之一。

机械与设备管理不仅达到了掌握设备的物质运动规律以及确保机械设备处于良好的状态下工作的目的，同时也提高了施工企业在建筑工程项目中的经济效益。因此，提高企业管理人员和即将进入建筑行业的高职高专院校学生对建筑机械与设备的管理水平，使他们深入了解各种建筑机械与设备的分类及特点、构造与工作原理、技术性能参数与生产率，熟练掌握机械与设备的安全使用技术，成为具有实际操作能力的高素质人才是十分必要的。

本书第1、2版自出版发行以来，得到了广大读者的认可和支持，但随着一些新技术和新型机械设备的出现，书中原有的内容已经略显陈旧，无法满足广大读者的需求，为此，我们再次对本书进行了全面的修订和补充。

本次修订以第1、2版为基础，以理论知识为立足点，着重介绍了机械设备安全使用技术和技能参数等内容，以培养学生在实际工程施工中的动手操作能力为主。本次修订删去了在实际施工中已被淘汰的机械设备知识，同时增添了一些新机械设备的知识点，并运用计算式、图片、表格等方式，从各个方面对新型机械与设备进行了阐述，使学生能够与时俱进，掌握最新的科学技术知识，适应新形势下的建筑行业环境。本次修订的另一个亮点是对于新增加的一些次要和带有延展性的知识点以二维码方式呈现，从而增加了本书阅读上的生动性。

本书由漳州职业技术学院陈裕成、华诚博远工程咨询有限公司李伟担任主编，由湖南有色金属职业技术学院唐文、云南工商学院宋光辉担任副主编。具体编写分工为：陈裕成编写第一章、第七章、第八章，李伟编写第五章、第六章，唐文编写第二章、第四章，宋光辉编写第三章。

本次修订时参阅了国内同行的一些著作，也得到了部分高职高专院校老师的帮助并提出了许多宝贵意见和建议，在此表示感谢。

限于编者的学识和专业水平有限，本书修订后仍难免有疏漏或不妥之处，恳请广大读者批评指正。

编　者

第 2 版前言

机械与设备是建筑施工企业至关重要的施工工具，是完成建筑工程施工任务的基础，也是保证建筑工程施工质量的关键。确保建筑机械设备资源的使用能力，以良好的设备经济效益为建筑工程施工企业生产经营服务，是建筑机械设备管理的主题和中心任务，也是建筑工程施工企业管理的重要内容。

近年来，随着我国建筑行业飞速发展，各种施工机械设备不断涌现，为充分发挥机械设备效能和挖掘机械设备的潜力，加大建筑施工企业机械与设备的管理力度就显得尤为重要，这也要求广大建筑施工企业管理人员必须提高对施工机械设备的重视程度，并采取措施提高自身的机械与设备管理水平。对于即将进入建筑工程施工领域工作的高职高专院校学生来讲，了解常用施工机械设备的工作原理，掌握必要机械设备的操作方法，具备一定的施工机械设备管理能力是非常有必要的。

本书第1版对帮助广大高职高专院校师生认识并了解常用建筑机械设备，从而具备一定的施工机械设备管理能力发挥了很好的作用。但随着大量新型施工机械设备不断涌现，加之部分施工机械设备安全使用规程的不断修订与完善，书中部分内容已经不能满足当前建筑施工的实际需要，也不符合目前高职高专院校教学工作的需求，为此，我们组织了有关专家、学者对教材进行了修订。

本次修订以第1版为基础，坚持以理论知识够用为度，遵循"立足实用、打好基础、强化能力"的原则，以培养面向生产第一线的应用型人才为目的，强调提升学生的实践能力和动手能力。本次修订时在保留原书必需的建筑机械设备基本原理及操作方法的基础上，删去了与建筑工程施工相关性不大的机械设备，重点对近年来建筑工程施工领域不断涌现的新型施工机械设备进行了必要的补充，从而强化了教材的实用性和可操作性。全书各章后"思考与练习"部分增加填空题和选择题，有利于学生课后复习参考，强化应用所学理论知识解决工程实际问题的能力，能更好地满足高职高专院校教学工作的需要。

本书由漳州职业技术学院陈裕成担任主编，河北科技学院赵荣山、吉林铁道职业技术学院韩阳担任副主编；其中，第一章、第三章、第四章、第五章由陈裕成编写，第二章、第六章由赵荣山编写，第七章、第八章由韩阳编写。

本书在修订过程中参阅了国内同行多部著作，部分高职高专院校老师提出了很多宝贵意见，在此表示衷心感谢！对于参与本书第1版编写但未参与本次修订的老师、专家和学者，本书所有编写人员向你们表示敬意，感谢你们对高等职业教育改革所做出的不懈努力，希望你们对本书保持持续关注并多提宝贵意见。

限于编者的学识及专业水平和实践经验，本书修订后仍难免有疏漏或不妥之处，恳请广大读者指正。

编　者

建筑机械化程度是衡量一个国家建筑工业水平的重要指标。在建筑施工中采用机械，对于减轻体力劳动、节约劳动力、提高劳动生产率、加速工程进度、提高工程质量、降低工程造价，起着重要的作用。近年来，随着先进的施工机械大量引进和国产施工机械的快速发展，机械施工已成为施工企业的主要生产手段，管好、用好、维修好机械设备，充分发挥机械设备作用，已成为施工企业立足市场、提高市场竞争能力的重要条件。

高等职业技术教育作为我国教育的一种重要形式，致力于培养具备基础理论知识、技术应用能力强、知识面较宽、素质高的应用型人才。多年来，高等职业技术教育为我国人才的培养和输送做出了突出的贡献。随着我国建设事业的迅速发展，高等职业技术教育已进入一个蓬勃发展的阶段。为适应高等职业技术教育的发展需求，保证高等职业技术教育的标准与规格，规范教育行为与过程，突出高等职业技术教育特色，加强高等职业技术教材建设，我们特意组织编写了本教材。

"建筑机械与设备"是高职高专院校土建学科相关专业一门重要的技术基础课，对于建筑工程施工与管理具有非常重要的指导作用。本教材根据全国高职高专教育土建类专业教学指导委员会制定的教育标准和培养方案及主干课程教学大纲组织编写，以适应社会需求为目标，以培养技术能力为主线，以"必需、够用"为度，以"讲清概念、强化应用"为重点，深入浅出，注重实用。通过本教材的学习，学生可了解建筑机械的分类、性能和基本构造，掌握建筑机械的用途和使用方法。

本教材共分八章，从施工动力机械和液压装置、土方工程机械、压实机械、起重运输机械、钢筋机械、混凝土机械、桩工机械及水工机械、装修机械等方面介绍了建筑施工常用机械设备的构造、特点、使用要点及操作方法。此外，书中配有大量机械设备图，图文并茂，形象直观，有利于学生熟悉和理解建筑机械的原理，进而掌握相关机械的操作技能。

为方便教学，本教材各章前设置【学习重点】和【培养目标】，各章后设置【本章小结】和【思考与练习】，从更深层次给学生以思考、复习的提示，由此构建了"引导—学习—总结—练习"的教学模式。

本书由陈裕成主编，刘继媛、常亮副主编，可作为高职高专院校土建学科相关专业教材，也可供建筑工程设计与施工人员参考使用。本教材编写过程中参阅了国内同行多部著作，部分高职高专院校教师提出了很多宝贵意见，在此表示衷心的感谢！

本教材虽经推敲核证，但限于编者的专业水平和实践经验，仍难免有疏漏或不妥之处，恳请广大读者指正。

编　者

Contents 目录

第一章　建筑施工机械与设备管理

:·: 知识目标

　　了解机械与设备管理体系中各管理部门和人员的主要职责,掌握机械与设备管理的"三定"制度、交接制度、调动制度和凭证操作制度;熟悉机械与设备固定资产的组价、机械与设备技术档案,掌握机械与设备固定资产的折旧、保值、增值,机械与设备登记卡片、台账,机械与设备信息化管理、投资经营管理和租赁经营管理。

:·: 能力目标

　　通过本章内容的学习,能够进行机械与设备的固定资产管理、资料管理、信息化管理、投资经营管理及租赁经营管理。

第一节　机械与设备固定资产管理

　　机械与设备固定资产是指属于固定资产的机械与设备,是建筑施工企业固定资产的主要组成部分,是企业施工生产的物质技术和经济实力的体现。

一、机械与设备固定资产的组价

　　机械与设备固定资产按货币单位进行组价,在机械固定资产核算中,有**原值**、**净值**、**重置价值**和**残值**四种计价项目。

　　1. 机械与设备固定资产的原值

　　原值又称原始价值或原价,是企业在制造、购置某项机械与设备固定资产时实际发生的全部费用支出,包括制造费、购置费、运杂费和安装费等,或以债务重组取得的资产的价值。它反映机械固定资产的原始投资,是计算折旧的基础。

　　2. 机械与设备固定资产的净值

　　净值又称折余价值,是机械与设备固定资产原值减去其累计折旧的差额,反映继续使用中的机械与设备固定资产尚未折旧部分的价值。通过净值与原值的对比，可以了解企业机械与设备固定资产的平均新旧程度。

3. 机械与设备固定资产的重置价值

重置价值又称重置完全价值，是按照当时生产和市场价格水平，将设备视为重新购置所需全部支出。一般在企业获得馈赠或盘盈机械与设备固定资产无法确定原值时，经有关部门批准，企业对机械与设备固定资产进行的重新估价。

4. 机械与设备固定资产的残值

机械与设备固定资产的残值是指固定资产报废时的残余价值。

二、机械与设备固定资产的折旧

机械与设备固定资产的折旧是指机械与设备固定资产在使用过程中因磨损而造成的价值损耗。随着生产的进行，使之逐渐转移到产品成本中，形成价值的转移；转移的价值从生产中得到价值补偿，以货币形式提取并累积起来，形成折旧基金，用于机械与设备固定资产的技术改造或更新换代。

1. 机械与设备固定资产折旧年限

机械与设备固定资产折旧年限是企业按照法律、法规的规定，结合企业管理权限由企业自行制定并经有关会议研究形成文字，报有关部门备案。其一经批准，企业即以文件形式固定下来，不应随意改变。机械与设备固定资产折旧年限原则上要与其预定的经济使用年限或平均使用年限相一致。确定机械与设备固定资产折旧年限时，应考虑表 1-1 中的各项因素。

表 1-1 机械与设备固定资产折旧年限的影响因素

序号	影响因素	内容
1	有形损耗	包括两个方面： (1)由于使用产生的物质磨损，即在使用过程中，由物质实体相对运动造成的磨损、腐蚀等； (2)虽未使用，但物质实体受到自然力的侵蚀(如锈蚀、酸蚀、变形等)而造成的自然损耗
2	无形损耗	包括两种情况： (1)由于劳动生产率的提高，生产同样效能的设备成本降低，价格便宜，使原有设备的价格相应降低所造成的损失，又称价值损耗； (2)由于新技术的出现，使原有资产贬值造成的损耗，又称效能损耗。 这两种损耗速度的快慢，决定折旧年限的长短
3	投资回报期限	(1)回收期过长则投资回收慢，会影响机械与设备正常更新和改造的进程，不利于企业技术进步； (2)回收期过短则会提高生产成本，降低利润，不利于市场竞争

总之，机械与设备固定资产折旧年限对企业长期发展是至关重要的。为此，企业在制定机械与设备固定资产折旧年限时，要依照国家的法律、法规和行业有关规定，结合企业的实际情况确定。

2. 机械与设备固定资产计提折旧的方式

施工企业机械与设备固定资产计提折旧一般有以下三种方式：

(1)综合折旧：即按企业全部固定资产综合折算的折旧率计提折旧额。这种方式简便易行，但不能根据固定资产的性质、结构和使用年限而采用不同的折旧率，目前已很少采用。

(2)分类折旧：即按分类折旧年限的不同，将固定资产进行归类，计提折旧。这是国家颁发折旧条例中要求企业实施的方式。

(3)单项折旧：即按每项固定资产的预定折旧年限或工作量定额分别计提折旧，适用于工作量法、加速折旧法计提折旧的机械与设备和固定资产调拨、调动和报废时分项计算计提折旧。

3. 折旧的计算方法

折旧的计算方法很多，一般有线性折旧法、工作量法和加速折旧法。

(1)线性折旧法。 线性折旧法也称为直线法或平均年限法，即根据固定资产原值、预计净残值率和折旧年限计算折旧。线性折旧法适用的条件包括：资产效益的降低是时间流逝的函数，而不是使用状况的函数；利息因素可忽略不计；在资产使用年限中，修理、维修费用，操作效率均基本不变。

线性折旧法的计算公式为

$$年折旧率=\frac{1-预计净残值率}{折旧年限}\times100\%$$

年折旧额的计算公式为

$$年折旧额=固定资产原值\times年折旧率$$

【例 1-1】 某企业有一座仓库，原值为 100 万元，预计使用年限为 20 年，预计净残值率为 4%，计算该仓库年折旧率和年折旧额。

【解】 $年折旧率=\frac{1-4\%}{20}\times100\%=4.8\%$；$年折旧额=100\times4.8\%=4.8（万元）$。

(2)工作量法。 工作量法实际上也是直线法，只不过是按照固定资产所完成工作量平均计算每期的折旧额。工作量法适用于专用设备折旧的计算。

1)交通运输企业和其他企业专用车队的客货运汽车，按照行驶里程计算折旧费，其计算公式如下：

$$单位里程折旧费=\frac{原值\times(1-预计净残值率)}{规定的总行驶里程}$$

$$年折旧费=单位里程折旧费\times年实际行驶里程$$

2)大型专用设备，可根据工作小时计算折旧费，其计算公式如下：

$$每工作小时折旧费=\frac{原值\times(1-预计净残值率)}{规定的总工作小时}$$

$$年折旧费=每工作小时折旧费\times年实际工作小时$$

【例 1-2】 某企业购入货运卡车一辆，原值为 15 万元，预计净残值率为 5%，预计总行驶里程为 60 万千米，当年行驶里程为 3.6 万千米，计算该项固定资产当年折旧额。

【解】 $单位里程折旧额=\frac{15\times(1-5\%)}{60}=0.2375（万元/万千米）$

$$本年折旧额=3.6\times0.2375=0.855（万元）$$

(3)加速折旧法。 加速折旧法又称递减折旧费用法，是指在固定资产使用前期提取折旧费较多，在后期提得较少，使固定资产价值在使用年限内尽早得到补偿的折旧计算方法。它是一种鼓励投资的措施，国家先让利给企业，加速回收投资，增强还贷能力，促进技术进步。加速折旧法的适用条件包括：修理和维修费是递增的；收入和操作效率是递减的；承认固定资产在使用过程中所实现的利息因素；后期收入难以预计。

加速折旧的方法很多，有双倍余额递减法和年数总和法等。

1）双倍余额递减法。双倍余额递减法是以平均年限法确定的折旧率的双倍乘以固定资产在每一会计期间的期初账面净值，从而确定当期应提折旧的方法。其计算公式为

$$年折旧率=\frac{2}{折旧年限}\times100\%$$

$$年折旧额=固定资产净值\times年折旧率$$

实行双倍余额递减法时，应在折旧年限到期前两年内，将固定资产净值扣除净残值后的净额平均摊销。

【例1-3】 某高新技术企业进口一条生产线，固定资产原值为80万元，预计使用5年，预计净残值为1.6万元。试对该生产线按双倍余额递减法计算各年折旧额。

【解】 $年折旧率=\frac{2}{5}\times100\%=40\%$

第一年计提折旧额＝80×40％＝32（万元）

第二年计提折旧额＝（80−32）×40％＝19.20（万元）

第三年计提折旧额＝（80−32−19.2）×40％＝11.52（万元）

第四年计提折旧额＝$\frac{(80-32-19.2-11.52)-1.6}{2}$＝7.84（万元）

第五年计提折旧额＝$\frac{(80-32-19.2-11.52)-1.6}{2}$＝7.84（万元）

上述计算结果见表1-2。

表1-2 年折旧额计算结果

年份	年初净值/万元	折旧率/％	折旧额/万元	累计折旧额/万元	年末净值/万元
0	0	0	0	0	80
1	80	40	32	32	48
2	48	40	19.20	51.20	28.80
3	28.80	40	11.52	62.72	17.28
4	17.28	—	7.84	70.56	9.44
5	9.44	—	7.84	78.40	1.60

2）年数总和法。年数总和法是以固定资产原值扣除预计净残值后的余额作为计提折旧的基础，按照逐年递减的折旧率计提折旧的一种方法。采用年数总和法的关键是每年都要确定一个不同的折旧率。其计算公式为

$$年折旧率=\frac{折旧年限-已使用年数}{折旧年限\times(折旧年限+1)\div2}\times100\%$$

$$年折旧额=(固定资产原值-预计净残值)\times年折旧率$$

【例1-4】 某高新技术企业进口一条生产线，固定资产原值为40万元，预计使用5年，预计净残值为1.6万元，在折旧期限内，各年的尚可使用年限分别为5年、4年、3年、2年和1年，年数总和为15年。试对该生产线按年数总和法计算各年折旧额。

【解】 第一年：

$$年折旧率=\frac{5}{15}=33.33\%$$

$$年折旧额＝(40-1.6)\times\frac{5}{15}=12.80(万元)$$

第二年：

$$年折旧率＝\frac{4}{15}=26.67\%$$

$$年折旧额＝(40-1.6)\times\frac{4}{15}=10.24(万元)$$

第三年：

$$年折旧率＝\frac{3}{15}=20\%$$

$$年折旧额＝(40-1.6)\times\frac{3}{15}=7.68(万元)$$

第四年：

$$年折旧率＝\frac{2}{15}=13.33\%$$

$$年折旧额＝(40-1.6)\times\frac{2}{15}=5.12(万元)$$

第五年：

$$年折旧率＝\frac{1}{15}=6.67\%$$

$$年折旧额＝(40-1.6)\times\frac{1}{15}=2.56(万元)$$

上述计算结果见表1-3。

表1-3　年折旧额计算结果

年份	尚可使用年限	(原值－残值)/万元	折旧率	折旧额/万元	累计折旧额/万元	净值/万元
0	—	—	—	—	—	40
1	5	38.4	5/15	12.80	12.80	27.20
2	4	38.4	4/15	10.24	23.04	16.96
3	3	38.4	3/15	7.68	30.72	9.28
4	2	38.4	2/15	5.12	35.84	4.16
5	1	38.4	1/15	2.56	38.40	1.60

　　由于固定资产到了后期，需要修理的次数增多，发生事故的风险增大，所以使用时间减少，收入也随之减少；另一方面，由于操作效率通常将降低，导致产品产量减少，质量下降，也会使收入减少。另外，效率降低还会造成燃料、人工成本的升高，乃至原材料使用上的浪费；加上修理和维修费不断增加，以及设备陈旧，竞争乏力，均会使资产的净收入在后期少于前期。因而在大多数情况下，选择加速折旧是合理的。

三、机械与设备的保值、增值

　　保值、增值是物有所值和物超所值。保值是对机械与设备资产管理的最低底线。企业对机械与设备的管理必须力求在保值的基础上达到增值，以保证企业机械与设备的良性循环，推动机械与设备资产经营效益和企业生产力的增长。

1. 机械与设备保值、增值的途径

机械与设备保值、增值的途径即加强机械与设备的日常维护和保养。只有保养及时、到位，才能使机械与设备少出问题或不出问题，从而减少维修次数，降低维修费用。通过机械与设备的日常保养工作，还能及时发现机械与设备的故障，并及时采取措施，避免出现大的故障或机械与设备事故，从而降低维修费用和使用成本，使机械与设备始终处于完好状态，提高机械与设备的利用率并延长机械与设备的使用寿命。

2. 机械与设备固定资产保值、增值的考核

进行机械与设备固定资产保值、增值的考核有利于推动机械与设备资产经营和企业生产力的提高。施工企业应该制定对机械与设备保值、增值的考核指标，见表1-4。

表 1-4　机械与设备保值、增值的考核指标

序号	考核指标	计算公式	说明
1	机械与设备折旧提取率	$机械与设备折旧提取率 = \dfrac{报告期实提折旧额}{报告期应提折旧额} \times 100\%$	机械与设备折旧提取率≥100%，应视为机械与设备资产处置已获得保值、增值的效果
2	机械与设备完好率	$机械与设备完好率 = \dfrac{报告期机械与设备完好台日数}{报告期机械与设备日历台日数} \times 100\%$	延长机械与设备使用寿命，延长机械与设备的修理间隔期；减少维修费用支出，本身就是机械与设备科学管理效益的体现。设备完好率带动利用率（出租率）的增加，利用率的增加带动收益的增加，收益的增加越多，其增值越大。在机械与设备的考核过程中，不能孤立地对待其中某一台机械与设备，也不能以一台件为计算单位，关键是平衡考虑，一般以一个年度或一个工作周期为考核基准时段。以本企业现有机械与设备为基数，综合计算
3	机械与设备利用率	$机械与设备利用率 = \dfrac{报告期机械与设备实际作业台日数}{报告期机械与设备日历台日数} \times 100\%$	

四、机械与设备固定资产管理实务

(一)采购与验收、入库

1. 采购

机械与设备的采购是确立了采购对象之后发生的公平的币、货交换过程。一般来说，一个企业关于机械与设备采购的基本程序如下：

(1)对采购产品的选型与确认，即货源验证；验证产品是否合格，是否能满足需求；产品及证明材料是否一致。

(2)对生产厂家的认可，即厂家的技术能力、生产工艺、生产产品的历史及规模、售后服务等。

(3)评估供方的社会信誉。

(4)评估供方的经营诚信。

按上述程序对供方进行综合评估后，选择几家供方按照市场规则进行性价对比，再根据企业内部的审批程序签订采购合同、履行合同。

2. 验收、入库

机械与设备到货后，应按合同进行验收。对机械与设备的验收主要是按有关标准规定

做技术性能试验，对随机附件、易损备品配件、专用工具、有关技术资料等进行清点，填写《新机械与设备验收记录表》，如发现问题应立即与供方交涉，提出更换和索赔。

验收合格后，要做好验收交接记录，及时登记入账，填写机械与设备技术卡片，建立机械与设备技术档案及办理有关手续。

机械与设备入库要凭机械与设备管理部门的《机械与设备入库单》，并核对机械与设备型号、规格、名称等是否相符，认真清点随机附件、备品配件、工具及技术资料，经验收无误签认后，将其中一联通知单退还给机械与设备管理部门以示接收入库，并及时登记建立库存卡片。

(二)储存与保管

1. 储存要求

机械与设备存放时，要根据其构造、质量、体积、包装等情况，选择相应的仓库，按不同要求进行存放保管。

(1)存放机械与设备应逐台、逐套分开，避免混杂，要留有一定空间，便于维护和搬运。存放的机械与设备上要挂标牌，注明机械与设备的名称、型号、规格、编号、进库日期等。需要分开保管的装置、附件等都要挂上标牌，标注内容应与主机一致，并标注存放地点等。

(2)受日晒雨淋等影响较小并有完整机室的大型机械与设备和体积庞大的设备等，可存放在露天仓库，要用枕木或条石垫底，使底部与地面保持一定距离。存放时要用篷布遮盖绑扎。机械与设备构件的非加工面要涂刷防锈漆，加工面涂油脂后再用油布包扎，防止锈蚀。

(3)不宜日晒雨淋而受风沙与温度变化影响较小的机械与设备，如切割机、弯曲机、内燃机等和一些装箱的机电设备，可存放在棚式仓库。

(4)受日晒雨淋和灰砂侵入易受损害、体积较小、搬运较方便的设备，如电气设备、工具、仪表以及机械与设备的备品配件和橡胶制品、皮革制品等，应储存在室内仓库。

2. 库存机械与设备的保管要求

(1)保持机械与设备清洁。入库前应将污渍、锈蚀擦拭干净，放尽机体内积水或冷却水，在金属表面涂以保护层，如防锈漆、润滑脂(不宜使用钠基润滑脂)等；对橡胶制品用纸包裹。

(2)入库机械与设备应按类型、规格分别排列整齐，机体行列间距离应以搬运方便为标准。不耐压力的物体不得重叠堆放；不宜挤压、弯曲的物件应放平垫实。

(3)精密的设备或仪器、仪表应装箱入库，箱内周围需衬垫油毛毡或防水纸，以防雨水潮气侵入。必要时，箱内应放干燥剂和衬垫防振材料；箱外应标明防振、怕压、不得卧置等标志。

(4)存放电动机、电焊机等电气设备的地点，必须干燥通风，不得与存放油污或有腐蚀性气体的物体接近，更不得在露天存放。露天存放机械与设备上的电动机，也应拆下存放室内。

(5)通向机械与设备内部的各管口，如进水口、加油口、通气口、检查孔等，均应用盖板或木塞封闭，特别是方向朝上的管口，必须严密堵塞。

(6)使用蓄电池的机械与设备，应将蓄电池从机体上拆下，送电工间保管。存放三个月以上时，应将蓄电池的电液放出并清洗，进行放电状态的干式保管或每月按规定进行充电的湿式保管。

(7)内燃发动机应定期(1~2个月，温度、湿度较高时应缩短时间)启动运转几分钟，使其内部润滑，防止锈蚀。

(三)机械与设备的保养

机械与设备应定期进行保养，一般情况下每月保养一次，潮湿季节每半月保养一次。其作业包括以下内容：

(1)清除机体上的尘土和水分。

(2)检查零件有无锈蚀现象，封存油是否变质，干燥剂是否失效，必要时应进行更换。

(3)检查并排除漏水、漏油现象。

(4)有条件时使机械与设备空运转几分钟，并使工作装置动作，以清除相对运动零件、配件表面的锈蚀，改善润滑状况和改变受压位置。

(5)电动机械与设备根据情况进行通电检查。

(6)选择干燥天气进行保养，并打开库房门窗，通风换气。

(四)机械与设备的报废、转移与处理

1. 机械与设备的报废或转移

机械与设备由于存在严重的有形或无形损耗，不能继续使用而退役，称为机械与设备报废。由于企业的发展，有的机械与设备已不适用，按照等价的原则抵出的称为转移。

(1)机械与设备报废或转移的条件。

1)磨损严重，基础件已损坏，再进行大修已不能达到使用和安全要求的。

2)技术性能落后，耗能高，效率低，无修理改造价值的。

3)修理费用高，在经济上不如更新合算的。

4)属于淘汰机型，又无配件来源的。

5)企业不适用的。

(2)机械与设备报废或转移的程序。

1)需报废或转移的机械与设备，由专家小组开展技术鉴定，如确认符合报废条件，应填写《机械与设备报废申请表》，按规定程序报批。

2)申请报废的机械与设备，应按规定提足折旧。由于使用不当、保管不善或由于事故造成机械与设备早期报废，查明原因后方可报废。

2. 机械与设备的处理

(1)闲置机械与设备的处理。

1)对闲置机械与设备要妥善保管，防止丢失和损坏。

2)企业要积极处理闲置或认为闲置的机械与设备，处理时或债务重组偿还债务时应合理作价，按质论价，并经双方协商同意，签订合同，按合同办事。

3)企业处理闲置机械与设备时，应建立集体决策制度、监督管理制度和完善的审批程序，参考应用表格《机械与设备报废申请表》。

4)不要将国家明文规定淘汰、不许扩散和转让的机械与设备作为闲置机械与设备进行处理。

(2)报废机械与设备的处理。

1)对已报废机械与设备应及时处理，按政策规定淘汰的机械与设备不得转让。

2)对能利用的零部件可拆除留用，不能利用的作为原材料或废钢铁处理。

(五)机械固定资产的清查盘点

按照国家对企业机械固定资产进行清查盘点的规定,企业应每年不少于一次对机械固定资产进行清查盘点,清查盘点工作由企业主要领导负责:由总经理担任总盘点人,负责盘点工作的总指挥,督导盘点工作的进行及异常事项的裁决;由各部门的部门主管担任主盘点人,负责实际盘点工作的推动及实施;由主管部门相关负责人员担任盘点人,负责点计数量;由企业负责监督(审计)的部门派员担任监点人。

1. 制定清查盘点工作办法

《清查盘点工作办法》要明确清查盘点的目的、范围、盘点的方式、书写及格式要求、开始时间、截止日期、盘点表最后报表时间、对盘点出现的问题进行处理的方式。

2. 确定盘点程序

(1)机械与设备管理部门核对台账、卡片、实物。

(2)机械与设备管理部门与财务部门核对账目。

3. 盘点注意事项

(1)所有参加盘点工作的人员,对于本身的工作职责及工作程序,必须清楚明了。

(2)盘点使用的单据、报表内所有栏目需修改处,均须经盘点有关人员签认方可生效。

(3)所有盘点数据必须以实际清点、磅秤计量或换算的确实资料为依据,不得以估算、猜想、伪造数据记录。

第二节　机械与设备资料管理

机械与设备资料是指该机械与设备进厂(场)使用至今的技术与经济状态的文字和图像等记录。机械与设备资料是设备指导、使用、管理、维修的重要依据,是能够保证设备维修质量、使设备处于良好的技术状态。机械与设备资料的管理必须坚持集中管理。对机械设备进行资料管理的目的是确保档案资料的完整、准确、系统和安全,充分发挥机械设备档案资料的作用。

机械与设备的资料管理主要包括机械与设备登记卡片、机械与设备台账、机械与设备技术档案等。

一、机械与设备登记卡片

机械与设备登记卡片是反映机械与设备主要情况的基础资料,由企业机械与设备管理部门建立,一机一卡,按机械与设备分类顺序排列,由专人负责管理,应及时填写。

该卡片一般可分为正面、反面两面。其主要内容包括:正面记载机械与设备各项自然情况,如机械与设备和动力的厂型、规格、主要技术性能,附属设备、替换设备等情况;反面记载机械与设备主要动态情况,如机械与设备运转、修理、改装、事故等。

二、机械与设备台账

机械与设备台账是掌握企业资产状况,反映企业各类机械与设备拥有量、机械与设备分布及其变动情况的主要依据，它以《企业机械与设备分类及编号目录》为依据，按机械与设备编号顺序排列，其主要内容是机械与设备的静态情况，由企业机械与设备管理部门建立和管理，作为掌握机械与设备基本情况的基础资料。

三、机械与设备技术档案

机械与设备技术档案是指机械与设备自购入（或自制）开始直到报废或转移为止整个过程中的历史技术资料，能系统地反映机械与设备物质形态运动的变化情况，是机械与设备管理不可缺少的基础工作和科学依据。

1. 机械与设备技术档案的内容

机械与设备技术档案由企业机械与设备管理部门建立和管理，其主要内容如下：

（1）机械与设备随机技术文件，包括：使用、保养、维修说明书，出厂合格证，零部件装配手册，随机附属装置资料，工具和备品明细表，配件目录等。

（2）安装验收和技术试验记录。

（3）改装、改造的批准文件和图纸资料。

（4）送修前的检测鉴定、大修进场的技术鉴定、出厂检验记录及修理内容等有关技术资料。

（5）事故报告单、事故分析及处理等有关记录。

（6）机械与设备交接清单。

（7）其他属于该机的有关技术资料。

2. 机械与设备履历书的内容

机械与设备履历书是一种单机档案形式，它是掌握机械与设备使用情况，进行科学管理的依据。其主要内容如下：

（1）试运转及走合期记录。

（2）运转台时、产量和能源消耗记录。

（3）保养、修理记录。

（4）主要机件及配件更换记录。

（5）机械运转交接记录。

（6）事故记录。

3. 机械与设备技术档案的管理

机械与设备管理部门应有专人负责档案管理，做好如下工作：

（1）收集、整理、保管好机械与设备技术档案和有关技术资料。

（2）做好编目、归档工作，及时提供档案资料，切实为生产、科研和提高机械与设备管理水平服务。

4. 机械与设备技术档案管理的注意事项

（1）原始资料一次填写入档；运行、消耗保养等记录按月填写入档；修理、事故、交接、改装、改造等及时填写入档。列入档案的文件、数据应准确可靠。

（2）机械与设备报废或调动时，技术档案随报废而销毁，随调动而移交。

（3）借阅技术档案应办理准借和登记手续。

第三节　机械与设备信息化管理

随着计算机及网络的普及，企业管理也在向信息化管理迈进。企业应建立一个与企业组织机构相对应的信息机构，分析并确定企业所需信息的类别及其来源。根据需要对信息进行处理、加工、保管，以便及时、准确地向企业各管理层、各部门提供所需要的信息。企业应将现代信息管理系统与计算机直接联系起来，建立起一套完整的计算机信息管理系统。机械与设备信息化管理是企业信息管理系统的子系统。

一、机械与设备信息化管理的必要性

进行机械与设备信息化管理的必要性主要表现在以下几个方面：

（1）机械与设备信息化管理是机械与设备管理现代化的重要基础。机械与设备综合管理、维修保养管理、状态监测与故障诊断等方面的新技术、新方法的有效应用，无不依赖完整、准确的机械与设备管理数据信息的收集与分析。

（2）随着设备水平的不断提高，计算机管理将为提高机械与设备管理工作的质量和效率提供技术支持。

（3）计算机的应用是保证机械与设备管理与其他管理同步发展的重要条件。

（4）计算机化的机械与设备管理是使机械与设备管理规范化、高效率，减少随意性的必经之路。

（5）有利于提高机械与设备资源利用率，辅助企业经营目标的实现。

（6）利用计算机网络对机械与设备进行远程管理是施工企业进行野外施工和远距离施工的需要，有利于施工企业随时掌握企业机械与设备的分布利用情况、机械技术状况等。

二、机械与设备信息化管理的目标

（1）将机械与设备管理的各个方面集成一个规范化的体系，形成规范、科学、高效的机械与设备管理机制，以使机械与设备管理工作得到高效能的组织实施。

（2）通过建立机械与设备管理的数据共享系统，监控机械与设备物质形态与价值形态的动态表现，辅助各级管理部门做出决策，确保企业对资产变动与投资效益的控制。

（3）建立机械与设备管理的事务性工作处理系统，编制各类机械与设备管理的工作账表，并实施管理作业，能快速、准确、高质量和高效率地完成机械与设备管理工作。

三、机械与设备信息化管理的效益表现

机械与设备信息化管理的效益见表1-5。

表 1-5　机械与设备信息化管理的效益

序号	项目	具体表现
1	提高机械与设备管理的工作效率	计算机强大的信息存储和处理能力可快速地完成日常账表制作、分类、分析、统计、比较等工作，因而提高了工作效率，减轻了工作人员的工作负荷

序号	项目	具体表现
2	提高工作质量和管理水平	计算机对管理工作的标准化、规范化的要求可以促进管理工作水平和工作质量的提高；如果计算机的应用深入到现场作业管理，建立从现场主管部门管理的动态信息反馈机制，可有效地提高管理工作的科学化水平
3	提高机械与设备利用率	保障作业计划的准确性和科学性，间接减少养护、修理的次数和工时数，提高机械与设备的利用率
4	对施工机械使用费直接进行控制	在计算机管理中，所有机械与设备作业的记录都要求完整和准确，这就为机械与设备施工作业成本控制提供了量化的条件
5	保持最佳机械与设备投资利润率	综合利用机械与设备管理数据信息，监控机械的寿命周期和效益成本表现，为机械与设备投资和技术改造提供技术工艺标准和技术经济分析资料，保持最佳的机械与设备投资利润率
6	随时掌握机械与设备的状况	利用计算机网络对机械与设备进行远程管理，可以使企业的各级管理层及有关领导随时掌握企业机械与设备的分布利用情况和机械技术状况等

第四节　机械与设备经营管理

机械与设备经营管理主要是指筹划并管理，其次泛指计划和组织，即周密的筹划。机械与设备的经营管理是运用机械与设备去运营、去扩展，利用机械与设备来增加收入，发展扩大机械与设备在企业中的作用。

施工企业机械与设备的经营管理，一般包括投资经营管理和租赁经营管理。

一、机械与设备投资经营管理

施工企业购置机械设备需要占用大量的资金，如何确保机械设备投资能够快速顺利回收，是施工企业机械设备经营管理决策面临的首要问题。

(一)机械与设备规划决策分析

1. 可行性分析与评价

可行性分析与评价是指机械的经济可行性分析与评价。通过机械设备的经济可行性分析，重点解决技术方案的资金来源和均衡使用，以及投资效益的问题。如果购机或机械设备技术改造方案没有资金的支持，一切都将成为空谈。如果有资金支持，但是达不到预期的投资效果，技术方案同样也不能实施。因此，需要分析资金筹集或融资的渠道，分析资金使用的额度、期限和成本，以及企业的偿还能力和投资回收期的目标要求或规定等。企业应根据对符合条件的购机或技术改造方案的评价结果指导技术方案的实施。

2. 必要性分析与评价

必要性分析与评价又可称为常用性分析与评价。它所涉及的问题是建筑施工企业有无必要自己购置某种机械设备，或有无必要采用自有机械设备的方式来满足施工生产需要。如果某种机械设备是不必要的,就不需要购进新机械,现有的旧机械也应该寻找机会通过变价出售或转让的方式淘汰。至于旧机械技术改造问题,应以目标结果为依据来确定其必要性。

必要性分析与评价应以机械设备中长期利用率的目标水平(一般应达到50%~60%),以及机械设备中长期利用率的预测结果为基本依据。结合企业技术装备的中长期战略目标中已经明确的未来从事的建筑结构形式,装备结构调整的原则,施工方法及施工规模等资料数据来综合考察技术方案,只有在经济上符合企业的长远利益时才称得上是必要的。

3. 适用性分析与评价

适用性分析与评价主要是指通过对机械设备进行全面的技术性能分析与评价,考察机械设备能否满足企业未来或当前施工生产需要的决策分析工作。其评价结果也是机械设备新增或技术改造,以及机械设备淘汰的依据。适用性分析与评价,应结合机械合理使用的先天性目标进行,需要把握的问题如下:

(1)明确机械设备的技术性能与建筑结构形式或施工方案之间的匹配关系。

(2)明确机械设备的技术性能与施工作业环境之间的匹配关系。

(3)明确机械设备的技术性能与综合机械化组列之间的匹配关系。

(4)明确其他方面的匹配关系,如机型品牌的匹配应追求单一化,以便于机械设备保养、售后服务和技术改造等。

4. 法规性分析与评价

施工机械设备在工程施工中,主要应符合国家环境保护部门颁布的有关法规和规定,在施工过程中有责任采取有效措施以预防和消除因施工造成的环境污染,应控制扬尘、固体废弃物、污水和噪声的排放,达到绿色施工。

(二)机械与设备投资决策

按时做好机械的维护保养,是保证机械正常运行、延长使用寿命的必要手段。因此,要按规定安排机械保养时间,保证机械按时保养。机械使用中发生故障,要及时排除,严禁带病运行和只使用不保养的做法。

(1)汽车和以汽车底盘为底车的建筑机械,在走合期内,公路行驶速度不得超过30 km/h,工地行驶速度不得超过20 km/h,载重量应减载20%~25%,同时在行驶中应避免突然加速。

(2)电动机械在走合期内应减载15%~20%运行,齿轮箱也应采用黏度较低的润滑油,走合期满应检查润滑油的状况,必要时更换(如装新齿轮或全部更换润滑油)。

(3)机械上原定不得拆卸的部位走合期内不应拆卸,机械走合时应有明显的标志。

(4)入冬前应对操作使用人员进行冬季施工安全教育和冬季操作技术教育,并做好防寒检查工作。

(5)对冬季使用的机械要做好换季保养工作,换用适合本地使用的燃油、润滑油等油料,并安装保暖装置。凡带水工作的机械、车辆,停用后将水放尽。

(6)机械启动后,先低速运转,待仪表显示正常后再提高转速和负荷工作。内燃发动机应有预热程序。

(7)机械的各种防冻和保温措施不得遗漏。冷却系统、润滑系统、液压传动系统及燃料和蓄电池,均应按各种机械的冬季使用要求进行使用和养护。机械与设备应按冬季启动、运转、停机清理等规程进行操作。

二、机械与设备租赁经营管理

机械与设备租赁是指承租人以支付租金为代价，以获取在一定时期内对机械与设备的使用和收益权利的行为。

机械与设备常见的租赁形式有设备租赁和带服务内容的设备租赁两种。带服务内容的租赁更能满足承租人的要求，同时对机械与设备的维修保养更为有利。

(一)出租方对机械与设备的管理

1. 出租方的资格

出租方首先要有合法的经营资格、经营规模、技术能力、良好的社会信誉。出租方应向承租方出示有效的经营证件及证明企业能力的证明。其中包括以下几项：

(1)营业执照。

(2)税务登记证书。

(3)所出租设备的产品合格证书及产品说明书。

(4)配备具有相应的设备操作等级证书或特种作业证书的人员。

(5)属于特种设备的，出租方还应具有相应的安拆资质等级证书，如出租方不具备相应安拆资质，应寻求具有相应安拆资质的企业进行合作，以满足承租方的要求。

(6)安全保证系统的组织结构及体系运行情况。

(7)环保保证能力。

(8)出租方的社会信誉及诚信度。

(9)出租方的工作业绩。

(10)其他。

2. 机械与设备说明书及其技术文件的管理

说明书及其技术文件是机械与设备使用和维修保养的重要依据，如果出现遗失，则会对机械与设备的维修保养带来极大不便。为此，机械与设备购置入场后，应将重要文件、说明书进行备份，并妥善保存。将机械与设备外租的，必要时附上说明书及其技术文件。

3. 机械与设备的维修保养

出租方应对其拥有的机械与设备实行忙时抢修，闲时精修。

(1)在施工期间机械与设备出现故障时，出租方得到信息，在约定时间内派遣技术精湛的维修人员到场抢修，在最短的时间内抢修好机械与设备，确保承租方的生产需要。

(2)当机械与设备处于闲置状态时，应安排维修人员对机械与设备进行全面的维修，及时把机械与设备的综合性能恢复到最佳状态。保证闲时精修，一旦有工程使用时，设备处于完好状态，发挥机械与设备的最大效能。

4. 对机械与设备的从业人员进行培训

人是生产力的最主要因素，人的素质和能力高低，直接关系到劳动成果的大小。同样的机械与设备如果配备的机管员和操作工人不同，机械与设备发挥的效能就会不同。操作人员有过硬的业务能力和较高的思想素质就能发挥机械与设备的最大效能，创造最好的经济效益，特别是随着科学技术的进步，新材料、新工艺和新技术应用到机械领域，机械与设备的功能更齐全，技术含量更高，这就对机械管理人员和操作人员提出了更高的要求。如果不及时对机械管理人员和操作人员进行培训，就难以适应市场发展需要。

5. 适应承租方的管理

建筑施工企业要想将出租的设备及服务与承租单位融为一体，必须学会适应，主要包括出租设备的适应和操作人员的适应，适应现场的使用、食宿、沟通等各个方面。

(二)承租方对租入设备的管理

1. 承租方的承租资格

承租方必须具备法人主体资格或法人授权代理资格，承租方应向出租方出示有关合法证件。建筑施工企业的项目部大部分是代替法人行使权利和承担责任的实体。施工企业的项目部实际上是法人的代理机构，**代理一般分为委托代理、法定代理和指定代理等几种形式。**建筑施工企业项目部采用上级委托下级的代理关系。授权委托书应注明代理人的姓名和代理事项及权限和期限，并有委托人签名和盖章，代理人在超出代理权限、期限与其他相关方签订的一切文字协议属于代理人的个人行为。得到被代理人的确认才能与原授权代理文书的效用等同。

2. 承租方对租入设备管理的内容

(1)承租方应提供适宜的工作环境和生活环境。

(2)按合同配备或配合相应的机械与设备管理人员和操作人员。

(3)机械与设备台账管理。施工企业项目部应对现场的机械与设备建立《××月份机械与设备租赁费登记表》《机械与设备台账》《电动(手持)工具台账》。

(4)保证租金按合同足额支付。合同签订表示合作正式开始。履行合同是诚信的体现，一个企业要想在社会上立于不败之地，诚信是关键。合同的履行正是企业诚信度的表现。承租单位应该按合同足额支付租赁费，以保障出租单位很好地为施工生产服务。

第五节　机械与设备管理人员和操作人员的管理

建筑施工企业机械与设备的管理和使用对企业的发展有着重要的作用，加强企业机械与设备管理和操作人员的要求与管理，正确划分各级管理人员的职责，建立健全建筑施工企业机械与设备管理制度，可以使企业能够更好地发展。

一、明确机械与设备管理和操作人员的工作职责

建立良好的企业设备管理体系，正确划分各级人员的职责。根据机械与设备管理体系，各个岗位的人员应切实做好对机械设备的"租、用、管、养、修、算"的全面协调管理。在机械与设备管理的体系中，总经理对机械与设备的管理要全面负责，主管经理负责协助总经理的工作，对机械与设备管理制度及目标、机械与设备的更新改造等进行审定，设计机械与设备应用和维修的考核指标，对机械与设备的管理与维修进行监督和检查。另外，还要负责机械与设备的安全问题，并对重大机械事故进行及时有效的分析与处理。机械与设备管理部门要协助主管经理的各项工作，不仅要负责监督机械与设备的安全操作，对各类机械与设备的使用和维修保养进行业务指导和相关的培训，还要制定相关的机械与设备管理制度，协同并监督检查各部门和机械与设备操作人员的执行情况。同时，建立机械与设备技术档案，做好机械与设备的维修技术资料和机械与设备基础信息的管理，在建筑施工

现场发现机械与设备的问题或机械事故要及时上报，并组织机械与设备维修人员进行及时的维修和处理，保证施工的正常进行，保证机械与设备的安全生产。

1. 总经理职责

总经理负责贯彻国家和上级对机械与设备管理的方针、政策、条例和有关规定，对企业机械与设备管理负全面责任。在任期内，总经理的主要职责包括以下几项：

(1)维护和保证企业机械与设备资产的保值、增值和机械与设备的生产能力，确保无重大机械与设备事故。

(2)根据企业长远经营和年度经营的方针、目标，对机械与设备管理部门提出要求和考核指标，合理使用机械与设备更新改造资金。

(3)定期检查机械与设备管理工作，协调好施工生产和机械维修的关系，制止生产中的短期行为；对重大事故的处理做出决定。

2. 主管经理职责

主管经理主要对总经理负责，全面组织领导企业机械与设备管理部门的管理和维修工作，以保证企业经营方针、目标的实现。

主管经理应贯彻国家和上级对机械与设备管理的方针、政策、条例和规定，组织制定企业的实施细则和相应的规章制度并贯彻执行。

主管经理在任期内的主要职责包括以下几项：

(1)保证企业机械与设备固定资产的保值、增值，降低净产值维修费用率，无重大机械事故。

(2)审定机械与设备管理工作的方针、目标；对所属机械与设备经营单位、维修单位提出考核指标。

(3)审定企业装备规划及更新、改造计划；组织审定重大更新、改造项目的可行性分析；审定年度机械与设备修理计划以及重点机械的调拨和报废。

(4)负责对机械与设备管理和维修的机构、体制的设置和合理配置；经常检查重点机械与设备的使用、维修情况，发现问题就督促有关部门及时采取改进措施，以确保重点机械处于完好状态。

(5)负责机械与设备安全生产，贯彻安全监督制度和安全使用技术规程，组织重大机械事故的分析处理。

(6)组织机械经营承包责任制和租赁制的实施，保证完成各项技术经济定额、指标。

(7)定期召开各种机械与设备管理会议，布置、协调、检查机械与设备管理的各项工作。

(8)应用各种方式向全体职工进行爱护机械与设备的教育，有计划组织机械与设备人员的技术、业务培训，不断提高机械与设备人员的素质。

(9)领导开展各项爱护机械与设备的竞赛活动，定期组织检查评比；善于学习和应用国内外先进科学管理方法和维修技术，不断提高机械与设备管理水平。

3. 机械与设备管理部门职责

(1)在主管经理领导下，负责组织领导完成本部门职责范围内的各项工作，并对各类机械与设备的使用和维修进行业务指导。

(2)具体贯彻执行机械与设备管理各项规章制度，根据本企业实际情况，提出技术、组织措施，经领导批准后组织实施，并检查执行情况。

(3)负责组织企业所属单位管好、用好机械与设备，监督机械与设备的合理使用，安全生产；组织机械与设备事故的分析处理。

(4)按企业机械与设备管理工作方针、目标，组织机械系统各部门分解落实，经常检查督促实现。

(5)编制装备规划和更新、改造计划，进行技术、经济论证，切实做好机械与设备前期管理工作，尽快发挥投资效益。

(6)负责组织检查机械与设备的合理使用和维护保养，组织开展爱机竞赛活动，定期检查评比。

(7)监督机械与设备的安全生产，对机械事故及时组织分析和抢修，做到"三不放过"。

(8)组织开展机械与设备状态管理，实行预防维修。

(9)编制机械与设备修理计划，经审定后下达执行，做好修前准备及修复验收。

(10)推行机械与设备经济核算，保证完成各项经济技术指标。

(11)会同教育管理部门拟订机械与设备系统人员的培训计划，并组织实施。

(12)建立机械与设备技术档案，健全维修技术资料和机械与设备信息管理系统，按时编报规定的机械与设备统计报表。

(13)经常深入基层，调查、研究和努力学习机械与设备现代化管理经验，不断提高机械与设备管理水平。

4. 项目机管员职责

(1)负责机械与设备的使用、维护保养及状态管理，保证机械与设备经常处于良好技术状态。

(2)贯彻执行机械与设备使用安全技术规程，检查"三定"责任制及凭证操作制的执行情况，对不按操作规程使用机械与设备可能造成人身或机械与设备事故者，有权停止其对该机械与设备的使用，并通知有关领导。

(3)负责编制机械与设备维护保养规程，并组织贯彻执行。

(4)定期检查，促进机械与设备使用及维护水平的提高。

(5)定期编报机械与设备完好、故障及事故等情况报表，作为目标管理的考核依据。

(6)负责机械与设备的擦拭、润滑、管理工作。

5. 机械与设备操作人员职责

(1)努力钻研技术，熟悉机械的构造原理、技术性能、安全操作规程及保养规程等，达到本岗位应知、应会的要求。

(2)正确操作和使用机械与设备，发挥机械与设备效能，完成各项定额指标，保证安全生产、降低各项消耗。对违反操作规程可能引起危险的指挥，有权拒绝并立即报告。

(3)精心保管和保养机械与设备，使设备经常处于整齐清洁、润滑良好、调整适当、紧固件无松动等良好的技术状态。保持机械与设备附属装置、备品附件、随机工具等完好无损。

(4)及时正确填写各项原始记录。

(5)认真执行岗位责任制。

二、完善机械与设备操作使用的基本制度

(一)持证上岗制度

机械与设备操作人员必须经过正规的特殊工种技术培训，并在考试合格后，持特殊工

种操作合格证上岗，坚持持证上岗，严禁无证操作机械，对机械操作使用过程中出现的违规操作应视情节严重进行处理或者作出暂时收回操作证的处理。

(二)"三定"制度

"三定"制度是指在机械与设备使用中定人、定机、定岗位责任的制度。"三定"制度把机械与设备使用、维护保养等各环节的要求都落实到具体人身上，是行之有效的一项基本管理制度。

1."三定"制度的作用

(1)有利于保持机械与设备良好的技术状况，有利于落实奖罚制度。

(2)有利于熟练掌握操作技术和全面了解机械与设备的性能、特点，便于预防和及时排除机械故障，避免发生事故，充分发挥机械与设备的效能。

(3)便于做好企业定编定员工作，有利于加强劳务管理。

(4)有利于原始资料的积累，便于提高各种原始资料的准确性、完整性和连续性，便于对资料的统计、分析和研究。

(5)便于单机经济核算工作和设备竞赛活动的开展。

2."三定"制度的内容

"三定"制度的主要内容包括坚持人机固定的原则，实行机长负责制和贯彻岗位责任制。

(1)人机固定就是把每台机械与设备和它的操作者相对固定下来，无特殊情况不得随意变动。当机械与设备在企业内部调拨时，原则上人随机调。

(2)机长负责制即按规定应配两人以上的机械与设备，应任命一人为机长并全面负责机械与设备的使用、维护、保养和安全。若一人使用一台或多台机械与设备，该人就是这些机械与设备的机长。对于无法固定使用人员的小型机械，应明确机械所在班组长为机长，即企业中每一台机械与设备都应明确对其负责的人员。

(3)岗位责任制包括机长负责制和机组人员负责制，并对机长和机组人员的职责做出详细和明确的规定，做到责任到人。机长是机组的领导者和组织者，全体机组人员都应听从其指挥，服从其领导。

3."三定"制度的形式

根据机械类型的不同，"三定"制度有下列三种形式：

(1)单人操作的机械，实行专机专责制，其操作人员承担机长职责。

(2)多班作业或多人操作的机械，均应组成机组，实行机组负责制，其机组长即为机长。

(3)班组共同使用的机械以及一些不宜固定操作人员的设备，应指定专人或小组负责保管和保养，限定具有操作资格的人员进行操作，实行班组长领导下的分工负责制。

4."三定"制度的管理

(1)机械操作人员的配备，应由机械使用单位选定，报机械主管部门备案；重点机械的机长，还要经企业分管机械的领导批准。

(2)机长或机组长确定后，应由机械使用单位任命，并应保持相对稳定，不要轻易更换。

(3)企业内部调动机械时，大型机械原则上做到人随机调，重点机械必须人随机调。

(三)交接制度

1.新机械交接

(1)按机械验收试运转规定办理。

(2)交接手续同上。

2. 机械与设备调拨的交接

(1)机械与设备调拨时，调出单位应保证机械与设备技术状况的完好，不得拆换机械零件，并将机械的随机工具、机械履历书和交接技术档案一并交接。

(2)如遇特殊情况，附件不全或技术状况很差的设备，交接双方先协商取得一致后，按双方协商的结果交接，并将机械状况和存在的问题、双方协商解决的意见等报上级主管部门核备。

(3)机械与设备调拨交接时，原机械驾驶员向双方交底，原则上规定机械操作人员随机调动，遇不能随机调动的驾驶员，应将机械附件、机械技术状况、原始记录、技术资料做出书面交接。

(4)机械交接时必须填写交接单，对机械状况和有关资料逐项填写，最后由双方经办人和单位负责人签字，作为转移固定资产和有关资料转移的凭证，机械交接单一式四份。

3. 机械使用的班组交接和临时替班的交接

(1)交接的主要内容。

1)交接生产任务完成情况。

2)交接机械运转、保养情况和存在的问题。

3)交接随机工具和附件情况。

4)交接燃油消耗和准备情况。

5)交接人填写本班的运转记录。

(2)交接记录应交机械管理部门存档，机械管理部门应及时检查交接制度执行情况。

(3)由于交接不清或未办理交接而造成机械事故，按机械事故处理办法对当事人双方进行处理。

(四)调动制度

1. 机械与设备调动

机械与设备调动是指公司下属单位之间固定资产管理、使用、责任、义务权限的变动，资产权仍归公司所有。机械与设备调动工作的运作，由公司决定、项目执行，具体包括以下几个方面：

(1)公司物资设备部根据公司生产会议或公司领导的决定，向调出单位下达机械与设备调令，一式四份，调出单位、调入单位、物资设备部、财务部各一份。

(2)调入、调出单位机械与设备主管或机管人员双方联系，确定实施调运的若干细节。

(3)双方必须明确表 1-6 中的各项问题。

表1-6　机械与设备调入、调出单位必须明确的问题

序号	单位	必须明确的问题
1	调出单位	(1)必须保证调出设备应该具备的机械状况及技术性能。 (2)调出设备的技术资料(说明书、履历书、保修卡、各种证费等)、专用工具、随机附件等必须向调入单位交代清楚，并填写机械交接单，一式两份，存档备查。 (3)调出单位为该设备购进的专用配件，可有偿转给调入单位，调入单位在无特殊原因的条件下必须接收

序号	单位	必须明确的问题
1	调出单位	(4)因失保、失修造成的调动设备技术低下，资值不符，调出单位应给予修复后才能调出。若调出单位确有困难，双方可本着互尊、互让、互利的原则，确定修复的项目、部位、费用，并由调出单位一次性付给调入单位，再由调入单位负责修复。 (5)机械与设备严重资值不符，双方不能达成协议，可由公司组成鉴定小组裁决。公司裁决小组成员有组长、副组长和成员。 　1)组长：公司主管生产副经理。 　2)副组长：物资设备部经理。 　3)成员：物资设备部人员2或3名及调出、调入单位机械主管。 (6)调动发生后，调出单位机械财务部门方可销账、销卡
2	调入单位	(1)主动与调出单位联系调动事宜。 (2)支付调动运输费及有关间接费用。 (3)办理A类设备随机操作人员的人事调动手续。 (4)机械、财务建账、建卡。 (5)负责把完善的两份调令返还给公司物资设备部。 (6)调入、调出单位有不统一的意见时，应由公司仲裁

2. 固定资产转移

(1)当办完对公司以外的机械与设备交接手续后，调出单位填写"资产调拨单"转公司机械与设备部门一份，再转入调入单位。物资设备部及时销除台账，财务科销除财务账。

(2)公司项目间机械与设备调动手续办妥后，公司及项目机械部门只做台账及财务账增减工作。

(3)凡调出公司以外的机械与设备，均要填写"固定资产调拨单"。

(五)凭证操作制度

为了更好地贯彻"三定"责任制，加强对施工机械与设备使用和操作人员的管理，保障机械与设备合理使用、安全运转，施工机械与设备操作人员都要经过该机种的技术考核合格，取得操作证后，方可独立操作该种机械(如要增加考核合格的机种，可在操作证上列出增加操作的机种)。

1. 技术考核方法与内容

技术考核方法主要是现场实际操作，同时进行基础理论考核。考核内容主要是熟悉本机种操作技术，懂得本机种的技术性能、构造、工作原理和操作、保养规程，以及进行低级保养和故障排除，同时要进行体格检查。考核不合格人员应在合格人员指导下进行操作，并努力学习，争取下次考核合格。经三次考核仍不合格者，应调做其他工作。

2. 凭证操作要求

(1)操作证每年组织一次审验，审验内容是操作人员的健康状况和奖惩、事故等记录，审验结果填入操作证有关记事栏。未经审验或审验不合格者，不得继续操作机械。

(2)凡是操作下列施工机械的人员，都必须持有关部门颁发的操作证：起重机、外用施工梯、混凝土搅拌机、混凝土泵车、混凝土搅拌

建筑企业设备
管理存在的
问题与对策

站、混凝土输送泵、电焊机、电工等作业人员及其他专人操作的专用施工机械。

（3）凡是符合条件的人员，经培训考试合格，取得合格证后，方可独立操作机械与设备。

本章小结

建筑施工机械与设备包括工程建设和城乡建设所用所有机械与设备，建筑施工机械与设备的管理主要包括固定资产管理、资料管理、信息化管理、经营管理和人员管理。机械与设备固定资产指的是属于固定资产的机械与设备，是建筑施工企业固定资产的主要组成部分，是企业施工生产的物质技术和经济实力的体现。机械与设备资料是代表该机械与设备由进厂（场）至使用到当今的技术与经济状态的文字和图像等记录，机械与设备的资料管理主要包括：机械与设备登记卡片、机械与设备台账、机械与设备技术档案等。机械与设备信息化管理是企业信息管理系统的子系统。机械与设备经营管理主要是指筹划并管理，其次泛指计划和组织，即周密的筹划，一般包括投资经营管理和租赁经营管理。机械与设备人员管理包括管理人员和操作人员的管理，主要应明确各级管理人员和操作人员的岗位职责。

思考题

一、填空题

1. 机械与设备固定资产按_____进行组价。
2. 折旧的计算方法很多，一般有_____、_____和_____。
3. 机械与设备应定期进行保养，一般情况下_____一次，潮湿季节_____一次。
4. 机械与设备常见的租赁形式有_____和_____两种。
5. "三定"制度是指在机械与设备使用中_____、_____、_____的制度。

二、选择题

1. （　　）是对机械与设备资产管理的最低底线。

   A. 保值　　　　　B. 增值　　　　　C. 折旧　　　　　D. 原值

2. 机长负责制按规定应配（　　）人以上的机械与设备。

   A. 1　　　　　　B. 2　　　　　　C. 3　　　　　　D. 4

三、问答题

1. 什么是机械与设备固定资产的原值、净值、重置价值和残值？
2. 施工企业机械与设备固定资产计提折旧有哪几种方式？
3. 如何进行库存机械与设备的保管？
4. 机械与设备等级卡片的内容包括哪些？
5. 简述机械与设备管理总经理职责。
6. "三定"制度的作用是什么？

第二章 施工动力与电气设备

了解建筑施工用内燃机、电动机、空气压缩机的常见类型，熟悉内燃机、电动机、空气压缩机、液压系统的构造组成与工作原理，掌握内燃机、电动机、空气压缩机、液压系统、发电机及配电装置的安全使用技术。

通过本章内容的学习，能够熟练进行建筑施工用内燃机、电动机、空气压缩机、液压系统、发电机及配电装置的安全使用操作。

第一节 内燃机

内燃机是燃料在汽缸内燃烧膨胀，推动活塞、曲轴连杆机构运动，从而输出机械能的动力机。其主要特点是：热效率高，功率范围广；体积小，质量轻；启动性能好，能很快达到全负荷工况；对燃料要求高，排出废气有污染；结构较复杂，日常维修要求较高。

一、内燃机型号

内燃机型号由阿拉伯数字(以下简称数字)、汉语拼音字母或国际通用的英文缩略字母(以下简称字母)组成。型号编制应优先选用表 2-1、表 2-2、表 2-3 规定的字母，允许制造商根据需要选用其他字母，但不得与表 2-1、表 2-2、表 2-3 规定的字母重复。符号可重叠使用，但应按图 2-1 的顺序表示。

表 2-1 汽缸布置形式符号

符　号	含　义
无符号	多缸直列及单缸

符　号	含　义
V	V 形
P	卧式
H	H 形
X	X 形

表 2-2　汽缸结构特征符号

符　号	含　义
无符号	冷却液冷却
F	风冷
N	凝气冷却
S	十字头式
Z	增压
ZL	增压中冷
DZ	可倒转

表 2-3　汽缸用途特征符号

符　号	含　义
无符号	通用型及固定动力(或制造商自定)
T	拖拉机
M	摩托车
G	工程机械
Q	汽车
J	铁路机车
D	发电机组
C	船用主机、右机基本型
CZ	船用主机、左机基本型
Y	农用三轮车(或其他农用车)
L	林业机械

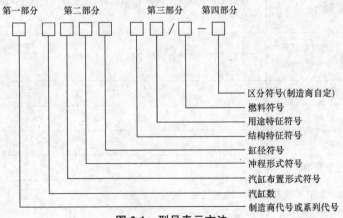

图 2-1　型号表示方法

第一部分：由制造商代号或系列符号组成。本部分代号由制造商根据需要选择相应的1～3位字母表示。

第二部分：由汽缸数、汽缸布置形式符号、冲程形式符号、缸径符号组成。汽缸数用1或2位数字表示；汽缸布置形式符号按表2-1的规定选用；冲程形式为四冲程时符号省略，二冲程时用E表示；缸径符号一般用缸径/行程数表示，也可用发动机排量或功率数表示，其单位由制造商自定。

第三部分：由结构特征符号、用途特征符号和燃料符号组成。前两个符号分别按表2-2、表2-3的规定选用。燃料符号见表2-4。

第四部分：区分符号，同系列产品需要区分时，允许制造商选用适当符号表示。

第三部分、第四部分可用"—"分隔。

内燃机的型号应简明，第二部分规定的符号必须表示，但第一部分、第三部分及第四部分符号允许制造商根据具体情况增减，同一产品的型号应一致，不得随意更改。由国外引进的内燃机产品，允许保留原产品型号或在原型号基础上进行扩展。

表 2-4　燃料符号

符　号	燃料名称	备　注
无符号	柴油	
P	汽油	
T	天然气（煤层气）	管道天然气
CNG	压缩天然气	
LNG	液化天然气	
LPG	液化石油气	
Z	沼气	各类工业化沼气（农业有机废弃物、工业有机废弃物、城市污水处理、城市有机垃圾）允许用1或2个字母的形式表示，如"ZN"表示农业有机废弃物产生的沼气
W	煤矿瓦斯	浓度不同的瓦斯允许用1个小写字母的形式表示。如"Wd"表示低浓度瓦斯
M	煤气	各类工业化煤气如焦炉煤气、高炉煤气等。允许在M后加1个字母区分煤气的类型
S SCZ	柴油/天然气双燃料 柴油/沼气双燃料	其他双燃料用两种燃料的字母表示
M	甲醇	
E	乙醇	
DME	二甲醇	
FME	生物柴油	
注：1. 一般用1～3个拼音字母表示燃料，也可用英文缩写字母表示。 　　2. 其他燃料允许制造商用1～3个字母表示。		

二、内燃机分类

常用的往复活塞式内燃机分类方法如下：

(1)按所用燃料不同，可分为柴油机、汽油机和煤气机等。

(2)按一个工作循环的冲程数不同，可分为四冲程内燃机、二冲程内燃机、六冲程内燃机。

(3)按燃料点火方式不同，可分为压燃式内燃机和点燃式内燃机。

(4)按冷却方式不同，可分为水冷式内燃机和风冷式内燃机。

(5)按进气方式不同，可分为自然吸气式内燃机和增压式内燃机。

(6)按汽缸数目不同，可分为单缸内燃机和多缸内燃机。

(7)按汽缸排列方式不同，可分为直列立式、直列卧式、V形、对置式内燃机。

(8)按用途不同，可分为固定式和移动式。施工机械内燃机都为移动式。

四冲程内燃机与六冲程内燃机工作流程

三、内燃机构造组成

内燃机由机体、曲柄连杆机构、配气机构、燃油供给系统、润滑系统、冷却系统和启动装置等组成。

1. 机体

机体主要包括汽缸盖、汽缸体和曲轴箱。机体是内燃机各机构、各系统的装配基体。

2. 曲柄连杆机构

曲柄连杆机构是实现工作循环，完成能量转换的主要机构，由活塞组、连杆组和曲轴飞轮组组成。

(1)活塞组与连杆组。活塞组包括活塞、活塞销和挡圈等零件，连杆组包括连杆、连杆螺栓和连杆轴瓦等零件。图 2-2 所示为 6135Q 型柴油机活塞组与连杆组的装配关系。

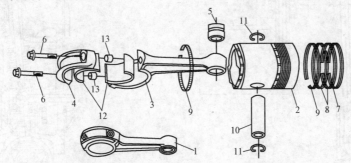

图 2-2　6135Q 型柴油机活塞组与连杆组的装配关系

1—连杆总成；2—活塞；3—连杆；4—连杆盖；5—连杆小端衬套；6—连杆螺栓；
7—多孔镀铬气环；8—气环；9—油环；10—活塞销；11—挡圈；12—连杆轴瓦；13—定位套筒

(2)曲轴飞轮组。曲轴飞轮组主要由曲轴和飞轮及其他零件和附件组成。零件和附件的种类与数量取决于内燃机的结构和性能要求。图 2-3 所示为东风 EQ6100-1 型发动机曲轴飞轮组构造示意图。

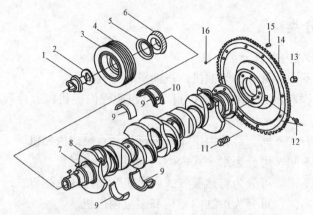

图 2-3　东风 EQ6100-1 型发动机曲轴飞轮组构造示意

1—启动爪；2—锁紧垫圈；3—扭转减振器总成；4—皮带轮；5—挡油片；

6—正时齿轮；7—半圆键；8—曲轴；9—主轴瓦；10—止推片；11—飞轮螺栓；12—油脂嘴；

13—螺母；14—飞轮与齿圈；15—离合器盖定位销；16—六缸上止点标记用钢球

3. 配气机构

内燃机的配气机构由气门组和气门传动组组成。其作用是使新鲜空气或可燃混合气按一定要求在一定时刻进入汽缸，并使燃烧后的废气及时排出汽缸，保证内燃机换气过程顺利进行，并保证压缩和做功行程中封闭汽缸。根据气门在发动机燃烧室上的布置形式不同，配气机可分为顶置式和侧置式两种，如图 2-4 和图 2-5 所示。

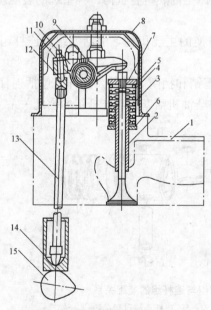

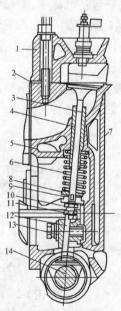

图 2-4　顶置式配气机构构造示意

1—汽缸盖；2—气门导管；3—气门；

4—气门主弹簧；5—气门副弹簧；6—气门弹簧座；

7—锁片；8—气门室罩；9—摇臂轴；

10—摇臂；11—锁紧螺母；12—调整螺钉；

13—推杆；14—挺杆；15—凸轮

图 2-5　侧置式配气机构构造示意

1—汽缸盖；2—汽缸；3—气门；

4—气门导管；5—汽缸体；6—气门弹簧；

7—汽缸壁；8—气门弹簧座；9—锁销；

10—调整螺钉；11—锁紧螺母；12—挺杆；

13—挺杆导管；14—凸轮

4. 燃油供给系统

燃油供给系统主要由燃油箱、滤清器(包括粗滤器、细滤器)、输油泵、喷油泵、喷油器、油管等组成。按照燃烧室结构要求的供油规律将燃油以高压、雾化的方式喷入燃烧室。为完成这些任务，柴油机燃油供给系统还必须设置自动调节供油量的装置，即调速器。图 2-6 所示为 4125A 型柴油机燃油供给系统及配气机构构造示意图。

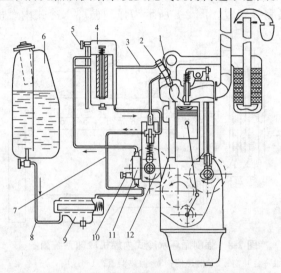

图 2-6 4125A 型柴油机燃油供给系统及配气机构构造示意

1—涡流室；2—喷油器；3—排油管；4—细滤器；5—放气阀；6—燃油箱；7—回油管；
8—油管；9—粗滤器；10—手动油泵；11—输油泵；12—喷油泵

5. 润滑系统

润滑系统的基本任务就是将机油不断供给各零件的摩擦表面，减少零件的摩擦和磨损。**润滑系统主要由机油泵、机油滤清器、机油散热器、机油温度表和机油压力表等组成。**图 2-7 所示为 6135 型柴油机润滑系统简图。

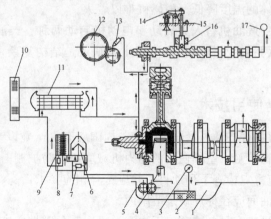

图 2-7 6135 型柴油机润滑系统简图

1—机油底壳；2—吸油盘滤网；3—机油温度表；4—加油口；5—机油泵；6—离心式机油滤清器；
7—调压阀；8—旁通阀；9—刮片式机油粗滤器；10—风冷式机油散热器；11—水冷式机油散热器；
12—齿轮系；13—齿轮润滑的喷嘴；14—摇臂；15—汽缸盖；16—挺柱；17—机油压力表

6. 冷却系统

内燃机冷却系统的作用是保证内燃机正常的工作温度既不过高也不过低。**内燃机的冷却方式有水冷和风冷两种。**风冷式柴油机使用方便，启动时间短，故障少，冬天没有冻缸的危险，但驱动风扇所消耗的功率大，工作时噪声大，而且还有散热能力对气温变化不敏感等缺点，所以，风冷式内燃机的应用没有水冷式内燃机普遍。**强制循环水冷系统由水泵、散热器、冷却水套和风扇等组成。**图 2-8 所示为强制循环水冷式内燃机冷却系统简图。

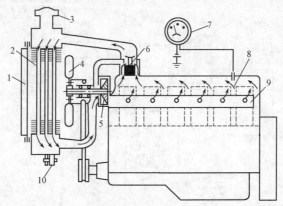

图 2-8　强制循环水冷式内燃机冷却系统简图
1—百叶窗；2—散热器；3—散热器盖；4—风扇；5—水泵；
6—节温器；7—水温表；8—水套；9—分水管；10—放水开关

7. 启动装置

内燃机启动装置是内燃机启动时借助外力使曲轴连续转动直至汽缸内的可燃混合气着火燃烧进入工作循环的装置。

内燃机启动时的最低曲轴转速称为启动转速。低于规定的启动转速时，由于气流速度低，可燃混合气形成状况不好，而且压缩行程时间长，汽缸内气体漏失多，被冷却系统吸收的热量多，使压缩气体的温度降低，内燃机难以着火。

内燃机的启动方法：汽油机有人力启动和电动机启动两种；柴油机有电动机启动和小汽油机启动(附机启动)两种。小汽油机启动的主要缺点是结构复杂，价格高，而且启动较麻烦。

四、内燃机安全使用技术

(1)内燃机机房应有良好的通风、防雨措施，周围应有 1 m 宽以上的通道，排气管应引出室外，并不得与可燃物接触。室外使用的动力机械应搭设防护棚。

(2)内燃机作业前应重点检查下列项目，并应符合相应要求：

1)曲轴箱内润滑油油面应在标尺规定范围内；

2)冷却水或防冻液量应充足、清洁、无渗漏，风扇三角胶带应松紧合适；

3)燃油箱油量应充足，各油管及接头处无漏油现象；

4)各总成连接件应安装牢固，附件应完整、无缺。

(3)内燃机启动前，离合器应处于分离位置；有减压装置的柴油机，应先打开减压阀。

（4）当用摇柄启动汽油机时，应由下向上提动，不得向下硬压或连续摇转，启动后应迅速拿出摇把。当用手拉绳启动时，不得将绳的一端缠在手上。

（5）起动机每次启动时间应符合使用说明书的要求，当连续启动 3 次仍未能启动时，应检查其原因，排除故障后再启动。

（6）启动后，应低速运转 3～5 min，并检查机油压力和排烟，各系统管路应无泄漏现象；应在温度和机油压力均正常后，开始作业。

（7）作业中内燃机水温不得超过 90 ℃，超过时，不应立即停机，应继续怠速运转降温。当冷却水沸腾需开启水箱盖时，操作人员应戴手套，面部应避开水箱盖口，并应先卸压，后拧开。不得用冷水注入水箱或泼浇内燃机体强制降温。

（8）内燃机运行中出现异响、异味、水温急剧上升及机油压力急剧下降等情况时，应立即停机检查并排除故障。

（9）停机前应卸去载荷，进行低速运转，待温度降低后再停止运转。装有涡轮增压器的内燃机，作业后应怠速运转 5～10 min，方可停机。

（10）有减压装置的内燃机，不得使用减压杆进行熄火停机。

（11）排气管向上的内燃机，停机后应在排气管扣上加盖。

第二节　电动机

电动机是指将电能转换成机械能的电力发动机。电动机体积小、质量轻、经济性好，所以，凡是在有电源的地方固定使用或在轨道上移动距离短而移速慢的建筑机械，均用电动机作为动力装置。

一、电动机分类

（1）按工作电源种类划分。分为直流电动机和交流电动机。前者包括无刷直流电动机和有刷直流电动机(包括永磁直流电动机和电磁直流电动机)；后者包括电箱电动机和三相电动机。

（2）按结构和工作原理划分。分为**直流电动机、异步电动机**和**同步电动机**。其中，异步电动机分为感应电动机(包括单相异步电动机、三相异步电动机和罩极异步电动机)和交流换向器电动机(包括单相串励电动机、交直流两用电动机和推斥电动机)；同步电动机分为永磁同步电动机、磁阻同步电动机和磁滞同步电动机。

（3）按起动与运行方式划分。分为**电容起动式单相异步电动机、电容运转式单相异步电动机、电容起动运转式单相异步电动机**和**分相式单相异步电动机**。

（4）按转子的结构划分。分为**鼠笼型异步电动机**和**绕线型异步电动机**。

（5）按用途划分。分为**驱动用**电动机和**控制用**电动机。前者包括电动工具用电动机、家电用电动机和通用小型机械设备用电动机；后者包括步进电动机和伺服电动机。

（6）按运转速度划分。分为**低速电动机、高速电动机、恒速电动机**和**调速电动机**。

二、电动机构造组成

1. 直流电动机构造组成

直流电动机主要由定子(固定的磁极)和转子(旋转的电枢)组成,在定子与转子之间留有气隙。图 2-9 所示为直流电动机构造示意图。

(1)定子。 定子由主磁极、电刷和机座等组成。主磁极由主磁极铁芯和励磁绕组构成,如图 2-10 所示。

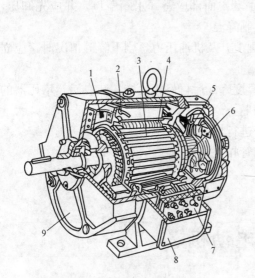

图 2-9　直流电动机构造示意
1—风扇;2—机座;3—电枢;
4—主磁极;5—刷架;6—换向器;
7—接线板;8—出线盒;9—端盖

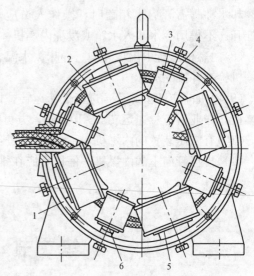

图 2-10　直流电动机定子构造示意
1—机座;2—主磁极绕组;3—换向绕组;
4—非磁性垫片;5—主磁极铁芯;6—换向极铁芯

定子为了导磁,机座采用钢板或铸钢制成,或用硅钢片冲压叠成。为了帮助换向,定子除主磁极外,还有换向极和补偿极。

直流电动机的机座(又称磁轭)是磁路的一部分,由铸钢或铸铁制成。机座内安装主磁极和换向磁极。磁极由 1 mm 左右厚的钢片叠成,用螺栓固定在机座上,如图 2-11 所示为具有励磁绕组的磁极。主磁极包括极身和极掌,用来产生电动机的主要磁场。极身上安装励磁绕组,极掌使电动机空气隙内磁感应强度呈最有利的分布。换向磁极装在两相邻主极之间,用来改善换向性能。

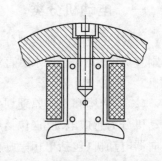

图 2-11　具有励磁绕组的磁极

(2)转子。 转子又称电枢,主要由电枢和换向器组成,它们一起装在电动机的转轴上。电枢铁芯由 0.5 mm 厚硅钢片叠成,片间涂以绝缘漆以减小涡流损耗。

电枢一端的轴上装有换向器,换向器由许多铜片组成,铜片之间用云母环隔离保持绝缘,如图 2-12 所示。

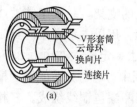

换向器的作用是和电刷一起将直流电变换为电枢绕组所需要的交流电，即对通入绕组的电流起换向的作用。

与换向器滑动接触的炭质电刷借助弹簧的压力与换向器保持接触，每一电刷对应一主磁极，电刷的"＋""－"极性与磁极的"N""S"极相对应。

电动机中有两个电路：定子的励磁绕组电路和转子线圈的电枢电路。图 2-13 所示为直流电动机各部分的组成；图 2-14 所示为两极（具有两个磁极）直流电动机的磁路情况。

图 2-12　换向器构造示意

(a)换向器；(b)换向片

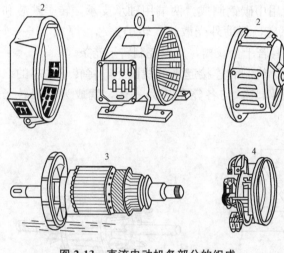

图 2-13　直流电动机各部分的组成

1—机座；2—由铸铁制成的端盖；

3—电枢(左端装有风扇)；4—刷握及电刷架

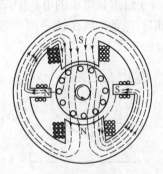

图 2-14　两极直流电动机的磁路情况

2. 交流电动机构造组成

在建筑工程机械中，使用较多的交流电动机是三相异步电动机，本节主要介绍三相异步电动机的构造组成。

图 2-15 所示为三相异步电动机的外形。其内部结构主要由定子和转子两大部分组成，另外，还有端盖、轴承及风扇等部件(图 2-16)。

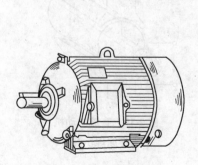

图 2-15　三相异步电动机外形示意

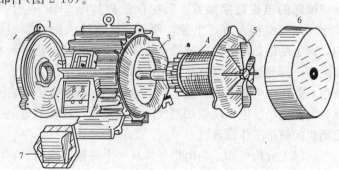

图 2-16　三相异步电动机内部结构示意

1—端盖；2—定子；3—定子绕组；4—转子；

5—风扇；6—风扇罩；7—接线盒盖

定子由机壳、定子铁芯、定子绕组三部分组成。机壳是电动机的支架，一般用铸铁或铸钢制成。机壳的内圆中固定着铁芯，机壳的两头端盖内固定轴承，用以支承转子。封闭式电动机机壳表面有散热片，可以把电动机运行中的热量散发出去。定子铁芯由 $0.35\sim0.5$ mm 厚的圆环形硅钢片叠压制成，以提供磁通的通路。铁芯内圆中有均匀分布的槽，槽中安放定子绕组。定子绕组是电动机的电流通道，一般由高强度聚酯漆包铜线绕成。三相异步电动机的定子绕组有 3 个，每个绕组由若干个线圈组成，线圈与铁芯间垫有青壳纸和聚酯薄膜以绝缘。定子绕组的连接如图 2-17 所示。

转子结构可分为笼形（以前称鼠笼形）和绕线形两类。笼形转子较为多见，主要由转轴、转子铁芯、转子绕组等组成。转轴一般用中碳钢制成，两端用轴承支承，转子铁芯和绕组都固定在转轴上，在端盖的轴上装有风扇，帮助外壳散热。转子铁芯由厚 $0.35\sim0.5$ mm 的硅钢片叠压制成，在硅钢片外圆上冲有若干个线槽，用以浇制转子笼条。

转子绕组是电机的电枢中按一定规律绕制和连接起来的线圈组，将转子铁芯的线槽内浇铸铝质笼条，再在铁芯两端浇铸两个圆环，与各笼条连为一体，就成为铸铝转子，如图 2-18 所示。

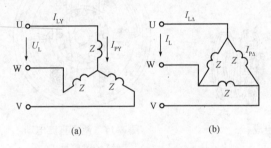

(a)   (b)

图 2-17　定子绕组的连接

（a）星形连接；（b）三角形连接

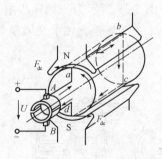

图 2-18　铸铝转子

三、电动机工作原理

1. 直流电动机工作原理

直流电动机是将电源输入的电能转变为从转轴上输出的机械能的电磁转换装置。其工作原理如图 2-19 所示。定子励磁绕组接入直流电源，便有直流电通入励磁绕组内，产生励磁磁场。当电枢绕组引入直流电并经电刷传给换向器，再通过换向器将此直流电转化为交流电进入电枢绕组，并产生电枢电流，此电流产生磁场，与励磁磁场合成为气隙磁场。电枢绕组切割气隙合成磁场，这就是直流电动机的简单工作原理。

从以上分析可知，当电枢导体从一个磁极范围内转到另一个异性磁极范围内，即导体经过中性面时，导体中电流的方向也要同时改变，这样才能保证电枢继续朝同一方向旋转。

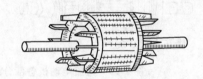

图 2-19　直流电动机
工作原理示意

2. 交流电动机工作原理

本节是以建筑施工常用的三相异步电动机为例介绍交流电动机的工作原理。三相异步电动机的定子绕组是一个空间位置对称的三相绕组，如果在定子绕组通入三相对称的交流电流，就会在电动机内部建立起一个恒速旋转的磁场，称为旋转磁场，它是异步电动机工作的基本条件。

（1）在对称的三相绕组中通入三相电流，产生在空间旋转的合成磁场。其方向与电流相序一致。磁场转速（同步转速）与电流频率有关，同步转速 n_0 与磁场磁极对数 p 的关系为

$$n_0 = \frac{60 f_1}{p}$$

式中　　n_0——旋转磁场的转速，单位为转/分；

　　　　f_1——三相交流电源的频率，单位为赫兹；

　　　　p——磁极对数；

　　　　60——60 s。

（2）静止的转子绕组与定子旋转磁场之间相对运动，在转子绕组中产生感应电动势，并在形成闭合回路的转子绕组中产生感应电流，转子电流在旋转磁场中受到磁场力 F 的作用，在转轴上形成电磁转矩，从而驱动电机转子转动。

电动机在正常运转时，其转速 n 总是低于同步转速 n_0，因而成为异步电动机。又因为产生电磁转矩的电流是电磁感应所产生的，所以称为感应电动机。

异步电动机同步转速和转子转速的差值与同步转速之比称为转差率，用 s 表示，即

$$s = \frac{n_0 - n}{n_0} \times 100\%$$

四、电动机安全使用技术

（1）长期停用或可能受潮的电动机，使用前应测量绕组间和绕组对地的绝缘电阻，绝缘电阻值应大于 0.5 MΩ，绕线转子电动机还应检查转子绕组及滑环对地绝缘电阻。

（2）电动机应装设过载和短路保护装置，并应根据设备需要装设断、错相和失压保护装置。

（3）电动机的熔丝额定电流应按下列条件选择：

1）单台电动机的熔丝额定电流为电动机额定电流的 150%～250%；

2）多台电动机可用的总熔丝额定电流为其中最大一台电动机额定电流的 150%～250% 再加上其余电动机额定电流的总和。

（4）采用热继电器作电动机过载保护时，其容量应选择电动机额定电流的 100%～125%。

（5）绕线式转子电动机的集电环与电刷的接触面不得小于满接触面的 75%。电刷高度磨损超过原标准 2/3 时应更换。在使用过程中不应有跳动和产生火花的现象，并应定期检查电刷簧的压力确保可靠。

（6）直流电动机的换向器表面应光洁，当有机械损伤或火花灼伤时应修整。

（7）电动机额定电压变动范围应控制在 −5%～+10% 之内。

电动机的日
常维护与保养

(8)电动机运行中不应有异响和漏电现象,轴承温度应正常,电刷与滑环应接触良好。旋转中电动机滑动轴承的允许最高温度应为 80 ℃,滚动轴承的允许最高温度应为 95 ℃。

(9)电动机在正常运行中,不得突然进行反向运转。

(10)电动机械在工作中遇停电时,应立即切断电源,并应将启动开关置于停止位置。

(11)电动机停止运行前,应首先将载荷卸去,或将转速降到最低,然后切断电源,启动开关应置于停止位置。

第三节　空气压缩机

空气压缩机是一种用以压缩气体的设备。在建筑上,空气压缩机主要用于泵送混凝土方面,用压力输送混凝土到指定位置。

一、空气压缩机分类

按照压缩空气的方式不同,空气压缩机通常可分为两大类即**容积式**和**动力式**;又可按其结构的不同分为图 2-20 所示的几种形式。

二、空气压缩机工作原理

当启动装置开启后,电动机进入正常运转,通过三角皮带轮带动压缩机曲轴,再通过连杆和十字头,使活塞在气缸内作往复直线运动。当活塞由外止点向内止点开始移动

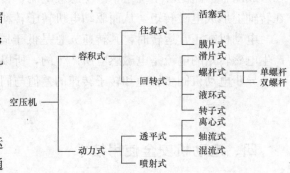

图 2-20　空气压缩机按结构不同分类

时,气缸内侧活塞外侧处于低压状态,气体通过进气阀进入气缸,当活塞由内止点向外止点移动时,进气阀关闭,气缸内的气体则被压缩而提高压力。当压力超过排气阀外气体压力时,排气阀打开,开始排出压缩气体,当活塞到达外止点时排气完毕。气体经过一级气缸压缩再经中间冷却器冷却后,进入二级缸,同样被压缩后进入储气罐,以备使用。

三、空气压缩机的主要结构

(1)压缩机构部分:由气缸、活塞、进排气阀等部件组成。气缸体、气缸盖上各有四个气阀孔,两进两派。

(2)传动机构部分:由皮带轮、曲轴、连杆、十字头等部分组成,通过传动机构将电动机传来的旋转运动变成往复直线运动。

(3)密封部分:一、二级气缸密封各用一组填料组成,借助拉伸弹簧的预紧力和气体压力将密封圈和活塞杆抱合密封。

(4)润滑系统部分:传动机构润滑系统包括油泵、过滤器、滤油器、压力表组成。

(5)冷却部分：由冷却水管、中间冷却器、后冷却器组成。冷却水由进水总管进入中间冷却器冷却，排出后冷却水分别进入一、二级气缸水腔内。

(6)减荷阀和压力控制系统：减荷阀和压力控制系统控制压缩机排气压力在预先规定的范围内运转。当储气罐中压力超过规定值时，压缩机就停止进气，使压缩机进入无负荷运转，以减少功率的消耗。减荷阀为平衡式，借阀的启闭控制进气或停止进气，下部有一小活塞，小活塞腔与电磁阀、过滤减压阀连通，小活塞腔内为常压，当储气罐压力超过额定值时，压力控制系统动作(电磁阀进气接通)，气体进入小活塞腔，推动活塞上升压缩阀上的弹簧，将阀关闭，进气停止，当气压降低后压力控制系统动作(电磁阀进气断开)，减荷阀自动打开，压缩机进入正常运转。

(7)安全保护部分：分别由安全阀和电器保护组成。安全阀是当排气压力超过规定值时自动打开将气体排出。安全阀分一、二级安全阀，一级安全阀开启压力为 0.24～0.3 MPa。

四、空气压缩机安全使用技术

(1)空气压缩机的内燃机和电动机的使用应符合本章第一节、第二节的规定。

(2)空气压缩机作业区应保持清洁和干燥。贮气灌应放在通风良好处，距离贮气罐 15 m 以内不得进行焊接或热加工作业。

(3)空气压缩机的进排气管较长时，应加以固定，管路不得有急弯，并应设伸缩变形装置。

(4)贮气罐和输气管路每 3 年应做水压试验一次，试验压力应为额定压力的 150%。压力表和安全阀应每年至少校验一次。

(5)空气压缩机作业前应重点检查下列项目，并应符合相应要求：

1)内燃机燃油、润滑油应添加充足；电动机电源应正常；

2)各连接部位应紧固，各运动机构及各部阀门开闭应灵活，管路不得有漏气现象；

3)各防护装置应齐全、良好，贮气罐内不得有存水；

4)电动空气压缩机的电动机及启动器外壳应接地良好，接地电阻不得大于 4 Ω。

(6)空气压缩机应在无载状态下启动，启动后应低速空运转，检视各仪表指示值并应确保符合要求；空气压缩机应在运转正常后，逐步加载。

(7)输气胶管应保持畅通，不得扭曲，开启送气阀前，应将输气管道连接好，并应通知现场有关人员后再送气。在出气口前方，不得有人工作或站立。

(8)作业中贮气罐内压力不得超过铭牌额定压力，安全阀应灵敏有效。进气阀、排气阀、轴承及各部件不得有异响或过热现象。

(9)每工作 2 h，应将液气分离器、中间冷却器、后冷却器内的油水排放一次。贮气罐内的油水每班应排放 1～2 次。

(10)正常运转后，应经常观察各种仪表读数，并应随时按使用说明书进行调整。

(11)发现下列情况之一时应立即停机检查，并应在找出原因并排除故障后继续作业：

1)漏水、漏气、漏电或冷却水突然中断；

2)压力表、温度表、电流表、转速表指示值超过规定；

3)排气压力突然升高，排气阀、安全阀失效；

4)机械有异响或电动机电刷发生强烈火花；

5)安全防护、压力控制装置及电气绝缘装置失效。

（12）运转中因缺水而使气缸过热停机时，应待气缸自然降温至60 ℃以下时，再进行加水作业。

（13）当电动空气压缩机运转中停电时，应立即切断电源，等来电后重新在无载荷状态下启动。

（14）空气压缩机停机时，应先卸去载荷，再分离主离合器，最后停止内燃机或电动机的运转。

空气压缩机
日常维护及常见
故障分析与处理

（15）空气压缩机停机后，在离岗前应关闭冷却水阀门，打开放气阀，放出各级冷却器和贮气罐内的油水和气体，方可离岗。

（16）在潮湿地区及隧道中施工时，对空气压缩机外露摩擦面定期加注润滑油，对电动机和电气设备应做好防潮保护工作。

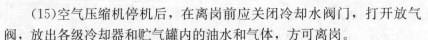

第四节　液压系统

一、液压系统的组成

液压系统的作用是通过改变压强增大作用力。一个完整的液压系统由动力元件、执行元件、控制元件、辅助元件和工作介质五大部分组成。

1. 动力元件

液压泵和液压马达是液压系统中的能量转换元件，都是依靠密封工作空间的容积变化进行工作的，所以称为容积式液压泵或容积式液压马达，可分为齿轮泵、叶片泵、柱塞泵等类型。

（1）齿轮泵和齿轮马达。 齿轮泵只能作为定量泵使用，即转速一定时，排量也一定。齿轮马达的输出转速只与输入流量有关，而输出转矩随外负荷变化，这种马达称为定量马达。齿轮马达和齿轮泵结构基本一致，但由于齿轮马达需要负载启动，正、反方向旋转，所以齿轮马达在实际结构上和齿轮泵是有差别的。齿轮泵一般不能与齿轮马达互逆使用。图 2-21 所示为齿轮泵工作原理图。齿轮Ⅰ为主动齿轮，齿轮Ⅱ为从动齿轮。齿轮在开始退出啮合一侧为吸油腔，齿轮轮齿退出啮合时，齿轮轮齿之间的容积增加，形成局部真空，油箱中的液压油在大气压的作用下进入吸油腔，完成吸油。随着齿轮的旋转，齿间的液压油液被带到齿轮进入啮合一侧，即压油腔。进入啮合的轮齿使齿轮轮齿之间的容积减少，液体便被排出泵体。

（2）叶片泵和叶片马达。 叶片泵由定子、转子、叶片及壳体、端盖等主要零件组成。其分为单作用叶片泵和双作用叶片泵两种。单作用叶片泵可作为变量泵使用，即在转速不变的情况下可调整排量，其工作原理如图 2-22 所示；双作用叶片泵均为定量泵。叶片泵和叶片马达的工作压力均较低，为 6 MPa 左右，因此，叶片泵和叶片马达在建筑机械上应用得不多。

（3）柱塞泵和柱塞马达。 柱塞泵和柱塞马达根据柱塞的排列方向分轴向柱塞泵和轴向柱塞马达、径向柱塞泵和径向柱塞马达两大类。轴向柱塞泵及轴向柱塞马达的特点：柱塞在泵体内沿轴向排列并在圆周上均匀分布，柱塞的轴线平行于泵的旋转轴线；工作压力较高，可达 35 MPa 以上；转速较高，可达 3 000 r/min；容积效率高，并且在结构上容易实现无级变量。轴向柱塞泵及轴向柱塞马达在国防和民用工业上都得到了广泛的应用，特别是在建筑机械中，一般液压系统工作压力大于 16 MPa 时，多采用这种泵及马达。

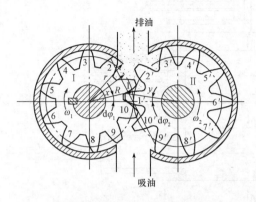

图 2-21　齿轮泵工作原理示意

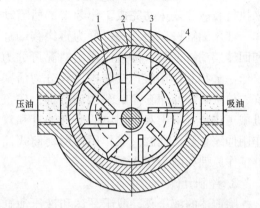

图 2-22　单作用叶片泵工作原理示意
1—转子；2—定子；3—叶片；4—壳体

轴向柱塞泵及轴向柱塞马达按结构不同可分为**斜盘式**和**斜轴式**两大类。斜盘式轴向柱塞泵由转动的缸体、固定的配流盘、传动轴、柱塞、滑靴、斜盘、回程盘、弹簧等主要零件组成。其工作原理如图 2-23 所示。斜盘式轴向柱塞泵作为马达使用时，其工作原理如图 2-24 所示。

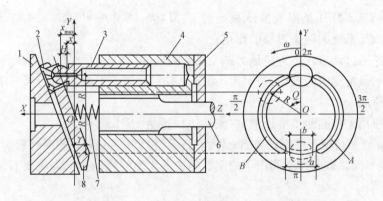

图 2-23　斜盘式轴向柱塞泵工作原理示意
1—斜盘；2—滑靴；3—柱塞；4—缸体；5—配流盘；6—传动轴；7—弹簧；8—回程盘

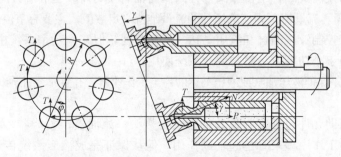

图 2-24　斜盘式轴向柱塞马达工作原理示意

2. 执行元件

液压油缸是液压系统中的执行元件，用来执行直线往复运动完成工作装置的所需动作。液压油缸按运动方式可分为直线移动缸和回转摆动缸两类；按液压作用情况可分为单作用缸和双作用缸；按结构形式分为活塞缸、柱塞缸、伸缩套筒缸和摆动缸等。建筑机械工作装置常用双作用单活塞杆油缸和双作用伸缩套筒式油缸。双作用伸缩套筒式油缸工作原理如图 2-25 所示。

3. 控制元件

除前述的液压泵、液压马达和液压油缸外，还要有对机构进行控制和调节的一套液压元件，即阀类元件，简称控制阀。控制阀的种类很多，按其工作特性可分为压力控制阀、方向控制阀和流量控制阀三大类。

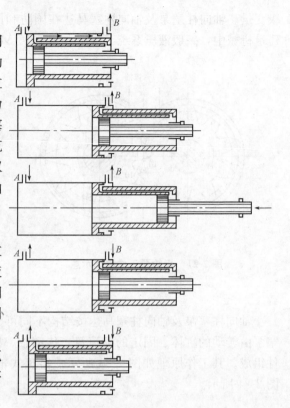

(1)压力控制阀。 压力控制阀根据液流压力而动作，主要有溢流阀、减压阀、顺序阀和平衡阀。

1)溢流阀的基本作用是限制液压系统的

图 2-25 双作用伸缩套筒式油缸工作原理示意

最高压力，对液压系统起防止过载的作用。

2)减压阀是通过调节，将进口压力减至某一需要的出口压力，并依靠介质本身的能量，使出口压力自动保持稳定的阀门。当液压系统只有一台泵而系统不同的部分所需压力不同时，则使用减压阀。

3)顺序阀可用来控制两个液压油缸(或马达)的先后工作顺序。

4)平衡阀是建筑机械上使用较多的一种阀门，有利于改善建筑机械某些机构的使用性能。

(2)方向控制阀。 方向控制阀用于控制管路中液压油的流动方向，主要有单向阀、换向阀及多路换向阀。

单向阀可保证通过阀的液压油只在一个方向上通过而不会反向流动，即实现正向导通，反向截止。单向阀可分为普通单向阀和液控单向阀。

换向阀也称为换向滑阀，是依靠阀杆在阀体内轴向移动而改变液流方向的。

(3)流量控制阀。 流量控制阀使液压油的流量维持一定数值，主要有节流阀、调速阀等。

节流阀可用于控制液压油缸和液压马达的工作速度，但在大功率系统中节流损失很大，因此，节流阀只限于小功率或短暂的调速系统使用。

调速阀的作用是保证液压油缸或液压马达的稳定工作速度，并且不受外界负载变化的影响。

4. 辅助元件

液压系统的辅助元件包括密封件、油管及管接头、滤油器、蓄能器、油箱、冷却器等元件，从液压传动工作原理来看是起辅助作用，但从保证完成液压系统传递压强和运动的任务来看，这些元件都是非常重要的。

5. 工作介质

工作介质多为液压油，用来传递能量；水压机是以水作为工作介质的液压设备。液压油对液压系统和元件的正常工作、工作效率和使用寿命等影响极大。据统计，液压系统的故障中 75％以上是液压油中有杂质造成的。

二、液压系统的基本回路

1. 调压回路

调压回路的作用是限定系统的最高压力，防止系统的工作超载，对整个系统起安全保护作用。

如图 2-26 所示，起重机主油路调压溢流阀调整压力，由于系统压力在油泵的出口处较高，所以溢流阀设在油泵出油口侧的旁通油路上，油泵排出的油液到达 A 点后，一路去系统，一路去溢流阀，这两路是并联的，当系统的负载增大、油压升高并超过溢流阀的调定压力时，溢流阀开启回油，直至油压下降到调定值时为止。

2. 卸荷回路

当执行机构暂不工作时，应使油泵输出的油液在极低的压力下流回油箱，减少功率消耗，油泵的这种工况称为卸荷。

卸荷的方法很多，起重机上多用换向阀卸荷，图 2-27 所示是利用滑阀机能的卸荷回路，当执行机构不工作时，三位四通换向阀阀芯处于中间位置，这时进油口与回路口相通，油液流回油箱卸荷，图中 M 型、H 型、K 型滑阀机都能实现卸荷。

3. 限速回路

限速回路也称为平衡回路，起重机的起升马达、变幅油缸及伸缩油缸在下降过程中，由于荷载与自重的重力作用，有产生超速的趋势，运用限速回路可以可靠地控制其下降速度。图 2-28 所示为常见的限速回路。

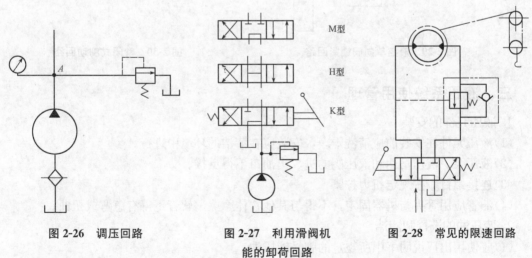

图 2-26　调压回路　　　图 2-27　利用滑阀机　　　图 2-28　常见的限速回路
能的卸荷回路

当吊钩起升时，压力油经右侧平衡阀的单向阀通过，油路畅通；当吊钩下降时，左侧通油，但右侧平衡阀回油通路封闭，马达不能转动，只有当左侧进油压力达到开启压力，通过控制油路打开平衡阀芯形成回油通路，马达才能转动使重物下降，如在重力作用下马达发生超速运转，则进油路供油不足，油压降低，使平衡阀芯开口变小，回油阻力增大，从而限定重物的下降速度。

4. 锁紧回路

起重机执行机构经常需要在某个位置保持不动，如支腿、变幅油缸与伸缩油缸等，这样必须把执行元件的进口油路可靠地锁紧，否则便会发生"坠臂"或"软腿"现象。

锁紧回路较危险。除用平衡阀锁紧外，还可用如图 2-29 所示的液控单向阀锁紧，它用于起重机支腿回路中。

当换向阀处于中间位置，即支腿处于收缩状态或外伸支撑起重机作业状态时，油缸上下腔被液压锁的单向阀封闭锁紧，支腿不会出现外伸或收缩现象，当支腿需外伸（收缩）时，液压油经单向阀进入油缸的上（下）腔，并同时作用于单向阀的控制活塞，打开另一单向阀，允许油缸伸出（缩回）。

5. 制动回路

如图 2-30 所示为常闭式制动回路，起升机构工作时，扳动换向阀，压力油一路进入油马达，另一路进入制动器油缸，推动活塞压缩弹簧从而松闸。

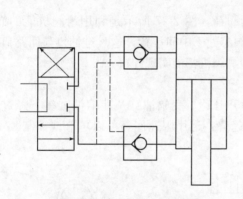

图 2-29　液控单向阀锁紧回路

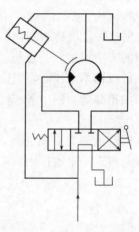

图 2-30　常闭式制动回路

三、液压系统使用管理

1. 液压元件的安装

（1）液压元件在安装前应清洗干净，安装应在清洁的环境中进行。

（2）液压泵、液压马达和液压阀的进、出油口不得反接。

（3）连接螺钉应按规定扭力拧紧。

（4）油管应用管夹与机器固定，不得与其他物体摩擦。软管不得有急弯或扭曲。

2. 液压油的选择和清洁

（1）应使用出厂说明书中所规定的牌号液压油。

（2）应通过规定的滤油器向油箱注入液压油。应经常检查和清洗滤油器，发现损坏，应及时更换。

（3）应定期检查液压油的清洁度，按规定应及时更换，并应认真填写检测及加油记录。

（4）盛装液压油的容器应保持清洁，容器内壁不得涂刷油漆。

3. 启动前的检查和启动、运转作业

(1)液压油箱内的油面应在标尺规定的上、下限范围内。新机开机后，部分油进入各系统，应及时补充。

(2)冷却器应有充足的冷却液，散热风扇应完好有效。

(3)液压泵的出入口与旋转方向应与标牌标志一致。换新的联轴器时，不得敲打泵轴。

(4)各液压元件应安装牢固，油管及密封圈不得有渗漏。

(5)液压泵启动时，所有操纵杆应处于中间位置。

(6)在严寒地区启动液压泵时，可使用加热器提高油温。启动后，应按规定空载运转液压系统。

(7)初次使用及停机时间较长时，液压系统启动后，应空载运行，并应打开空气阀，将系统内空气排除干净，检查并确认各部件工作正常后，再进行作业。

(8)溢流阀的调定压力不得超过规定的最高压力。

(9)运转中，应随时观察仪表读数，检查油温、油压、响声、振动等情况，发现问题，应立即停机检查。

(10)液压油的工作温度宜保持在 30 ℃～60 ℃范围内，最高油温不应超过 80 ℃；当油温超过规定时，应检查油量、油黏度、冷却器、过滤器等是否正常，在故障排除后，方可继续使用。

(11)液压系统应密封良好，不得吸入空气。

(12)高压系统发生泄漏时，不得用手去检查，应立即停机检修。

(13)拆检蓄能器、液压油路等高压系统时，应在确保系统内无高压后拆除。泄压时，人员不得面对放气阀或高压系统喷射口。

液压系统故障
诊断与分析处理

(14)液压系统在作业中，当出现下列情况之一时，应停机检查：

1)油温超过允许范围；

2)系统压力不足或完全无压力；

3)流量过大、过小或完全不流油；

4)压力或流量脉动；

5)不正常响声或振动；

6)换向阀动作失灵；

7)工作装置功能不良或卡死；

8)液压系统泄漏、内渗、串压、反馈严重。

(15)作业完毕后，工作装置及控制阀等应回复原位，并应按规定进行保养。

第五节　发电机与配电装置

一、发电机

发电机是指将其他形式的能源转换成电能的机械设备。其由水轮机、汽轮机、柴油机或其他动力机械驱动，将水流、气流、燃料燃烧或原子核裂变产生的能量转化为机械能传给发电机，再由发电机转换为电能。

发电机通常由定子、转子端盖及轴承等部件构成。定子由定子铁芯、线包绕组、机座以及固定这些部分的其他结构件组成。转子由转子铁芯(或磁极、磁扼)绕组、护环、中心环、滑环、风扇及转轴等部件组成。由轴承及端盖将发电机的定子、转子连接组装起来，使转子能在定子中旋转，做切割磁力线的运动，从而产生感应电势，通过接线端子引出，接在回路中，便产生了电流。

发电机可分为直流发电机和交流发电机。交流发电机可分为同步发电机和异步发电机（很少采用）；交流发电机还可分为单相发电机与三相发电机。另外，发电机从原理上可分为同步发电机、异步发电机、单相发电机、三相发电机；从产生方式上可分为汽轮发电机、水轮发电机、柴油发电机、汽油发电机；从能源上可分为火力发电机、水力发电机等。

建筑工程施工用发电机应符合下列规定：

(1)对于以内燃机为动力的发电机，其内燃机部分的操作应遵循本章第一节的相关规定。

(2)新装、大修或停用 10 d 以上的发电机，使用前应测量定子和励磁回路的绝缘电阻及吸收比，转子绕组的绝缘电阻不得小于 0.5 MΩ，吸收比不得小于 1.3，并应做好测量记录。

(3)作业前应检查内燃机与发电机传动部分，并应确保连接可靠，输出线路的导线绝缘应良好，各仪表应齐全，有效。

(4)启动前应将励磁变阻器的阻值放在最大位置上，断开供电输出总开关，接合中性点接地开关，有离合器的发电机组应脱开离合器。内燃机启动后应空载运转，待运转正常后再接合发电机。

(5)启动后应检查发电机在升速中有无异响，滑环及整流子上电刷应接触良好，不得有跳动及产生火花现象。应在运转稳定，频率、电压达到额定值后，再向外供电。用电负荷应逐步加大，三相应保持平衡。

(6)不得对旋转着的发电机进行维修、清理。运转中的发电机不得使用帆布等物体遮盖。

(7)发电机组电源应与外电线路电源联锁，不得与外电线路电源并联运行。

(8)发电机组并联运行应满足频率、电压、相位、相序相同的条件。

(9)并联线路两组以上时，应在全部进入空载状态后方可逐一供电。准备并联运行的发电机应在全部已进入正常稳定运转，接到"准备并联"的信号后，调整柴油机转速，并应在同步瞬间合闸。

(10)并联运行的发电机组如因负荷下降而需停车一台时，应先将需停车的一台发电机的负荷全部转移到继续运转的发电机上，然后按单台发电机停车的方法进行停机。如需全部停机则应先将负荷逐步切断，然后停机。

(11)移动式发电机使用前应将底架停放在平稳的基础上，不得在运转时移动发电机。

(12)发电机连续运行的最高和最低允许电压值不得超过额定值的±10％。其正常运行的电压变动范围应在额定值的±5％以内，功率因数为额定值时，发电机额定容量应不变。

(13)发电机在额定频率值运行时,其变动范围不得超过±0.5 Hz。

(14)发电机功率因数不宜超过迟相0.95,有自动励磁调节装置的,可允许短时间内在迟相0.95~1的范围内运行。

(15)发电机运行中应经常检查仪表及运转部件,发现问题应及时调整。定子、转子电流不得超过允许值。

发电机故障
分析与处理

(16)停机前应先切断各供电分路开关,然后切断发电机供电主开关,逐步减少载荷,将励磁变阻器复回到电阻最大值位置,使电压降至最低值,再切断励磁开关和中性点接地开关,最后停止内燃机运转。

(17)发电机经检修后应进行检查,转子及定子槽间不得留有工具、材料及其他杂物。

二、配电装置

配电装置就是接受和分配电能的装置。**由母线、开关设备、保护电器、测量仪表和其他附件等组成**。配电装置按其设置的场所可分为**户内配电装置和户外配电装置**;按其电压等级可分为**高压配电装置和低压配电装置**;按其结构形式又分为成套配电装置(开关柜)和装配式,应设专职值班人员负责运行与维护,高压巡视检查工作不得少于2人,每半年应进行一次停电检修和清扫。具体使用应符合下列规定:

(1)高压油开关的瓷套管应保证完好,油箱不得有渗漏,油位、油质应正常,合闸指示器位置应正确,传动机构应灵活可靠。应定期对触头的接触情况、油质、三相合闸的同步性进行检查。

(2)停用或经修理后的高压油开关,在投入运行前应全面检查,应在额定电压下作合闸、跳闸操作各3次,其动作应正确可靠。

(3)隔离开关应每季度检查一次,瓷件应无裂纹和放电现象;螺栓应无松动;刀型开关无变形、损伤,接触应严密。三相隔离开关各相动触头与静触头应同时接触,前后相差不得大于3 mm,打开角不得小于60°。

(4)避雷装置在雷雨季节之前应进行一次预防性试验,并在测量接地电阻、雷电后应检查阀型避雷器的瓷瓶、连接线和地线,确保完好无损。

(5)低压电器设备和器材的绝缘电阻不得小于0.5 MΩ。

(6)在易燃、易爆、有腐蚀性气体的场所应采用防爆型低压电器;在多尘和潮湿或易触及人体的场所应采用封闭型低压电器。

(7)电箱及配电线路的布置应执行现行行业标准《施工现场临时用电安全技术规范》(JGJ 46—2005)的规定。

本章小结

建筑施工动力与电气设备主要包括内燃机、电动机、空气压缩机、液压系统、发电机及配电装置。内燃机是燃料在气缸内燃烧膨胀,推动活塞、曲轴连杆机构运动,从而输出机械能的动力机,由机体、曲柄连杆机构、配气机构、燃油供给系统、润滑系统、冷却系统和启动装置等组成。电动机是将电能转换成机械能的电力发动机，按工作电源种类不同分为直流电动机和交流电动机，在建筑工程机械中，使用较多的是交流电动机中的三相异步电动机。空气压缩机是一种用以压缩气体的设备，主要包括压缩机构部分、传动机构部分、密封部分、润滑系统部分、冷却部分、减荷阀和压力控制系统及安全保护部分。液压系统的作用为通过改变压强增大作用力，一个完整的液压系统由动力元件、执行元件、控制元件、辅助元件、工作介质五大部分组成。发电机是指将其他形式的能源转换成电能的机械设备，它由水轮机、汽轮机、柴油机或其他动力机械驱动，将水流、气流、燃料燃烧或原子核裂变产生的能量转化为机械能传给发电机，再由发电机转换为电能。建筑工程用配电装置主要指 10 kV 以下的施工电源及高低配电装置，应设专职值班人员负责运行与维护。

思考题

一、填空题

1. 内燃机的机体主要包括_____、_____和_____。

2. 内燃机的冷却方式分为_____和_____两种。

3. 内燃机有_____、_____和_____三种不同的表示方法。

4. 内燃机启动前，_____应处于分离位置。

5. 电动机按结构和工作原理不同分为_____、_____和_____。

6. 电动机中有两个电路：_____和_____。

7. 空气压缩机的安全部分分别有_____和_____组成。

8. _____和_____是液压系统中的能量转换元件。

二、选择题

1. 现代柴油内燃机多数采用（　　）。
   A. 电启动　　　　　B. 汽油机启动　　　C. 压缩空气启动　　D. 人力启动

2. 电动机的电枢铁芯由（　　）mm 厚硅钢片叠成，片间涂以绝缘漆以减小涡流损耗。
   A. 0.5　　　　　　　B. 1　　　　　　　　C. 1.5　　　　　　　D. 2

3. 单台电动机的熔丝额定电流为电动机额定电流的（　　）。
   A. 0～50%　　　　　B. 50%～100%　　　C. 100%～150%　　　D. 150%～250%

4. 电动机额定电压变动范围应控制在（　　）之内。
   A. −15%～+10%　B. −5%～+10%　　C. −15%～+20%　　D. −5%～+20%

5. 空气压缩机的贮气灌应放在通风良好处，距贮气罐（　　）m 以内不得进行焊接或热加工作业。
   A. 15　　　　　　　　B. 25　　　　　　　　C. 35　　　　　　　　D. 45

三、问答题

1. 建筑施工用内燃机具有哪些特点？

2. 当空气压缩机工作时，在哪些情形下应停机检查？

3. 配电装置的使用应符合哪些规定？

第三章 建筑起重吊装与运输机械

 知识目标

了解塔式起重机、桅杆式起重机和分类，熟悉履带式起重机、汽车式起重机、轮胎式起重机、塔式起重机、卷扬机及自卸汽车、平板拖车、机动翻斗车等运输设备的结构、性能与工作原理，掌握履带式起重机、汽车、轮胎式起重机、塔式起重机、桅杆式起重机、桥式起重机、门式起重机、卷扬机及自卸汽车、平板拖车、机动翻斗车等运输设备的安全使用。

能力目标

通过本章内容的学习，能够熟练进行履带式起重机、汽车式起重机、轮胎式起重机、塔式起重机、桅杆式起重机、卷扬机等起重吊装机械和自卸汽车、平板拖车、机动翻斗车等运输机械与设备的安全使用操作。

第一节 履带式起重机

一、履带式起重机构造

履带式起重机是在行走的履带底盘上装有起重装置的起重机械，是自行式、全回转的一种起重机，由起重臂、回转机构、行走机构等组成。起重臂常采用多节桁架结构，下端铰接在转台前，顶部有变幅钢丝绳悬挂支持，有的还铰装有副臂。其起重量和起升高度较大。履带式起重机的构造组成如图 3-1 所示。

履带式起重机具有操作灵活、使用方便，在一般平整坚实的场地上可以荷载行驶和作业的特点。履带式起重机是结构吊装工程中常用的起重机械。

履带式起重机按传动方式不同可分为机械式（QU）、液压式（QUR）和电动式（QUD）三种。目前常用的是液压式履带起重机。 电动式不适用于需要经常转移作业场地的建筑施工。

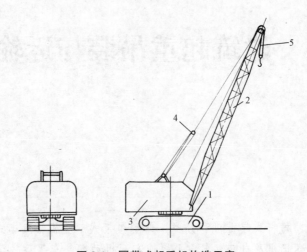

图 3-1 履带式起重机构造示意

1—行走装置(履带)；2—起重杆；3—平衡重；4—变幅滑轮组；5—起重滑轮组

二、履带式起重机技术性能参数

常用履带式起重机型号及技术性能参数见表 3-1。

表 3-1 常用履带式起重机型号及技术性能参数

项　　目		起重机型号								
		W-501			W-1001			W-2001(W-2002)		
操作形式		液　压			液　压			气　压		
行走速度/(km·h⁻¹)		1.5～3			1.5			1.43		
最大爬坡能力/(°)		25			20			20		
回转角度/(°)		360			360			360		
起重机总质量/t		21.32			39.4			79.14		
吊杆长度/m		10	18	18+2	13	23	30	15	30	40
回转半径	最大/m	10	17	10	12.5	17	14	15.5	22.5	30
	最小/m	3.7	4.3	6	4.5	6.5	8.5	4.5	8	10
起重量	最大回转半径时/t	2.6	1	1	3.5	1.7	1.5	8.2	4.3	1.5
	最小回转半径时/t	10	7.5	2	15	8	4	50	20	8
起重高度	最大回转半径时/m	3.7	7.6	14	5.8	16	24	3	19	25
	最小回转半径时/m	9.2	17	17.2	11	19	26	12	26.5	36

注：18+2 表示在 18 m 吊杆上加 2 m 鸟嘴；相应的回转半径、起重量、起重高度各数值均为副吊钩的性能。

三、履带式起重机转移

履带式起重机可根据运距、运输条件和设备的情况，采用自行转移、拖车运输和铁路运输等方法。一般情况下，起重机的短途运输可自行转移，中、长途运输可采用分件拆除、拖车运输或者火车运输的方法。

(一)自行转移

一般在山区、工地现场、非高等级道路时，运距不超过 5 km，履带起重机可以采用自行转移。起重机自行转移时，操作要点如下：

(1)在行驶前必须对起重机行走机构进行检查，搞好润滑、紧固、调整等保养工作，吊杆拆至最短。

(2)行走时，驱动轮应在后面，刹住回转台，吊杆和履带平行并放低，吊钩要升起。

(3)履带起重机的自行转移应按照事先确定好的行车路线行驶，在地面承载力达不到要求时采用铺设"路基箱"或者提前处理地面的方式提高承载力。在途中注意上空电线，机体和吊杆与电线的安全距离必须符合要求。在上下坡中，禁止中途变速或空挡滑行，上陡坡必须倒行。上下坡要有专人监护，准备好垫木支护，防止起重机快速下滑引起事故。

(二)拖车运输

1. 准备工作

(1)了解所运输的起重机的总自重、各部分自重、外形尺寸、运输路线、公路桥梁的承载力和所要经过桥洞的高度等问题。

(2)根据所运输的起重机部件的外型尺寸和自重选择相应的平板拖车，根据现在高速公路的各项规定，一般不允许超载，但也不宜以大带小，避免载重过轻，在运输中颤动太大而损坏起重机零部件。

(3)准备好一定数量的道木、三角垫木、道链、紧线器、跳板、钢丝和钢丝绳等材料。

(4)根据起重机的说明书拆除吊杆、配重、吊钩、钢丝绳等需拆除运输的部件，有时只将吊杆首节拆去，留下根部一节不拆，另用一根钢丝绳将其拉住。这节吊杆虽然不重，但因钢丝绳和吊杆的夹角较小，钢丝绳受力往往很大，必须按照受力选择钢丝绳的直径。

2. 上车和固定

起重机可以从固定或活动的登车台开上拖车，也可以采用拖车的两个钢制的上车板上车，如果没有可选择的场地，用跳板或者适当规格的方木搭成10°～15°的坡道，从坡道上拖车。起重机上坡道前应认真检查行走机构的工作状况和制动器的作用是否良好，上坡道时将履带对正，尾部对着拖车向上倒行。如果驾驶室对着拖车向上开行，在起重机重心即将离开坡道时，起重机会发生"点头"现象，吊杆可能会砸到驾驶室，此时必须适当关小油门，以保证安全。另外，在坡道上严禁打方向和回转，如果发生危险，可将起重机慢慢退下来。

起重机上拖车必须由经验丰富的人指挥，并由熟悉该机车的驾驶员操作。上拖车时，拖车驾驶员必须离开驾驶室，拖车制动牢固，前后车轮用三角垫木垫实。遇雨雪天气时，还要做好防滑措施。

起重机在拖车上的停放位置应是起重机的重心大致在拖车载重面的中心上，起重机停好后应将起重机的所有制动器制动牢固。履带前后用三角垫木垫实并固定，履带左右两面用钢丝绳和道链或紧线器紧固。如运距远、路面差，必须将尾部用高凳或者道木跺垫实，吊杆中部两侧用绳索固定。在运距短、路面平坦但转弯困难的情况下，吊杆不必固定，以便必要时发动起重机配合转弯。

另外，在吊杆头部用红布做出明显标记，在通过有较低电线地区时，起重机最高处需捆绑竹竿，以便顺利通过。

3. 运输

装有起重机的拖车在行走时要保持平稳，避免紧急刹车，途中保持中速行驶，转弯、下坡减速，遇有涵洞通过困难时，可先将起重机开下拖车，待通过后再运上拖车。

4. 下拖车

起重机下拖车应按规定将坡道搭设牢固，由熟练的驾驶员和经验丰富的人员操作。下拖车操作与上拖车相比，更要注意安全操作，应注意以下两点：

(1)用慢速挡向下开行，不能放空挡。否则，下行速度过快，会因猛烈地冲击地面而使起重机受损。

(2)在下行途中不可刹车，否则起重机会因刹车自动拐弯滑出坡道，造成危险。

(三)铁路运输

铁路运输手续烦琐、周期相对较长，适用于起重机的长途转运。选择铁路运输时，铁路平板有顶头上车和侧向上车两种。其规格可根据起重机部件外形尺寸和质量来确定。

起重机上车前必须刹住铁路平板制动器并用道木将平板垫实，以免在上车中平板翘头或倾覆。垫实处应留有一定空隙，以利于上车后拆除垫木。

起重机上平板后停车位置与固定方法与拖车运输相同，但必须注意将支垫吊杆的高凳或道木跺搭设在起重机停放的同一个平板上，固定吊杆的绳索也绑在这个平板上。如吊杆长度超出一个铁路的平板，则必须另挂一个辅助平板，但吊杆在此平板上不设支垫，也不用绳索固定，应抽掉吊钩钢丝绳。

铁路运输车身较高、质量较重的起重机时，常用凹形平板装载，以便顺利通过隧道。起重机必须从侧向开上凹形平板，又因为凹形平板的载重面都比货场平台低，所以必须侧向搭设一个 $10°\sim15°$ 的坡道。在凹形平板上，为防止起重机滑动，需在履带的前后左右电焊角钢代替三角木和绳索捆绑。

四、履带式起重机组装

1. 基本臂的组装方法

(1)将基础臂节吊到与本体相连接的水平位置上，慢慢地移动本体，使基础臂根部销孔与之相吻合，插入销子，再用锁紧销固定。

(2)将拉紧器安装在基础臂节上面的托架上。

(3)将起重臂的变幅钢绳挂在吊挂装置与拉紧器之间，然后将变幅钢绳慢慢拉紧，使基础臂节稍稍抬起，移动本体，使它处于顶部臂节连接状态。

(4)把基础臂节轻轻放下，使其上侧的连接销孔与相应的顶部臂节连接销孔相吻合，然后插入销子，再用锁紧销固定好，之后轻轻地抬起基础臂节。

(5)在起重臂的下面垫上枕木，将拉紧器与顶部臂节用吊挂钢绳连接起来，将拉紧器与托架相连接的连接销卸下，慢慢地卷起变幅钢绳，升高 A 形架，使钢绳拉紧。把防倾杆安装到 A 形架前支架的耳板上。

(6)检查起重钩防过卷装置是否与使用臂长的倍率一致，起重臂防过卷装置的线路是否接好，各种自动停止装置的动作是否正常。

(7)启动柴油内燃机，低速运转，慢慢地抬起起重臂，使起重臂与水平成 $30°$ 角。

(8)将配重按顺序安装好。

(9)将履带伸展成工作状态后方能作业。

2. 基本臂上增加中间节的组装方法

在基本臂上增加中间节时，按下面步骤进行：

(1)使基本臂和用枕木垫起来的中间臂节成一条直线。若要安装副臂，要预先安装好副臂以及拔杆，然后用枕木将它垫起来，像组装基本臂一样，使副臂与起重臂连接。

(2)先将基础臂分解开(仅与顶部臂节分解)，并将分解下来的顶部臂节与组装好的中间节连接在一起。

(3)使基础臂节接近中间臂节，并与上侧的连接销孔相吻合，然后插入连接销，再用固定销固定。

(4)使下侧连接销孔相吻合，并慢慢地拉紧起重臂变幅钢绳，一定不要抬起起重臂，因为将起重臂抬起离开枕木，易损坏起重臂。最后在吻合的连接孔处插入连接销，用固定销固定。

(5)下放变幅钢绳，使其放松拉紧器与基础臂节托架的连接后，取下拉紧器和基础臂节托架上的连接销，使基础臂节与拉紧器分离。

(6)钢绳连接完毕，卷起变幅钢绳使起重臂抬起。在起重臂与地面夹角小于30°时，起重钩始终落在地上，主卷扬钢绳始终处于放松状态。

3. 副臂的组装方法

副臂是由副臂顶部、副臂基础和副臂中间节组成。组装副臂时按下列顺序进行：

(1)事先将副臂和桅杆装好放在枕木上，装垫起的高度与起重臂连接处成水平状态。

(2)将装有主臂的本体移近副臂，用安装副臂的销子将顶部臂节与副臂连接起来，然后把起重臂用枕木垫起来。

(3)将副臂的吊挂钢绳通过副臂桅杆连接在主臂上侧的托架上。

(4)与基本臂的情况一样，安装好副臂的提升钢绳。

上述各项工作完成以后，提升起重臂，在主臂与地面夹角小于30°时，主副钩必须始终放在地面上。主副卷扬钢绳始终处于放松状态，使副臂离开地面，确定副臂的安装角度是否在10°~30°，如果超过规定值，应将起重臂落下，重新确定拉紧绳的长度，以保证安装角度。

五、履带式起重机安全使用技术

(1)一般规定。

1)建筑起重机械进入施工现场应具备特种设备制造许可证、产品合格证、特种设备制造监督检验证明、备案证明、安装使用说明书和自检合格证明。

2)建筑起重机械有下列情形之一时，不得出租和使用：

①属国家明令淘汰或禁止使用的品种、型号；

②超过安全技术标准或制造厂规定的使用年限；

③经检验达不到安全技术标准规定；

④没有完整的安全技术档案；

⑤没有齐全有效的安全保护装置。

3)建筑起重机械的安全技术档案应包括下列内容：

①购销合同、特种设备制造许可证、产品合格证、特种设备制造监督检验证明、安装使用说明书、备案证明等原始材料；

②定期检验报告、定期自行检查记录、定期维护保养记录、维修和技术改造记录、运行故障和生产安全事故记录、累积运转记录等运行资料；

③历次安装验收资料。

4)建筑起重机械装拆方案的编制、审批和建筑起重机械首次使用、升节、附墙等验收应按现行有关规定执行。

5)建筑起重机械的装拆应由具有起重设备安装工程承包资质的单位施工，操作和维修人员应持证上岗。

6)建筑起重机械的内燃机，电动机和电气、液压装置部分，应按本书"第二章"有关规定执行。

7)选用建筑起重机械时，其主要性能参数、利用等级、载荷状态、工作级别等应与建筑工程相匹配。

8)施工现场应提供符合起重机械作业要求的通道和电源等工作场地和作业环境。基础与地基承载能力应满足起重机械的安全使用要求。

9)操作人员在作业前应对行驶道路、架空电线、建(构)筑物等现场环境以及起吊重物进行全面了解。

10)建筑起重机械应装有音响清晰的信号装置。在起重臂、吊钩、平衡重等转动物体上应有鲜明的色彩标志。

11)建筑起重机械的变幅限位器、力矩限制器、起重量限制器、防坠安全器、钢丝绳防脱装置、防脱钩装置以及各种行程限位开关等安全保护装置，必须齐全有效，严禁随意调整或拆除。严禁利用限制器和限位装置代替操纵机构。

12)建筑起重机械安装工、司机、信号司索工作业时应密切配合，按规定的指挥信号执行。当信号不清或错误时，操作人员应拒绝执行。

13)施工现场应采用旗语、口哨、对讲机等有效的联络措施确保通信畅通。

14)在风速达到 9.0 m/s 及以上或大雨、大雪、大雾等恶劣天气时，严禁进行建筑起重机械的安装拆卸作业。

15)在风速达到 12.0 m/s 及以上或大雨、大雪、大雾等恶劣天气时，应停止露天的起重吊装作业。重新作业前，应先试吊，并应确认各种安全装置灵敏可靠后进行作业。

16)操作人员进行起重机械回转、变幅、行走和吊钩升降等动作前，应发出音响信号示意。

17)建筑起重机械作业时，应在臂长的水平投影覆盖范围外设置警戒区域，并应有监护措施；起重臂和重物下方不得有人停留、工作或通过。不得用吊车、物料提升机载运人员。

18)不得使用建筑起重机械进行斜拉、斜吊和起吊埋设在地下或凝固在地面上的重物以及其他不明重量的物体。

19)起吊重物应绑扎平稳、牢固，不得在重物上再堆放或悬挂零星物件。易散落物件应使用吊笼调运。标有绑扎位置的物件，应按标记绑扎后吊运。吊索的水平夹角宜为 45°~60°，不得小于 30°，吊索与物件棱角之间应加保护垫料。

20)起吊载荷达到起重机械额定起重量的 90% 及以上时，应先将重物吊离地面不大于 200 mm，检查起重机械的稳定性和制动可靠性，并应在确认重物绑扎牢固平稳后再继续起吊。对大体积或易晃动的重物应拴拉绳。

21)重物的吊运速度应平稳、均匀，不得突然制动。回转未停稳前，不得反向操作。

22)建筑起重机械作业时，在遇突发故障或突然停电时，应立即把所有控制器拨到零位，并及时关闭发动机或断开电源总开关，然后进行检修。起吊物不得长时间悬挂在空中，应采取措施将重物降落到安全位置。

23)起重机械的任何部位与架空输电导线的安全距离应符合现行行业标准《施工现场临时用电安全技术规范》(JGJ 46—2005)的规定。

24)建筑起重机械使用的钢丝绳，应有钢丝绳制造厂提供的质量合格证明文件。

25)建筑起重机械使用的钢丝绳，其结构形式、强度、规格等应符合起重机使用说明书的要求。钢丝绳与卷筒应连接牢固，放出钢丝绳时，卷筒上应至少保留三圈，收放钢丝绳时，应防止钢丝绳损坏、扭结、弯折和乱绳。

26)钢丝绳采用编结固接时，编结部分的长度不得小于钢丝绳直径的 20 倍，并不应小于 300 mm，其编结部分应用细钢丝捆扎。当采用绳卡固接时，与钢丝绳直径匹配的绳卡数量应符合表 3-2 的规定，绳卡间距应是 6～7 倍的钢丝绳直径，最后一个绳卡距绳头的长度不得小于 140 mm。绳卡滑鞍(夹板)应在钢丝绳承载时受力的一侧，U 形螺栓应在钢丝绳的尾端，不得正反交错。绳卡初次固定后，应待钢丝绳受力后再次紧固，并宜拧紧到使尾端钢丝绳受压处直径高度压扁 1/3。作业中应经常检查紧固情况。

表 3-2　与绳径匹配的绳卡数

钢丝绳公称直径/mm	≤18	>18～26	>26～36	>36～44	>44～60
最少绳卡数/个	3	4	5	6	7

27)每班作业前，应检查钢丝绳及钢丝绳的连接部位。钢丝绳报废标准按现行国家标准《起重机 钢丝绳 保养、维护、安装、检验和报废》(GB/T 5972—2016)的规定执行。

28)在转动的卷筒上缠绕钢丝绳时，不得用手拉或脚踩引导钢丝绳，不得给正在运转的钢丝绳涂抹润滑脂。

29)建筑起重机械报废及超龄使用应符合国家现行有关规定。

30)建筑起重机械的吊钩和吊环严禁补焊。当出现下列情况之一时应对其进行更换：

①表面有裂纹、坡口；

②危险断面及钩颈永久变形；

③挂绳处断面磨损超过高度 10%；

④吊钩衬套磨损超过原厚度 50%；

⑤销轴磨损超过其直径的 5%。

31)建筑起重机械使用时，每班都应对制动器进行检查。当制动器的零件出现下列任意一种情况时，应做报废处理：

①裂纹；

②制动器摩擦片厚度磨损达到原厚度的 50%；

③弹簧出现塑性变形；

④小轴或轴孔直径磨损达原直径的 5%。

32)建筑起重机械制动轮的制动摩擦面不应有妨碍制动性能的缺陷或沾染油污。制动轮出现下列任意一种情况时，应做报废处理：

①裂纹；

②起升、变幅机构的制动轮，轮缘厚度磨损大于原厚度的 40%；

③其他机构的制动轮，轮缘厚度磨损大于原厚度的 50%；

④轮面凹凸不平度达 1.5～2.0 mm（小直径取小值，大直径取大值）。

（2）起重机械应在平坦坚实的地面上作业、行走和停放。作业时，坡度不得大于 3°，起重机械应与沟渠、基坑保持安全距离。

（3）起重机械启动前应重点检查下列项目，并应符合相应要求：

1）各安全防护装置及各指示仪表应齐全完好；

2）钢丝绳及连接部位应符合规定；

3）燃油、润滑油、液压油、冷却水等应添加充足；

4）各连接件不得松动；

5）在回转空间范围内不得有障碍物。

（4）起重机械启动前应将主离合器分离，各操纵杆放在空挡位置。内燃机的启动应遵循本书"第二章"有关规定。

（5）内燃机启动后，应检查各仪表指示值，应在运转正常后接合主离合器，空载运转时，应按顺序检查各工作机构及制动器，应在确认正常后作业。

（6）作业时，起重臂的最大仰角不得超过使用说明书的规定。当无资料可查时，不得超过 78°。

（7）起重机械变幅应缓慢平稳，在起重臂未停稳前不得变换挡位。

（8）起重机械工作时，在行走、起升、回转及变幅四种动作中，应只允许不超过两种动作的复合操作。当负荷超过该工况额定负荷的 90% 及以上时，应慢速升降重物，严禁超过两种动作的复合操作和下降起重臂。

（9）在重物起升过程中，操作人员应将脚放在制动踏板上，控制起升高度，防止吊钩冒顶。当重物悬停空中时，即使制动踏板被固定，操作人员仍应脚踩在制动踏板上。

（10）采用双机抬吊作业时，应选用起重性能相似的起重机进行。抬吊时应统一指挥，动作应配合协调，载荷应分配合理，起吊重量不得超过两台起重机在该工况下允许起重量总和的 75%，单机的起吊载荷不得超过允许载荷的 80%。在吊装过程中，两台起重机的吊钩滑轮应保持垂直状态。

（11）起重机械行走时，转弯不应过急；当转弯半径过小时，应分次转弯。

（12）其中机械不宜长距离负载行驶。起重机械负载时应缓慢行驶，起重量不得超过相应工况额定起重量的 70%，其中臂应位于行驶方向正前方，载荷离地面高度不得大于 500 mm，并应拴好拉绳。

（13）起重机械上、下坡道时应无载行走，上坡时应将起重臂仰角适当放小，下坡时应将起重臂仰角适当放大。下坡严禁空挡滑行。在坡道上严禁带载回转。

（14）作业结束后，起重臂应转至顺风方向，并应降至 40°～60° 之间，吊钩应提升到接近顶端的位置，关停内燃机，并应将各操纵杆放在空挡位置，各制动器应加保险固定，操作室和机棚应关门加锁。

使用履带式
起重机常遇
到的问题

（15）起重机械转移工地，应采用火车或平板拖车运输，所用跳板的坡度不得大于 15°；起重机械装上车后，应将回转、行走、变幅等机构制动，应采用木楔楔紧履带两端，并应绑扎牢固；吊钩不得悬空摆动。

（16）起重机械自行转移时，应卸去配重，拆短起重臂，主动轮应在后面，机身、起重臂、吊钩等必须处于制动位置，并应加保险固定。

（17）起重机械通过桥梁、水坝、排水沟等构筑物时，应先查明允许载荷后再通过，必要时应采取加固措施。通过铁路、地下水管、电缆等设施时，应铺设垫板保护，机械在上面行走时不得转弯。

第二节　汽车、轮胎式起重机

汽车式起重机是一种使用汽车底盘的轮式起重机，广泛用于构件装卸和结构吊装。其灵活性好、转移迅速、对道路无损伤。轮胎式起重机是一种使用专用底盘的轮式起重机，横向稳定性好，能全回转作业，且在允许载荷下能负载行走。但其行驶速度慢，不宜长距离行驶，常用于作业地点相对固定而作业量较大的吊装作业。

一、汽车、轮胎式起重机的组成

1. 汽车式起重机的组成

汽车式起重机是装在普通汽车底盘或特制汽车底盘上的一种起重机，主要由起升、变幅、回转、起重臂和汽车底盘组成。

（1）汽车式起重机分类。汽车式起重机的种类有很多，其分类方法也各不相同，主要有以下几种：

1）按起重量分：**轻型汽车式起重机**（起重量在 5 t 以下）；**中型汽车式起重机**（起重量在 5～15 t）；**重型汽车式起重机**（起重量在 5～50 t）；**超重型汽车式起重机**（起重量在 50 t 以上）。

2）按支腿形式分：**蛙式支腿、X 形支腿、H 形支腿**。蛙式支腿仅适用于较小吨位的起重机；X 形支腿容易产生滑移，也很少采用；H 形支腿可实现较大跨距，对整机的稳定有明显的优越性，所以，中国生产的液压汽车式起重机多采用 H 形支腿。

3）按传动装置的传动方式分：**机械传动、电传动和液压传动**三类。

4）按起重装置在水平面可回转范围（转台的回转范围）分：**全回转汽车式起重机**（转台可任意旋转 360°）和**非全回转汽车式起重机**（转台回转角小于 270°）。

5）按吊臂的结构形式分：**折叠式、伸缩式和桁架式**。

（2）汽车式起重机特点。汽车式起重机的驾驶室和操作室分开设置，道路行驶视野开阔，在一般道路上均可以行驶。汽车式起重机移动速度很快；功率大，油耗小，噪声符合国家标准要求；走台板为全覆盖式，便于在车上工作与检修；支腿系统采用双面操作，方便实用。汽车式起重机相对于轮胎式起重机的缺点是：不能带载行走；对道路的承载力和平整度要求较高等。

2. 轮胎式起重机的组成

轮胎式起重机俗称轮胎吊，是指利用轮胎式底盘行走的动臂旋转起重机，主要包括转向系统操作机构、转向器和转向传动机构三个基本组成部分。

（1）轮胎式起重机分类。按转向能源的不同，转向系可分为机械转向系和动力转向机构两大类。

1）机械转向系。 机械转向系是以人力作为唯一的转向动力源，其中所有传力件都是机械的。当需要转向时，驾驶员对转向盘施加一个转向力矩，该力矩通过转向轴输入转向器。从转向盘到转向轴这一系列部件和零件即属于转向操作机构。作为减速传动装置的转向器中常有 1～2 级减速传动副，经转向器放大后的力矩和减速后的运动到转向横拉杆，再传给固定于转向节上的转向节臂，使转向节臂所支承的转向轮偏转，从而改变汽车的行驶方向。这里，转向横拉杆和转向节臂属于转向传动机构。

2）动力转向机构。 操作方向盘时，伞齿轮箱和转向机构箱带动转向阀的油缸侧。油缸和阀杆上分别设有油孔，通过油缸和阀杆的相互作用，内外油孔有时会接通，有时会错开，从而控制油路的"通"和"断"。

（2）轮胎式起重机特点。因为它的底盘不是汽车底盘，因此，设计起重机时不受汽车底盘的限制，轴距、轮距可根据起重机总体设计的要求而合理布置。轮胎起重机一般轮距较宽，稳定性好；轴距小、车身短，故转弯半径小，适用于狭窄的作业场所。轮胎式起重机可前后左右四面作业，在平坦的地面上可不用支腿吊重以及吊重慢速行驶，轮胎式起重机需带载行走时，道路必须平坦坚实，荷载必须符合原厂规定。重物离地高度不得超过50 cm，并拴好拉绳，缓慢行驶，严禁长距离带载行驶。一般来说，轮胎式起重机行驶速度比汽车式起重机慢，其机动性不及汽车式起重机。但与履带式起重机相比，其具有便于转移和在城市道路上通过的性能。与汽车式起重机相比其具有轮距较宽、稳定性好、车身短、转弯半径小、可在 360°范围内工作的优点。

二、汽车式、轮胎式起重机的性能

1. 汽车式起重机的性能

常用的 25 t 汽车式起重机起重性能见表 3-3。

表 3-3　常用的 25 t 汽车式起重机起重性能

QY-25K 汽吊车性能表							
全伸支腿(侧方、后方作业)或选装第五支腿(360°作业)							
工作幅度 /m	基本臂 10.40 m		中长臂 17.60 m		中长臂 24.80 m		全伸臂 32.00 m	
	起重量/kg	起升高度/m	起重量/kg	起升高度/m	起重量/kg	起升高度/m	起重量/kg	起升高度/m
3.0	25 000	10.50	14 100	18.11				
3.5	25 000	10.25	14 100	17.98				
4.0	24 000	9.97	14 100	17.82	8 100	25.28		
4.5	21 500	9.64	14 100	17.65	8 100	25.16		
5.0	18 700	9.28	13 500	17.47	8 000	25.03		
5.5	17 000	8.86	13 200	17.26	8 000	24.89	6 000	32.32

工作幅度/m	基本臂 10.40 m		中长臂 17.60 m		中长臂 24.80 m		全伸臂 32.00 m	
	起重量/kg	起升高度/m	起重量/kg	起升高度/m	起重量/kg	起升高度/m	起重量/kg	起升高度/m
6.0	14 500	8.39	13 000	17.04	8 000	24.74	6 000	32.30
7.0	11 400	7.22	11 500	16.54	7 210	24.41	5 600	31.95
8.0	9 100	5.54	9 450	15.95	6 860	24.02	5 300	31.66
9.0			7 750	15.27	6 500	23.59	4 500	31.33
10.0			6 310	14.48	6 000	23.10	4 000	30.97
12.0			4 600	12.49	4 500	21.94	3 500	30.13
14.0			3 500	9.60	3 560	20.51	3 200	29.12
16.0					2 800	18.74	2 800	27.93
18.0					2 300	16.52	2 200	26.52
20.0					1 800	13.61	1 700	24.95
22.0					1 500	9.29	1 400	22.90
24.0							1 100	20.54
26.0							850	17.60
28.0							640	13.71
29.0							550	11.07

2. 轮胎式起重机的性能

轮胎式起重机的性能见表 3-4。

表 3-4 起重机性能

起重量/t	3	5	8	12	16	25	40	65	100
有效幅度/m	1.25	1.35	1.45	1.50	1.50	1.25	1.00	0.85	0.70
支腿横向跨距/m	3.1	3.3	3.5	4.0	4.5	5.0	5.5	6.0	6.6
工作幅度/m	2.8	3.0	3.5	3.5	3.75	3.75	3.75	3.85	4.0
起重力矩/(t·m)	8.4	15	25.6	42	60	94	150	250	400
额定的起重力矩/(t·m)	8	15	25	40	60	95	150	250	400

三、汽车、轮胎式起重机安全使用技术

(1)一般规定。参见"履带式起重机"相关规定。

(2)起重机械工作的场地应保持平坦坚实,符合起重时的受力要求;起重机械应与沟渠、基坑保持安全距离。

(3)起重机械启动前应重点检查下列项目,并应符合相应要求:

1)各安全保护装置和指示仪表应齐全完好;

2)钢丝绳及连接部位应符合规定;

3)燃油、润滑油、液压油及冷却水应添加充足;

汽车式起重机
与轮胎式起
重机的区别

4)各连接件不得松动;

5)轮胎气压应符合规定;

6)起重臂应可靠搁置在支架上。

(4)起重机械启动前,应将各操纵杆放在空挡位置,手制动器应锁死,内燃机的启动应遵循本书"第二章"相关规定。应在急速运转3~5 min后进行中高速运转,并应在检查各仪表指示值,确认运转正常后结合液压泵,液压达到规定值,油温超过30 ℃时,方可作业。

(5)作业前,应全部伸出支腿,调整机体使回转支撑面的倾斜度在无载荷时不大于1/1 000(水准居中)。支腿的定位销必须插上。底盘为弹性悬挂的起重机,插支腿前应先收紧稳定器。

(6)作业中不得扳动支腿操纵阀。调整支腿时应在无载荷时进行,应先将起重臂转至正前方或后方以后,再调整支腿。

(7)起重作业前,应根据所吊重物的重量和起升高度,并应按起重性能曲线,调整起重臂长度和仰角;应估计吊索长度和重物本身的高度,留出适当起吊空间。

(8)起重臂顺序伸缩时,应按使用说明书进行,在伸臂的同时应下降吊钩。当制动器发出警报时,应立即停止伸臂。

(9)汽车式起重机变幅角度不得小于各长度所规定的仰角。

(10)汽车式起重机起吊作业时,汽车驾驶室内不得有人,重物不得超越汽车驾驶室上方,且不得在车的前方起吊。

(11)起吊重物达到额定起重量的50%及以上时,应使用低速挡。

(12)作业中发现起重机倾斜、支腿不稳定等异常现象时,应在保证作业人员安全的情况下,将重物降至安全的位置。

(13)当重物在空中需停留较长时间时,应将起升卷筒制动锁住,操作人员不得离开操作室。

(14)起吊重物达到额定起重量的90%以上时,严禁向下变幅,同时严禁进行两种及两种以上的操作动作。

(15)起重机械带载回转时,操作应平稳,应避免急剧回转或急停,换向应在停稳后进行。

(16)起重机械带载行走时,道路应平坦坚实,载荷应符合使用说明书的规定,重物距离地面不得超过500 mm,并应拴好拉绳,缓慢行驶。

(17)作业后,应先将起重臂全部缩回放在支架上,再收回支腿;吊钩应使用钢丝绳挂牢;车架尾部两撑杆应分别撑在尾部下方的支座内,并应采用螺母固定;阻止机身旋转的销式制动器应插入销孔,并应将取力器操纵手柄放在脱开位置,最后应锁住起重操作室门。

(18)起重机械行驶前,应检查确认各支腿收存牢固,轮胎气压应符合规定,行驶时,发动机水温应在80 ℃~90 ℃范围内,当水温未达到80 ℃时,不得高速行驶。

(19)起重机械应保持中速行驶,不得紧急制动,过铁道口或起伏路面时应减速,下坡时严禁空挡滑行,倒车时应有人监护并指挥。

(20)行驶时,底盘走台上不得有人员站立或蹲坐,不得堆放物件。

第三节 塔式起重机

塔式起重机是臂架安置在垂直的塔身顶部的可回转臂架型起重机。塔式起重机由钢结构、工作机构、电气系统及安全装置四部分组成。

一、塔式起重机分类与特点

1. 塔式起重机分类

(1)按起重能力大小可分为轻型塔式起重机、中型塔式起重机及重型塔式起重机；

(2)按有无行走机构可分为固定式和移动式两种，移动式又可分为履带式、汽车式、轮胎式和轨道式四种行走装置；

(3)按其回转形式可分为上回转和下回转两种；

(4)按其变幅方式可分为水平臂架小车变幅和动臂变幅两种；

(5)按其安装形式可分为自升式、整体快速拆装式和拼装式三种。

2. 塔式起重机特点

(1)塔式起重机的主要优点：

1)具有足够的起升高度、较大的工作幅度和工作空间。

2)可同时进行垂直、水平运输，能使吊、运、装、卸在三维空间中的作业连续完成，作业效率高。

3)司机室视野开阔，操作方便。

4)结构较简单、维护容易、可靠性好。

(2)塔式起重机的缺点：

1)结构庞大，自重大，安装劳动量大。

2)拆卸、运输和转移不方便。

3)轨道式塔式起重机轨道基础的构筑费用大。

二、典型塔式起重机构造与工作原理介绍

1. 轻型塔式起重机

如图 3-2 所示，QT25A 型轻型塔式起重机的塔身采用了伸缩式结构、小车变幅、轨道行走(或固定)及下回转式。当臂架采用 30°仰角时，可用于 8 层建筑楼面的吊装。这类轻型塔式起重机具有整体拖运、安装方便，转移迅速等特点。

其主要由金属结构部分、交叉滚柱回转支承、回转平台、钢丝绳滑轮系统架设机构、工作机构和电气设备等组成。

塔身由上、下两节组成，为角钢焊接的桁架式结构。上塔身，上部有操作室；下塔身，下部与回转平台上的人字架铰接。上塔身套装于下塔身之中，上、下塔身之间有四组导向滚轮，作为塔身伸缩时的支承与导向，减小运动时的摩擦阻力。

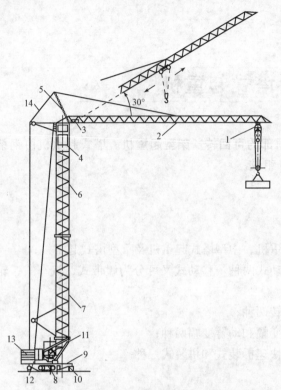

起重臂为三角形桁架结构，分臂头、臂尾两节。起重小车沿下弦行走，小车牵引机构安装在根部。臂架在双向两个平面内折叠，拖运时臂头在水平方向内紧贴臂尾。塔顶活动撑架采用人字形结构。由于伸缩式塔身后倒放置，拖运长度大大减小。

回转平台为型钢焊成的框架结构，装有起升与安装共用的双筒卷扬机及回转机构等。右侧装有配电箱，左侧设有下部操作室，供架设及起重时使用；前部通过人字架与塔身连接，后部置平衡重。回转支承采用交叉滚柱轴承盘，降低重心、改善整体稳定性。其外齿圈和回转小齿轮相啮合，构成行星轮系。

2. QTZ40 型自升式塔式起重机

QTZ40 型自升式塔式起重机具有广泛的适应性，其标准起重臂长可达 30 m，加长臂可达 35 m 和 40 m。最大起重量 4 t，标称起重力矩 40 t·m，最大为 47 t·m，如图 3-3 所示。

该机主要由钢结构、工作机构、电气控制系统、液压顶升系统、安全装置及附着装置等组成。

图 3-2 QT25A 型轻型塔式起重机构造示意

1—起重小车；2—起重臂；3—小车牵引机构；
4—操作室；5—塔顶撑架；6—上塔身；7—下塔身；
8—回转支承；9—底架；10—行走台车；11—回转机构；
12—回转平台；13—卷扬机；14—拉索

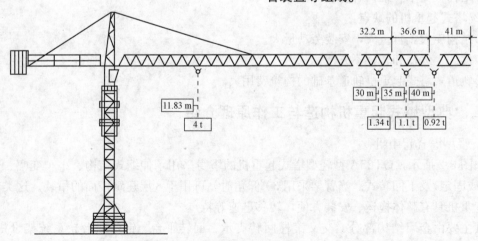

图 3-3 QTZ40 型自升式塔式起重机构造示意

(1)钢结构。钢结构包括塔身、起重臂等，主要特点是结构简单，标准化强。塔身主要由若干标准节构成，其标准节由型钢焊接成格构式方形断面，每节高度为 2.4 m，标准节之间用高强度螺栓连接，塔式起重机的工作高度由安装塔身标准节节数的多少决定。塔身的底架装在底部基础节上，塔身上部装有顶升套架，套架上装有液压顶升机构，套架和液压顶升机构是作为接高塔身时使用的专门装置。

塔身顶部装有回转支承及塔帽，其前后对称地铰接有起重臂和平衡臂，起重臂由五节组成，可分别构成 30 m、35 m、40 m 臂，断面为三角形钢结构件，下弦兼作起重小车的运行轨道。单吊点的起重臂拉杆一端支承在塔帽上，另一端拉在起重臂的上弦杆上，用于支承起重臂呈水平状。平衡臂由平台、扶栏等构成，上面放有平衡配重、起升机构等。

（2）工作机构。本机的起升钢丝绳滑轮组的倍率为两倍率或四倍率互换式，从而可调整起升速度与起重量。

（3）液压顶升系统和自升过程。塔式起重机工作高度的自升过程主要是由液压顶升系统与爬升套架共同完成的。液压顶升系统安装在爬升套架上，在自升过程中通过油泵、阀、液压油缸等提供安全可靠的动力将塔式起重机的上部逐渐抬起，使塔身顶部形成足够的空间用以加接标准节。根据高度需要每次可加装多节标准节。

爬升套架可分为外套架式和内套架式两种。用得较多的外套架式主要由套架、平台、扶手等组成。套架在塔身标准节的顶端，其上部用螺栓与回转支承座相连。在套架侧边安装有液压顶升系统。

3. 轨道式塔式起重机

轨道式塔式起重机是一种应用广泛的起重机。

TQ60/80 型轨道式塔式起重机是轨道行走式、上回转、可变塔高塔式起重机，其外形尺寸如图 3-4 所示。

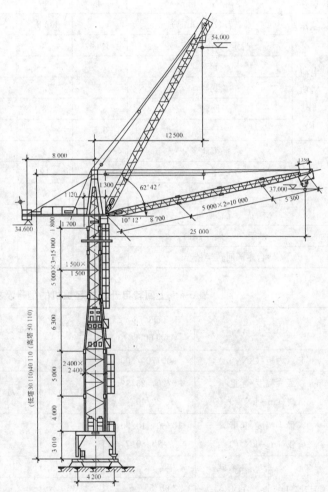

图 3-4　TQ60/80 型轨道式塔式起重机的外形尺寸图

三、塔式起重机技术性能参数

（1）下回转快速拆装塔式起重机的型号及主要技术性能参数见表 3-5。

（2）上回转自升塔式起重机的型号及主要技术性能参数见表 3-6。

表 3-5 下回转快速拆装塔式起重机的型号及主要技术性能参数

	型号项目	红旗Ⅱ—16	QT25	QTG40	QT60	QTK60	QT70
起重特性	起重力矩/(kN·m)	160	250	400	600	600	700
	最大幅度/起重荷载/(m·kN⁻¹)	16/10	20/12.5	20/20	20/30	25/22.7	20/35
	最小幅度/起重荷载/(m·kN⁻¹)	8/20	10/25	10/46.6	10/60	11.6/60	10/70
	最大幅度吊钩高度/m	17.2	23	30.3	25.5	32	23
	最小幅度吊钩高度/m	28.3	36	40.8	37	43	36.3
工作速度	起升/(m·min⁻¹)	14.1	25	14.5/29	30/3	35.8/5	16/24
	变幅/(m·min⁻¹)	4	—	14	13.3	30/15	2.46
工作速度	回转/(r·min⁻¹)	1	0.8	0.82	0.8	0.8	0.46
	行走/(m·min⁻¹)	19.4	20	20.14	25	25	21
电动机功率/kW	起升	7.5	7.5×2	11	22	22	22
	变幅	5	7.5	10	5	2/3	7.5
	回转	3.5	3	3	4	4	5
	行走	3.5	2.2×2	3×2	5×2	4×2	5×2
质量/t	平衡质量	5	3	14	17	23	12
	压重	—	12				
	自身质量	13	16.5	29.37	25	23	26
	总质量	18	31.5	43.37	42	46	38
	轴距/m×轨距/m	3×2.8	3.8×3.2	4.5×4	4.5×4.5	4.6×4.5	4.4×4.4
	转台尾部回转半径/m	2.5			3.5	3.57	4

表 3-6 上回转自升塔式起重机的型号及主要技术性能参数

	型号项目	TQ60/80(QT60/80)	QTZ50	QTZ60	QTZ63	QT80A	QTZ100
	起重力矩/(kN·m)	600/700/800	490	600	630	1000	1000
	最大幅度/起重荷载/(m·kN⁻¹)	30/20，25/32，20/40	45/10	45/11.2	48/11.9	50/15	60/12
	最小幅度/起重荷载/(m·kN⁻¹)	10/60，10/70，10/80	12/50	12.25/60	12.76/60	12.5/80	15/80
起升高度/m	附着式	—	90	100	101	120	180
	轨道式	65/55/45	36	—	—	45.5	—
	固定式		36	39.5	41	45.5	50
	内爬升式	—	—	160	—	140	—
工作速度/(m·min⁻¹)	起升(2绳)	21.5	10~80	32.7~100	12~80	29.5~100	10~100
	起升(4绳)	(3绳)14.3	5~40	16.3~50	6~40	14.5~50	5~50
	变幅	8.5	24~36	30~60	22~44	22.5	34~52
	行走	17.5	—	—	—	18	—

型号项目		TQ60/80 (QT60/80)	QTZ50	QTZ60	QTZ63	QT80A	QTZ100
电动机 功率/kW	起升	22	24	22	30	30	30
	变幅(小车)	7.5	4	4.4	4.5	3.5	5.5
	回转	3.5	4	4.4	5.5	3.7×2	4×2
	行走	7.5×2	—	—	—	7.5×2	—
	顶升	—	4	5.5	4	7.5	7.5
质量/t	平衡质量	5/5/5	2.9～5.04	12.9	4～7	10.4	7.4～11.1
	压重	46/30/30	12	52	14	56	26
	自身质量	41/38/35	23.5～24.5	33	31～32	49.5	48～50
	总质量	92/73/70		97.9	—	115.9	—
起重臂长/m		15～30	45	35/40/45	48	50	60
平衡臂长/m		8	13.5	9.5	14	11.9	17.01
轴距×轨距/(m×m)		4.8×4.2	—	—		5×5	—

四、塔式起重机安全使用技术

(1)一般规定。参见"履带式起重机"相关规定。

(2)行走式塔式起重机的轨道基础应符合下列要求：

1)路基承载能力应满足塔式起重机使用说明书要求。

2)每间隔6 m应设轨距拉杆一个，轨距允许偏差应为公称值的1/1 000，且不得超过±3 mm。

3)在纵横方向上，钢轨顶面的倾斜度不得大于1/1 000；塔机安装后，轨道顶面纵、横方向上的倾斜度，对上回转塔式起重机应不大于3/1 000；对下回转塔机应不大于5/1 000。在轨道全程中，轨道顶面任意两点的高差应小于100 mm。

4)钢轨接头间隙不得大于4 mm，与另一侧轨道接头的错开距离不得小于1.5 m，接头处应架在轨枕上，接头两端高度差不得大于2 mm。

5)距轨道终端1 m处应设置缓冲止挡器，其高度不应小于走轮的半径。在轨道上应安装限位开关碰块，安装位置应保证塔机在与缓冲止挡器或与同一轨道上其他塔机相距大于1 m处能完全停住，此时电缆线应有足够的富余长度。

6)鱼尾板连接螺栓应紧固，垫板应固定牢靠。

(3)塔式起重机的混凝土基础应符合使用说明书和现行行业标准《塔式起重机混凝土基础工程技术规程》(JGJ/T 187—2009)的规定。

(4)塔式起重机的基础应排水通畅，并应按专项方案与基坑保持安全距离。

(5)塔式起重机应在其基础验收合格后进行安装。

(6)塔式起重机的金属结构、轨道应有可靠的接地装置，接地电阻不得大于4 Ω。高位塔式起重机应设置防雷装置。

(7)装拆作业前应进行检查，并应符合下列规定：

1)混凝土基础、路基和轨道铺设应符合技术要求；

2)应对所装拆塔式起重机的各机构、结构焊缝、重要部位螺栓、销轴、卷扬机构和钢丝绳、吊钩、吊具、电气设备、线路等进行检查，消除隐患；

3)应对自升塔式起重机顶升液压系统的液压缸和油管、顶升套架结构、导向轮、顶升支撑(爬爪)等进行检查，使其处于完好工况；

4)装拆人员应使用合格的工具、安全带、安全帽；

5)装拆作业中配备的起重机械等辅助机械应状况良好，技术性能应满足装拆作业的安全要求；

6)装拆现场的电源电压、运输道路、作业场地等应具备装拆作业条件；

7)安全监督岗的设置及安全技术措施的贯彻落实应符合要求。

(8)指挥人员应熟悉装拆作业方案，遵守装拆工业和操作规程，使用明确的指挥信号。参与装拆作业的人员，应听从指挥，如发现指挥信号不清或有错误时，应停止作业。

(9)装拆人员应熟悉装拆工艺，遵守操作工程，当发现异常情况或疑难问题时，应及时向技术负责人汇报，不得自行处理。

(10)装拆顺序、技术要求、安全注意事项应按批准的专项施工方案执行。

(11)塔式起重机高强度螺栓应由专业厂家制造，并应有出厂合格证明。高强度螺栓严禁焊接。安装高强度螺栓时，应采用扭矩扳手或专用扳手，并应按装配技术要求预紧。

(12)在装拆作业过程中，当遇天气剧变、突然停电、机械故障等意外情况时，应将已装拆的部件固定牢靠，并经检查确认无隐患后方可停止作业。

(13)塔式起重机各部位的栏杆、平台、扶杆、护圈等安全防护装置应配置齐全。行走式塔式起重机的大车行走缓冲止挡器和限位开关碰块应安装牢固。

(14)因损坏或其他原因而不能用正常方法拆卸塔式起重机时，应按照技术部门重新批准的拆卸方案执行。

(15)塔式起重机在安装过程中，应分阶段检查验收。各机构动作应正确、平稳，制动可靠，各安全装置应灵敏有效。在无载荷情况下，塔身的垂直度允许偏差应为4/1 000。

(16)塔式起重机升降作业时，应符合下列规定：

1)升降作业应由专人指挥，专人操作液压系统，专人拆装螺栓。非作业人员不得登上顶升套架的操作平台。操作室内应只准一人操作。

2)升降作业应在白天进行。

3)顶升前应预先放松电缆，电缆长度应大于顶升总高度，并应紧固好电缆。下降时应适时收紧电缆。

4)升降作业前，应对液压系统进行检查和试机，应在空载状态下将液压缸活塞杆伸缩3～4次，检查无误后，再将液压缸活塞杆通过顶升梁借助顶升套架的支撑，顶起载荷100～150 mm，停止 10 min，观察液压缸载荷是否有下滑现象。

5)升降作业时，应调整好顶升套架滚轮与塔身标准节的间隙，并应按规定要求使起重臂和平衡臂处于平衡状态，将回转机构制动。当回转台与塔身标准节之间的最后一处连接螺栓(销轴)拆卸困难时，应将最后一处连接螺栓(轴销)对角方向的螺栓重新插入，再采取其他方法进行拆卸。不得用旋转起重臂的方法松动螺栓(轴销)。

6)顶升撑脚(爬爪)就位后，应及时插上安全销，才能继续升降作业。

7)升降作业完毕后，应按规定扭力紧固各连接螺栓，应将液压操纵杆扳到中间位置，并应切断液压升降机构电源。

(17)塔式起重机的附着装置应符合下列规定：

1)附着建筑物的锚固点的承载能力应满足塔式起重机技术要求。附着装置的布置方式应按使用说明书的规定执行。当有变动时，应另行设计。

2)附着杆件与附着支座(锚固点)应采取销轴铰接。

3)安装附着框架和附着杆件时，应用经纬仪测量塔身垂直度，并应利用附着杆件进行调整，在最高锚固点以下垂直度允许偏差为2/1 000。

4)安装附着框架和附着支座时，各道附着装置所在平面与水平面的夹角不得超过10°。

5)附着框架设置在塔身标准节连接处，并应箍筋塔身。

6)塔身顶升到规定附着间距时，应及时增设附着装置。塔身高出附着装置的自由端高度，应符合使用说明书的规定。

7)塔式起重机作业过程中，应经常检查附着装置，发现松动或异常情况时，应立即停止作业，故障未排除，不得继续作业。

8)拆卸塔式起重机时，应随着降落塔身的进程拆卸相应的附着装置。严禁在落塔之前先拆卸附着装置。

9)附着装置的安装、拆卸、检查和调整应由专人负责。

10)行走式塔式起重机作固定式塔式起重机使用时，应提高轨道基础的承载能力，切断行走机构的电源，并应设置阻挡行走轮移动的支座。

(18)塔式起重机内爬升时应符合下列规定：

1)内爬升作业时，信号联络应畅通；

2)内爬升过程中，严禁进行塔式起重机的起升、回转、变幅等各项动作；

3)塔式起重机爬升到指定楼层后，应立即拔出塔身底座的支承梁或支腿，通过内爬升框架及时固定在结构上，并应顶紧导向装置或用楔块塞紧；

4)内爬升塔式起重机的塔身固定间距应符合使用说明书要求；

5)应对设置内爬升框架的建筑结构进行承载力复核，并应根据计算结果采取相应的加固措施。

(19)雨天后，对行走式塔式起重机，应检查轨距偏差、钢轨顶面的倾斜度、钢轨的平直度、轨道基础的沉降及轨道的通过性能等；对固定式塔式起重机，应检查混凝土基础不均匀沉降。

(20)根据使用说明书的要求，应定期对塔式起重机各工作机构、所有安全装置、制动器的性能及磨损情况、钢丝绳的磨损及绳端固定、液压系统、润滑系统、螺栓销轴连接处等进行检查。

(21)配电箱应设置在塔式起重机3 m范围内或轨道中部，且明显可见；电箱中应设置带熔断式断路器及塔式起重机电源总开关；电缆卷筒应灵活有效，不得拖揽。

(22)塔式起重机在无线电台、电视台或其他电磁波发射天线附近施工时，与吊钩接触的作业人员，应戴绝缘手套和穿绝缘鞋，并应在吊钩上挂接临时放电装置；

(23)当同一施工地点有两台以上的塔式起重机并可能互相干涉时，应制订群塔作业方案；两台塔式起重机之间的最小架设距离应保证处于低位塔式起重机的起重臂端部与另一台塔式起重机的塔身之间至少有 2 m 的距离；处于高位塔式起重机的最低位置的部件(吊钩升至最高点或平衡重的最低部位)与低位塔式起重机中处于最高位置部件之间的垂直距离不应小于 2 m。

(24)轨道式塔式起重机作业前，应检查轨道基础平直无沉陷，鱼尾板、连接螺栓及道钉不得松动，并应清除轨道上的障碍物，将夹轨器固定。

(25)塔式起重机启动应符合下列要求：

1)金属结构和工作机构的外观情况应正常；

2)安全保护装置和指示仪表应齐全完好；

3)齿轮箱、液压油箱的油位应符合规定；

4)各部位连接螺栓不得松动；

5)钢丝绳磨损应在规定范围内，滑轮穿绕应正确；

6)供电电缆不得破损。

(26)送电前，各控制器手柄应在零位。接通电源后，应检查并确认不得有漏电现象。

(27)作业前，应进行空载运转，试验各工作机构并确认运转正常，不得有噪声及异响，各机构的制动器及安全保护装置应灵敏有效，确认正常后方可作业。

(28)起吊重物时，重物和吊具的总重量不得超过塔式起重机相应幅度下规定的起重量。

(29)应根据起吊重物和现场情况，选择适当的工作速度，操纵各控制器时应从停止点(零点)开始，依次逐级增加速度，不得越挡操作。在变换运转方向时，应将控制器手柄扳到零位，待电动机停止运转后再转向另一方向，不得直接变换运转方向突然变速或制动。

(30)在提升吊钩、起重小车或行走大车运行到限位装置前，应减速缓行到停止位置，并应与限位装置保持一定距离。不得采用限位装置作为停止运行的控制开关。

(31)动臂式塔式起重机的变幅动作应单独进行；允许带载变幅的动臂式塔式起重机，当载荷达到额定起重量的 90% 及以上时，不得增加幅度。

(32)重物就位时，应采用慢就位工作机构。

(33)重物水平移动时，重物底部应高出障碍物 0.5 m 以上。

(34)回转部分不设集电器的塔式起重机，应安装回转限位器，在作业时，不得顺一个方向连续回转 1.5 圈。

(35)当停电或电压下降时，应立即将控制器扳到零位，并切断电源，如吊钩上挂有重物，应重复放松制动器，使重物缓慢地下降到安全位置。

(36)采用涡流制动调速系统的塔式起重机，不得长时间使用低速挡或慢就位速度作业。

(37)遇大风停止作业时，应锁紧夹轨器，将回转机构的制动器完全松开，起重臂应能随风转动。对轻型俯仰变幅塔式起重机，应将起重臂落下并与塔身结构锁紧在一起。

(38)作业中，操作人员临时离开操作室时，应切断电源。

(39)塔式起重机载人专用电梯不得超员，专用电梯断绳保护装置应灵敏有效。塔式起重机作业时，不得开动电梯。电梯停用时，应降至塔身底部位置，不得长时间悬在空中。

(40)在非工作状态时，应松开回转制动器，回转部分应能自由旋转；行走式塔式起重机应停放在轨道中间位置，小车及平衡重应置于非工作状态，吊钩组顶部宜上升到距起重臂底面 2～3 m 处。

自升式塔式起重机

(41)停机时，应将每个控制器拨回零位，依次断开各开关，关闭操作室门窗；下机后，应锁紧夹轨器，断开电源总开关，打开高空障碍灯。

(42)检修人员对高空部位的塔身、起重臂、平衡臂等检修时，应系好安全带。

(43)停用的塔式起重机的电动机、电气柜、变阻器箱及制动器等应遮盖严密。

(44)动臂式和未附着塔式起重机及附着以上塔式起重机桁架上不得悬挂标语牌。

第四节　桅杆式起重机

桅杆式起重机是用木材或金属材料制作的起重设备，其优点是制作简单，装拆方便，起重量较大，受地形限制小；缺点是服务半径小，移动较困难，需要拉设较多的缆风绳。桅杆式起重机能用于其他起重机械不能安装的一些特殊结构和设备的安装。由于移动困难，因而一般仅用于结构安装工程量集中的工程。

一、桅杆式起重机分类

桅杆式起重机按其构造不同可分为独脚拔杆、人字拔杆、悬臂拔杆和牵缆式拔杆起重机等。

1. 独脚拔杆

独脚拔杆由拔杆、起重滑轮组、卷扬机、缆风绳和锚碇等组成。按制作材料不同，独脚拔杆分为木独脚拔杆[图 3-5(a)]、钢管独脚拔杆和格构式独脚拔杆[图 3-5(b)]。

2. 人字拔杆

如图 3-6 所示，人字拔杆由两根圆木、钢管或格构式构件，在顶部用钢丝绳绑扎或铁件铰接成人字形，在铰接处悬挂起重滑轮组，底部设有拉杆或拉绳以平衡拔杆本身的水平推力。人字拔杆的优点是侧向稳定性好，所需缆风绳较少；缺点是构件起吊后活动范围小，一般仅用于安装重型构件或作为辅助设备吊装厂房屋盖系统的轻型构件。

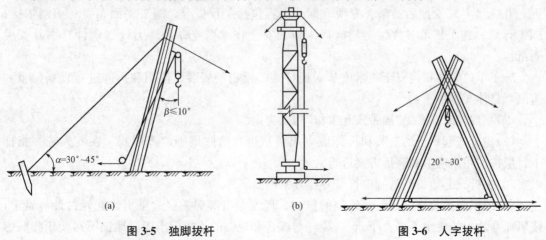

图 3-5　独脚拔杆
(a)木独脚拔杆；(b)格构式独脚拔杆

图 3-6　人字拔杆

3. 悬臂拔杆

如图 3-7 所示，悬臂拔杆是在独脚拔杆的中部或 2/3 高度处装上一根起重臂而成。起重杆可以固定在某一部位，可以回转和起伏，也可以根据需要沿拔杆升降。其特点是起重高度和起重半径较大，悬臂起重杆左右摆动角度也大，但其起重量较小，故多用于轻型构件的吊装。

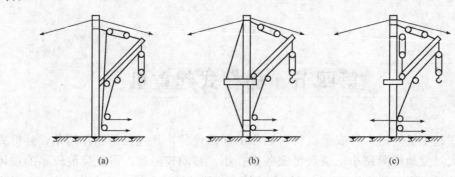

图 3-7　悬臂拔杆

（a）一般形式；（b）带加劲杆；（c）起重臂杆可沿拔杆升降

4. 牵缆式拔杆

如图 3-8 所示，牵缆式拔杆是在独脚拔杆的下端装上一根可以回转和起伏的起重臂而组成。牵缆式拔杆起重机具有较好的灵活性，机身可作 360°回转，起重半径和起重量较大。该起重机的起重量可达 150～600 kN，起重高度可达 80 m，常用于构件多且集中的结构吊装工程。

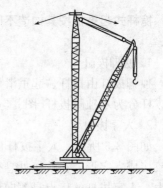

图 3-8　牵缆式拔杆

二、桅杆式起重机安全使用技术

桅杆式起重机应按现行国家标准《起重机设计规范》（GB/T 3811—2008）的规定进行设计，确定其使用范围及工作环境。桅杆式起重机专项方案必须按规定程序审批，并应经专家论证后实施。专项方案的内容包括工程概况、施工平面布置；编制依据；施工计划；施工技术参数、工艺流程；施工安全技术措施；劳动力计划；计算书及相关图纸。

施工单位必须指定安全技术人员对桅杆式起重机的安装、使用和拆卸进行现场监督和监测，具体要求如下：

（1）一般规定。参见"履带式起重机"相关规定。

（2）桅杆式起重机的安装和拆卸应划出警戒区，清除周围的障碍物，在专人统一指挥下，应按使用说明书和装拆方案进行。

（3）桅杆式起重机的基础应符合专项方案的要求。

（4）缆风绳的规格、数量及地锚的拉力、埋设深度等应按照起重机性能经过计算确定，缆风绳与地面的夹角不得大于 60°，缆绳与桅杆和地锚的连接应牢固。地锚不得使用膨胀螺栓、定滑轮。

（5）缆风绳的架设应避开架空电线。在靠近电线的附近，应设置绝缘材料搭设的护线架。

（6）桅杆式起重机安装后应进行试运转，使用前应组织验收。

（7）提升重物时，吊钩钢丝绳应垂直，操作应平稳；当重物吊起离开支承面时，应检查并确认各机构工作正常后，继续起吊。

（8）在起吊额定起重量的90％及以上重物前，应安排专人检查地锚的牢固程度。起吊时，缆风绳应受力均匀，主杆应保持直立状态。

（9）作业时，桅杆式起重机的回转钢丝绳应处于拉紧状态。回转装置应有安全制动控制器。

（10）桅杆式起重机移动时，应用满足承重要求的枕木排和滚杠垫在底座，并将起重臂收紧处于移动方向的前方。移动时，桅杆不得倾斜，缆风绳的松紧应配合一致。

（11）缆风钢丝绳安全系数不应小于3.5，起升、锚固、吊索钢丝绳安全系数不应小于8。

第五节　桥式、门式起重机与电葫芦

一、桥式起重机

桥式起重机是横架于车间、仓库和料场上空进行物料吊运的起重设备。它的两端坐落在高大的水泥柱或者金属支架上，形状似桥。桥式起重机的桥架沿铺设在两侧高架上的轨道纵向运行，可以充分利用桥架下面的空间吊运物料，不受地面设备的阻碍。它是使用范围最广、数量最多的一种起重机械。

1. 桥式起重机构造组成

桥式起重机一般由桥架（又称大车），提升机构，小车、大车移行机构，操纵室，小车导电装置（辅助滑线），起重机总电源导电装置（主滑线）等部分组成。

（1）桥架。桥架是桥式起重机的基本构件，它由主梁、端梁、走台等部分组成。主梁跨架在跨间上空，有箱形、桁架、腹板、圆管等结构形式。主梁两端连有端梁，在两主梁外侧安有走台，设有安全栏杆。在驾驶室一侧的走台上装有大车移行机构，在另一侧走台上装有往小车电气设备供电的装置，即辅助滑线。在主梁上方铺有导轨，供小车移动。整个桥式起重机在大车移动机构拖动下，沿车间长度方向的导轨上移动。

（2）大车移行机构。大车移行机构由大车拖动电动机、传动轴、减速器、车轮及制动器等部件构成，驱动方式有集中驱动与分别驱动两种，如图3-9所示。

（3）小车移行机构。将小车安放在桥架导轨上，可顺着车间的宽度方向移动。小车主要由钢板焊接而成，由小车架以及其上的小车移行机构和提升机构等组成，如图3-10所示。小车移行机构由小车电动机、制动器、联轴节、减速器及车轮等组成。小车电动机经减速器驱动小车主动轮，拖动小车沿导轨移动，由于小车主动轮相距较近，故由一台电动机驱动。小车移行机构的传动形式有两种：一种是减速箱在两个主动轮中间；另一种是减速箱装在小车的一侧。减速箱装在两个主动轮中间，使传动轴所承受的扭矩比较均匀；减速箱装在小车的一侧，使安装与维修比较方便。

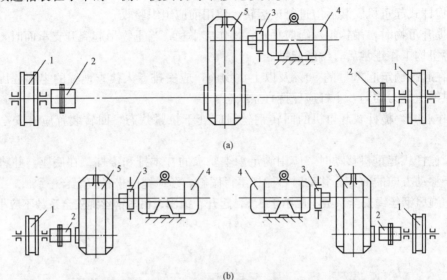

图 3-9　大车移行机构示意

(a)集中驱动；(b)分别驱动

1—主动轮；2—联轴器；3—制动器；4—电动机；5—减速器

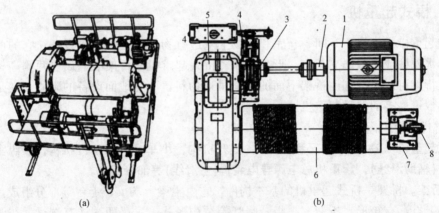

图 3-10　小车移行机构示意

(a)小车构造示意；(b)小车传动示意

1—电动机；2—联轴器；3—制动器；4—制动轮；5—减速器；6—卷筒；7—轴承；8—过卷扬限制器

(4)提升机构。 提升机构由提升电动机、减速器、卷筒、制动器等组成。提升电动机经联轴器、制动轮与减速器连接，减速器的输出轴与缠绕钢丝绳的卷筒相连接，钢丝绳的另一端装吊钩，当卷筒转动时，吊钩就随钢丝绳在卷筒上的缠绕或放开而上升或下降。对于起重量在 15 t 及以上的起重机，备有两套提升机构，即主钩与副钩。

由此可知，重物在吊钩上随着卷筒的旋转获得上下运动；随着小车在车间宽度方向获得左右运动，并能随大车在车间长度方向做前后运动。这样就可实现重物在垂直、横向、纵向三个方向的运动，将重物移至车间任意位置，完成起重运输任务。

（5）操纵室。操纵室是操纵起重机的吊舱，又称驾驶室。操纵室内有大、小车移行机构控制装置、提升机构控制装置及起重机的保护装置等。操纵室一般固定在主梁的一端，也有少数装在小车下方随小车移动的。操纵室的上方开有通向走台的舱口，供检修人员检修大、小车机械与电气设备时上下。

2. 桥式起重机参数

桥式起重机的主要技术参数有起重量、跨度、提升高度、运行速度、提升速度、工作类型及电动机的通电持续率等。

（1）起重量。起重量又称额定起重量，是指起重机实际允许的起吊最大负荷量，以吨（t）为单位。桥式起重机按起重量可以分为三个等级：5～10 t 为小型起重机；10～50 t 为中型起重机；50 t 以上的为重型起重机。桥式起重机起重量有 5 t、10 t（单钩）、15 t/3 t、20 t/5 t、30 t/5 t、50 t/10 t、75 t/20 t、100 t/20 t、125 t/20 t、150 t/30 t、200 t/30 t、250 t/30 t（双钩）等多种。数字中的分子为主钩起重量，分母为副钩起重量。如 15 t/3 t 起重机是指主钩的额定起重量为 15 t，副钩的额定起重量为 3 t。

（2）跨度。桥式起重机的跨度是指起重机主梁两端车轮中心线间的距离，即大车轨道中心线之间的距离，以米（m）为单位。桥式起重机跨度有 10.5 m、13.5 m、16.5 m、19.5 m、22.5 m、25.5 m、28.5 m、31.5 m 等多种。每 3 m 为一个等级。

（3）提升高度。起重机的吊具或抓取装置（如抓斗、电磁吸盘）的上极限位置与下极限位置之间的距离，称为起重机的提升高度，以米（m）为单位。起重机一般常用的提升高度有 12 m、16 m、12 m/14 m、12 m/18 m、16 m/18 m、19 m/21 m、20 m/22 m、21 m/23 m、22 m/26 m、24 m/26 m 等几种。其中，分子为主钩提升高度，分母为副钩提升高度。

（4）运行速度。运行速度是指大、小车移动机构在其拖动电动机以额定转速运行时所对应的速度，以米/分（m/min）为单位。小车运行速度一般为 40～60 m/min，大车运行速度一般为 100～135 m/min。

（5）提升速度。提升机构的电动机以额定转速使重物上升的速度，即提升速度。一般提升速度不超过 30 m/min，依重物性质、重量、提升要求来决定。提升速度还有空钩速度，空钩速度可以缩短非生产时间，空钩速度可以高达额定提升速度的两倍。提升速度还有个特例，重物接近地面时的低速，称为着陆低速，以保证人身安全和货物的安全，其速度一般为 4～6 m/min。

（6）工作类型。起重机的工作类型按其载荷率和工作繁忙程度决定，可分为轻级、中级、重级和特重级四种。

1）轻级。运行速度低，使用次数少，满载机会少，通电持续率为 15%。用于不紧张及不繁重的工作场所。如在水电站、发电厂中用作安装检修用的起重机。

2）中级。经常在不同载荷下工作，速度中等，工作不太繁重，通电持续率为 25%，如一般机械加工车间和装配车间用的起重机。

3）重级。工作繁重，经常在重载荷下工作，通电持续率为 40%，如冶金和铸造车间内使用的起重机。

4）特重级。经常吊额定负荷，工作特别繁忙，通电持续率为 60%，如冶金专用的桥式起重机。

(7)通电持续率。桥式起重机的各台电动机在一个工作周期内是断续工作的，其工作的繁重程度用通电持续率表示。通电持续率为工作时间与工作周期的百分比，即

$$JC\% = \frac{\text{工作时间}}{\text{工作周期}} = \frac{T_g}{T} \times 100\% = \frac{T_g}{T_g + T_0} \times 100\%$$

式中　　$JC\%$——通电持续率；

　　　　T_g——通电时间；

　　　　T_0——休息时间；

　　　　T——工作周期，一个起重机标准的工作周期通常定位为 10 min。

标准的通电持续率规定为 15%、25%、40%、60% 四种。

二、门式起重机

门式起重机是桥式起重机的一种变形，又叫作龙门吊。其主要用于室外的货场、料场货、散货的装卸作业。门式起重机具有场地利用率高、作业范围大、适应面广、通用性强等特点，在港口货场得到广泛使用。

门式起重机按门口框结构可分为全门式起重机、半门式起重机和悬臂门式起重机。悬臂门式起重机可分为双悬臂门式起重机和单悬臂门式起重机。双悬臂门式起重机是最常见的一种结构形式，其结构的受力和场地面积的有效利用都是合理的。单悬臂门式起重机往往是因场地的限制而被选用。

三、电动葫芦

电动葫芦是一种特种起重设备，安装在天车、门式起重机之上，电动葫芦具有体积小、质量轻、操作简单、使用方便等特点，用于工矿企业、仓储、码头等场所。

电动葫芦由电动机、传动机构和卷筒或链轮组成，其起重量一般为 0.3~80 t，起升高度为 3~30 m。

钢丝绳电动葫芦

四、桥式、门式起重机与电动葫芦安全使用技术

(1)起重机路基和轨道的铺设应符合使用说明书的规定，轨道接地电阻不得大于 4 Ω。

(2)门式起重机的电缆应设有电缆卷筒，配电箱应设置在轨道中部。

(3)用滑线供电的起重机应在滑线的两端标有鲜明的颜色，滑线应设置防护装置，防止人员及吊具钢丝绳与滑线意外接触。

(4)轨道应平直，鱼尾板连接螺栓不得松动，轨道和起重机运行范围不得有障碍物。

(5)门式、桥式起重机作业前应重点检查下列项目，并应符合以下要求：

1)机械结构外观应正常，各连接件不得松动；

2)钢丝绳外表情况应良好，绳卡应牢固；

3)各安全限位装置应齐全完好。

(6)操作室内应垫木板或绝缘板，接通电源后应采用试电笔测试金属结构部分，并应确认无漏电现象；上、下操作室应使用专用扶梯。

(7)作业前，应进行空载试运转，检查并确认各机构运转正常，制动可靠，各限位开关灵敏有效。

(8)在提升大件时不得用快速，并应拴拉绳防止摆动。

(9)吊运易燃、易爆、有害等危险品时，应经安全主管部门批准，并应有相应的安全措施。

(10)吊运路线不得从人员、设备上面通过；空车行走时，吊钩应离地面2m以上。

(11)吊运重物应平稳、慢速，行驶中不得突然变速或倒退。两台起重机同时作业时，应保持5m以上距离。不得用一台起重机顶推另一台起重机。

(12)起重机行走时，两侧驱动轮应保持同步，发现偏移应及时停止作业，调整修理后继续使用。

(13)作业中，人员不得从一台桥式起重机跨越到另一台桥式起重机。

(14)操作人员进入桥架前应切断电源。

(15)门式、桥式起重机的主梁挠度超过规定值时，应修复后使用。

(16)作业后，门式起重机应停放在停机线上，用夹轨器锁紧；桥式起重机应将小车停放在两条轨道中间，吊钩提升到上部位置。吊钩上不得悬挂重物。

(17)作业后，应将控制器拨到零位，切断电源，应关闭并锁好操作室门窗。

(18)电动葫芦使用前应检查机械部分和电气部分，钢丝绳、链条、吊钩、限位器等应完好，电气部分应无漏电，接地装置应良好。

(19)电动葫芦应设缓冲器，轨道两端应设挡板。

(20)第一次吊重物时，应在吊离地面100mm时停止上升，检查电动葫芦制动情况，确认完好后再正式作业。露天作业时，电动葫芦应设有防雨棚。

(21)电动葫芦起吊时，手不得握在绳索与物体之间，吊物上升时应防止冲顶。

(22)电动葫芦吊重物行走时，重物离地不宜超过1.5m高。工作间歇不得将重物悬挂在空中。

(23)电动葫芦在作业中发生异味、高温等异常情况时，应立即停机检查，排除故障后继续使用。

(24)使用悬挂电缆电器控制开关时，绝缘应良好，滑动应自如，人站立位置的后方应有2m的空地，并应能正确操作电钮。

(25)在起吊中，由于故障造成重物失控下滑时，应采取紧急措施，向无人处下放重物。

(26)在起吊中不得急速升降。

(27)电动葫芦在额定载荷制动时，下滑位移量不应大于80mm。

(28)作业完毕后，电动葫芦应停放在指定位置，吊钩升起，并切断电源，锁好开关箱。

第六节　卷扬机

卷扬机是建筑工地上最常见、最普通的一种施工机械，也称为绞车，可以单独使用，也可以作为起重机的组成部分。**卷扬机主要以电动机为动力**，经过减速装置后，驱动卷筒牵引钢丝绳，以实现重物的垂直与水平运输。

卷扬机有手动卷扬机和电动卷扬机之分。手动卷扬机在结构吊装中已很少使用；电动卷扬机按其速度可分为快速、中速、慢速卷扬机等。快速卷扬机又可分为单筒和双筒两种。其钢丝绳牵引速度为 25～50 m/min；单头牵引力为 4.0～80 kN，如配以井架、龙门架、滑车等，可供垂直和水平运输等用。慢速卷扬机多为单筒式，钢丝绳牵引速度为 6.5～22 m/min，单头牵引力为 5～100 kN，如配以拔杆、人字架、滑车组等，可供大型构件安装使用。

一、卷扬机构造组成

图 3-11 所示为 JKD1 型卷扬机。其主要由 7.5 kW 电动机、弹性联轴器、圆柱齿轮减速器、光面卷筒、双瓦块式电磁制动器和机座等组成。

图 3-12 所示为 JJKX1 型卷扬机。其主要由电动机、传动装置、带式离合器、带式制动器和机座等组成。

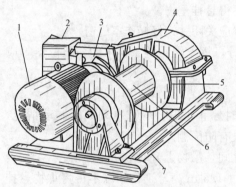

图 3-11　JKD1 型卷扬机

1—电动机；2—双瓦块式电磁制动器；
3—弹性联轴器；4—圆柱齿轮减速器；
5—十字联轴器；6—光面卷筒；7—机座

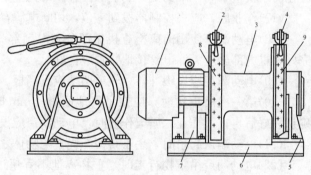

图 3-12　JJKX1 型卷扬机

1—电动机；2—制动手柄；3—卷筒；
4—启动手柄；5—轴承支架；6—机座；
7—电机托架；8—带式制动器；9—带式离合器

二、卷扬机技术性能参数

快速卷扬机的型号及技术性能参数见表 3-7 和表 3-8。

表 3-7　单筒快速卷扬机的型号及技术性能参数

项　　目		型　　号							
		JK0.5 (JJK-0.5)	JK1 (JJK-1)	JK2 (JJK-2)	JK3 (JJK-3)	JK5 (JJK-5)	JK8 (JJK-8)	JD0.4 (JD-0.4)	JD1 (JD-1)
额定静拉力/kN		5	10	20	30	50	80	4	10
卷筒	直径/mm	150	245	250	330	320	520	200	220
	宽度/mm	465	465	630	560	800	800	299	310
	容绳量/m	130	150	150	200	250	250	400	400
钢丝绳直径/mm		7.7	9.3	13～14	17	20	28	7.7	12.5
绳速/(m·min⁻¹)		35	40	34	31	40	37	25	44

项　目		型　号							
		JK0.5 (JJK-0.5)	JK1 (JJK-1)	JK2 (JJK-2)	JK3 (JJK-3)	JK5 (JJK-5)	JK8 (JJK-8)	JD0.4 (JD-0.4)	JD1 (JD-1)
电动机	型号	Y112M-4	Y132M$_1$-4	Y160L-4	Y225S-8	JZR2-62-10	JR92-8	JBJ-4.2	JBJ-11.4
	功率/kW	4	7.5	15	18.5	45	55	4.2	11.4
	转速 /(r·min^{-1})	1 440	1 440	1 440	750	580	720	1 455	1 460
外形尺寸	长/mm	1 000	910	1 190	1 250	1 710	3 190	—	1 100
	宽/mm	500	1 000	1 138	1 350	1 620	2 105	—	765
	高/mm	400	620	620	800	1 000	1 505	—	730
整机质量/t		0.37	0.55	0.9	1.25	2.2	5.6	—	0.55

表 3-8　双筒快速卷扬机的型号及技术性能参数

项　目		型　号				
		2JK1 (JJ$_2$K-1.5)	2JK1.5 (JJ$_2$K-1.5)	2JK2 (JJ$_2$K-2)	2JK3 (JJ$_2$K-3)	2JK5 (JJ$_2$K-5)
额定静拉力/kN		10	15	20	30	50
卷筒	直径/mm	200	200	250	400	400
	长度/mm	340	340	420	800	800
	容绳量/m	150	150	150	200	200
钢丝绳直径/mm		9.3	11	13～14	17	21.5
绳速/(m·min^{-1})		35	37	34	33	29
电动机	型号	Y132M$_1$-4	Y160M-4	Y160L-4	Y200L$_2$-4	Y225M-6
	功率/kW	7.5	11	15	22	30
	转速/(r·min^{-1})	1 440	1 440	1 440	950	950
外形尺寸	长/mm	1 445	1 445	1 870	1 940	1 940
	宽/mm	750	750	1 123	2 270	2 270
	高/mm	650	650	735	1 300	1 300
整机质量/t		0.64	0.67	1	2.5	2.6

单筒中速卷扬机的型号及技术性能参数见表 3-9。

表 3-9　单筒中速卷扬机的型号及技术性能参数

项　目		型　号				
		JZ0.5 (JJZ-0.5)	JZ1 (JJZ-1)	JZ2 (JJZ-2)	JZ3 (JJZ-3)	JZ5 (JJZ-5)
额定静拉力/kN		5	10	20	30	50
卷筒	直径/mm	236	260	320	320	320
	长度/mm	417	485	710	710	800
	容绳量/m	150	200	230	230	250

项 目		型 号				
		JZ0.5 (JJZ-0.5)	JZ1 (JJZ-1)	JZ2 (JJZ-2)	JZ3 (JJZ-3)	JZ5 (JJZ-5)
钢丝绳直径/mm		9.3	11	14	17	23.5
绳速/(m·min^{-1})		28	30	27	27	28
电动机	型号	Y100L2-4	Y132M-4	JZR2-31-6	JZR2-42-8	JZR2-51-8
	功率/kW	3	7.5	11	16	22
	转速/(r·min^{-1})	1 420	1 440	950	710	720
外形尺寸	长/mm	880	1 240	1 450	1 450	1 710
	宽/mm	760	930	1 360	1 360	1 620
	高/mm	420	580	810	810	970
整机质量/t		0.25	0.6	1.2	1.2	2

单筒慢速卷扬机的型号及技术性能参数见表 3-10。

表 3-10 单筒慢速卷扬机的型号及技术性能参数

项 目		型 号							
		JM0.5 (JJM-0.5)	JM1 (JJM-1)	JM1.5 (JJM-1.5)	JM2 (JJM-2)	JM3 (JJM-3)	JM5 (JJM-5)	JM8 (JJM-8)	JM10 (JJM-10)
额定静拉力/kN		5	10	15	20	30	50	80	100
卷筒	直径/mm	236	260	260	320	320	320	550	750
	长度/mm	417	485	440	710	710	800	800	1 312
	容绳量/m	150	250	190	230	150	250	450	1 000
钢丝绳直径/mm		9.3	11	12.5	14	17	23.5	28	31
绳速/(m·min^{-1})		15	22	22	22	20	18	10.5	6.5
电动机	型号	Y100L2-4	Y132S-4	Y132M-4	YZR2-31-6	JYR2-41-8	JZR2-42-8	YZR225M-8	JZR2-51-8
	功率/kW	3	5.5	7.5	11	11	16	21	22
	转速 /(r·min^{-1})	1 420	1 440	1 440	950	705	710	750	720
外形尺寸	长/mm	880	1 240	1 240	1 450	1 450	1 670	2 120	1 602
	宽/mm	760	930	930	1 360	1 360	1 620	2 146	1 770
	高/mm	420	580	580	810	810	890	1 185	960
整机质量/t		0.25	0.6	0.65	1.2	1.2	2	3.2	—

三、卷扬机的选用

卷扬机的合理选择主要目的是让所选择的卷扬机能达到技术上可行、经济上合理，主要考虑以下几个方面的因素：

(1)速度选择。 对于建筑安装工程，由于提升距离较短，而准确性要求较高，一般应选用慢速卷扬机；对于长距离的提升(如高层建筑施工)或牵引物体的工程，为了提高生产率，减少电能消耗，最好选用快速卷扬机。

(2)动力选择。 可参考电动机的有关内容进行选择。由于电动机械工作安全可靠，运行费用低，可以进行远距离控制，因此，凡是有电源的地方，应尽量选用电动卷扬机；如果没有电源，则可根据情况选用手摇卷扬机或内燃卷扬机。

(3)筒数选择。 一般建筑施工多采用单筒卷扬机，其结构简单，操作和移动方便；如果在双线轨道上来回牵引斗车，宜选用双筒卷扬机，以节省投资(在同规格能力的情况下，一台双筒卷扬机比两台单筒卷扬机便宜)，简化安装工作，减少操作人员，提高生产率。

(4)传动形式选择。 行星式和行星摆线针轮减速器传动的卷扬机，机体较小，结构紧凑、质量轻、运转灵活、操作简便，很适合建筑施工时使用。

(5)考虑防爆问题。 调度绞车有防爆型和非防爆型两种。当工作环境有瓦斯爆炸危险时，应采用防爆的调度绞车，以保证安全；如果工作环境较好，则可采用一般的非防爆型绞车。非防爆型绞车的价格比较便宜，电动机冷却条件较好，输出功率较大，使用起来比较合算。

四、卷扬机安全使用技术

(1)卷扬机地基与基础应平整、坚实，场地应排水畅通，地锚应设置可靠。卷扬机应搭设防护棚。

(2)操作人员的位置应在安全区域，视线应良好。

(3)卷扬机卷筒中心线与导向滑轮的轴线应垂直，且导向滑轮的轴线应在卷筒中心位置，钢丝绳的出绳偏角应符合表 3-11 的规定。

表 3-11　卷扬机钢丝绳出绳偏角限值

排绳方式	槽面卷筒	光面卷筒	
		自然排绳	排绳器排绳
出绳偏角	≤4°	≤2°	≤4°

(4)作业前，应检查卷扬机与地面的固定、弹性联轴器的连接应牢固，并应检查安全装置、防护设施、电气线路、接零或接地装置、制动装置和钢丝绳等并确认全部合格后再使用。

(5)卷扬机至少应装有一个常闭式制动器。

(6)卷扬机应安装在司机操作方便的地方，能迅速切断总控制电源的紧急断电开关，并不得使用倒顺开关。

(7)钢丝绳卷绕在卷筒上的安全圈数不得少于 3 圈。钢丝绳末端应固定可靠。不得用受拉钢丝绳的方法卷绕钢丝绳。

(8)钢丝绳不得与机架、地面摩擦，通过道路时，应设过路保护装置。

(9)建筑施工现场不得使用摩擦式卷扬机。

(10)卷筒上的钢丝绳应排列整齐，当重叠或斜绕时，应停机重新排列，不得再转动中用手拉脚踩钢丝绳。

(11)作业中，操作人员不得离开卷扬机，物件或吊笼下面不得有人员停留或通过。休息时，应将物件或吊笼降至地面。

(12)作业中发现异响、制动失灵、制动带或轴承等温度剧烈上升等异常情况时，应立即停机检查，排除故障后再使用。

(13)作业中停电时，应将控制手柄或按钮置于零位，并应切断电源，将物件或吊笼降至地面。

卷扬机常见
故障分析与处理

(14)作业完毕，应将物件或吊笼降至地面，并应切断电源，锁好开关箱。

第七节　建筑运输机械

一、自卸汽车

自卸汽车是指利用本车发动机动力驱动液压举升机构，将其车厢倾斜一定角度卸货，并依靠车厢自重使其复位的专用汽车。

1. 自卸汽车分类

自卸汽车按其用途可分为两大类：一类属于非公路运输用的重型和超重型自卸汽车。主要承担大型矿山、水利工地等运输任务，通常与挖掘机配套使用。这类汽车也称为矿用自卸汽车。它的长度、宽度、高度等外廓尺寸以及轴荷等不受公路法规的限制，但只能在矿山、工地上使用；另一类属于公路运输用的轻、中、重型普通自卸汽车。它主要承担砂石、泥土、煤炭等松散货物运输。某些自卸汽车是针对专门用途设计的，故又称专用自卸汽车，如摆臂式自装卸汽车、自装卸垃圾汽车等。

自卸汽车按装载质量可分为**轻型自卸汽车**(小于 3.5 t)、**中型自卸汽车**(3.5～8 t)和**重型自卸车**(大于 8 t)。

自卸汽车按运载货物倾卸方向可分为**后倾式、侧倾式、三面倾式和底卸式自卸汽车**。

自卸汽车按车厢栏板结构可分为**栏板一面开启式、栏板三面开启式和簸箕式(无后栏板)自卸汽车**。

2. 自卸汽车安全使用技术

(1)一般规定。

1)运输机械应有完整的机械产品合格证以及相关的技术资料。

2)启动前应重点检查下列项目，并应符合相应的要求：

①车辆的各总成、零件、附件应按规定装配齐全，不得有脱焊、裂缝等缺陷；螺栓、铆钉连接紧固不得松动、缺损；

②各润滑装置应齐全并应清洁有效；

③离合器应结合平稳、工作可靠、操作灵活，踏板行程应符合规定；

④制动系统各部件应连接可靠，管路畅通；

⑤灯光、喇叭、指示仪表等应齐全完整；

⑥轮胎气压应符合要求；

⑦燃油、润滑油、冷却水等应添加充足；

⑧燃油箱应加锁；

⑨运输机械不得有漏水、漏油、漏气、漏电现象。

3）运输机械启动后，应观察各仪表指示值，检查内燃机运转情况，检查转向机构及制动器等性能，并确认正常，当水温达到 40 ℃以上、制动气压达到安全压力以上时，应低挡起步。起步时应检查周边环境，并确认安全。

4）装载的物品应捆绑稳固牢靠，整车中心高度应控制在规定范围内，轮式机具和圆形物件装运时应采取防止滚动的措施。

5）运输机械不得人货混装，运输过程中，料斗内不得载人。

6）运输超限物件时，应事先勘察路线，了解空中、地面上、地下障碍以及道路、桥梁等通行能力，并应制定运输方案，应按规定办理通行手续。在规定时间内按规定路线行驶。超限部分白天应插警示旗，夜间应挂警示灯。装卸人员及电工携带工具随行，保证运行安全。

7）运输机械水温未达到 70 ℃时，不得高速行驶。行驶中变速应逐级增减挡位，不得强推硬拉。前进和后退交替时，应在运输机械停稳后换挡。

8）运输机械在行驶中，应随时观察仪表的指示情况，当发现机油压力低于规定值，水温过高，有异响、异味等情况时，应立即停车检查，并应排除故障后继续运行。

9）运输机械运行时不得超速行驶，并应保持安全距离。进入施工现场应沿规定的路线行进。

10）车辆上、下坡应提前换入低速挡，不得中途换挡。下坡时，应以内燃机变速箱阻力控制车速，必要时，可间歇轻踏制动器。严禁空挡滑行。

11）在泥泞、冰雪道路上行驶时，应降低车速，并应采取防滑措施。

12）车辆涉水过河时，应先探明水深、流速和水底情况，水深不得超过排气管或曲轴皮带盘，并应低速直线行驶，不得在中速停车或换挡。涉水后，应缓行一段路程，轻踏制动器使浸水的制动片上的水分蒸发掉。

13）通过危险地区时，应先停车检查，确认可以通过后，应由有经验人员指挥前进。

14）运载易燃易爆、剧毒、腐蚀性等危险品时，应使用专用车辆按相应的安全规定运输，并应有专业随车人员。

15）爆破器材的运输，应符合现行国家法规《爆破安全规程》(GB 6722—2014)的要求。起爆器材与炸药、不同种类的炸药严禁同车运输。车箱底部应铺软垫层，并应有专业押运人员，按指定路线行驶。不得在人口稠密处、交叉路口和桥上(下)停留。车厢应用帆布覆盖并设置明显标志。

16）装运氧气瓶的车厢不得有油污，氧气瓶严禁与油料或乙炔气瓶混装。氧气瓶上防振胶圈应齐全，在运行过程中，氧气瓶不得滚动及相互撞击。

17）车辆停放时，应将内燃机熄火，拉紧手制动器，关锁车门。在下坡道停放时应挂倒挡，在上坡道停放时应挂一挡，并应使用三角木楔等撑紧轮胎。

18）平头型驾驶室需前倾时，应清理驾驶室内物件，关紧车门后前倾并锁定。平头型驾驶室复位后，应检查并确认驾驶室已锁定。

19）在车底进行保养、检修时，应将内燃机熄火，拉紧手制动器并将车轮撑牢。

20)车辆经修理后需要试车时,应由专业人员驾驶,当需在道路上试车时,应事先报经公安、公路等有关部门的批准。

(2)自卸汽车应保持顶升液压系统完好,工作平稳。操纵应灵活,不得有卡阻现象。各节液压缸表面应保持清洁。

(3)非顶升作业时,应将顶升操纵杆放在空挡位置。顶升前,应拔出车厢固定锁。作业后,应及时插入车厢固定锁。固定锁应无裂纹,插入或拔出应灵活、可靠。在行驶过程中车厢挡板不得自行打开。

(4)自卸汽车配合挖掘机、装载机装料时,应符合相关操作规定,就位后应拉紧手制动器。

(5)卸料时应听从现场专业人员指挥,车厢上方不得有障碍物,四周不得有人员来往,并应将车停稳,举升车厢时,应控制内燃机中速运转,当车厢升到顶点时,应降低内燃机转速,减少车厢振动。不得边卸边行驶。

(6)向坑洼地区卸料时,应和坑边保持安全距离。在斜坡上不得侧向倾卸。

(7)卸完料,车厢应及时复位,自卸汽车应在复位后行驶。

(8)自卸汽车不得装运爆破器材。

(9)车厢举升状态下,应将车厢支撑牢靠后,进入车厢下面进行检修、润滑等作业。

(10)装运混凝土或黏性物料后,应将车厢清洗干净。

(11)自卸车装运散料时,应有防止散落的措施。

二、平板拖车

平板拖车又称平板车、全挂平板车、全挂车、平板挂车等,是现代物流运输重要的工具。使用平板拖车是提高经济效益最有效而简单的重要手段,具有承重能力强、效率高等优势。

1. 平板拖车分类

(1)牵引杆平板拖车。牵引杆平板拖车是至少有两根轴的平板拖车,具有一轴可180°转向;通过角向移动的牵引杆与平板拖车联结;牵引杆可垂直移动,联结到底盘上,因此不能承受任何垂直力。具有隐藏支地架的半挂车也作为牵引杆平板拖车。通用牵引杆平板拖车是一种在敞开(平板式)或封闭(厢式)载货空间内载运货物的牵引平板拖车。

(2)重钢平板拖车。平板拖车的车身用的材料是重钢,通常被人们称为重型平板拖车。如大型、重型、承载能力比较强的平板拖车,称之为重钢平板拖车。重钢平板拖车一般用于工业大吨位货物运输,可在厂内周转货物,或货物中途上道路运输。重钢平板拖车比较适用的范围有:适合重型产品的短途中转、移库、机械、物流、下线等作业运输。

2. 平板拖车安全使用技术

(1)一般规定。参见"自卸汽车"相关规定。

(2)拖车的制动器、制动灯、转向灯等应配备齐全,并应与牵引车的灯光信号同时起作用。

(3)行车前,应检查并确认拖挂装置、制动装置、电缆接头等连接良好。

(4)拖车装卸机械时,应停在平坦坚实处,拖车应制动并用三角木揳紧车胎。装车时应调整好机械在车厢上的位置,各轴负荷分配应合理。

(5)平板拖车的跳板应坚实，在装卸履带式起重机、挖掘机、压路机时，跳板与地面夹角不宜大于 15 ℃；在装卸履带式推土机、拖拉机时，跳板与地面夹角不宜大于 25 ℃。装卸时应由熟练的驾驶人员操作，并应统一指挥。上车、下车动作应平稳，不得在跳板上调整方向。

(6)装运履带式起重机时，履带式起重机起重臂应拆短，起重臂向后，吊钩不得自由晃动。

(7)推土机的铲刀宽度超过平板拖车宽度时，应先拆除铲刀后再装运。

(8)机械装车后，机械的制动器应锁定，保险装置应锁牢，履带或车轮应搂紧，机械应绑扎牢固。

(9)使用随车卷扬机装卸物件时，应有专人指挥，拖车应制动锁定，并应将车轮搂紧，防止在装卸时车辆移动。

(10)拖车长期停放或重车停放时间较长时，应将平板支起，轮胎不应承压。

三、机动翻斗车

机械翻斗车是一种特殊的料斗可倾翻的短途输送物料的车辆，适用于砂石、土方、煤炭、矿石等各种散装物料的短途运输，动力强劲。机械翻斗车按照外形不同，可分为单桥翻斗车、双桥翻斗车、平头翻斗车、尖头翻斗车、前四后八翻斗车、双桥半挂翻斗车、三桥半挂翻斗车等。

机械翻斗车的安全使用应遵循下列规定：

(1)一般规定。参见"自卸汽车"相关规定。

(2)机动翻斗车驾驶员应经考试合格，持有机动翻斗车专用驾驶证上岗。

(3)机动朝斗车行驶前，应检查锁紧装置，并应将料斗锁牢。

(4)机动翻斗车行驶时，不得用离合器处于半结合状态来控制车速。

(5)在路面不良状况下行驶时，应低速缓行。机动翻斗车不得靠近路边或沟旁行驶，并应防侧滑。

(6)在坑沟边缘卸料时，应设置安全挡块。车辆接近坑边时，应减速行驶，不得冲撞挡块。

(7)上坡时，应提前换入低挡行驶；下坡时，不得空挡滑行；转弯时，应先减速，急转弯时，应先换入低挡。机动翻斗车不宜紧急刹车，应防止向前倾覆。

(8)机动翻斗车不得在卸料工况下行驶。

(9)内燃机运转或料斗内有载荷时，不得在车底下进行作业。

(10)多台机动翻斗车纵队行驶时，前后车之间应保持安全距离。

四、散装水泥车

散装水泥车又称粉粒物料运输车，由专用汽车底盘、散装水泥车罐体、气管路系统、自动卸货装置等部分组成。其适用于粉煤灰、水泥、石灰粉、矿石粉、颗粒碱等颗粒直径不大于 0.1 mm 粉粒干燥物料的散装运输，主要供水泥厂、水泥仓库和大型建筑工地使用，可节约大量包装材料和装卸劳动。

散装水泥车利用动力驱动空气压缩机，将压缩空气经管道送入密封罐体下部的气室，使气室液态化床上的粉粒体悬浮成流态状，当罐内压力达到额定值时，打开卸料阀，流动化物料通过管道流动而进行输送。

散装水泥车安全使用应遵循下列规定：

(1)在装料前，应检查并清除散装水泥车的罐体及料管内积灰和结碴等杂物，管道不得有堵塞和漏气现象；阀门开闭应灵活，部件连接应牢固可靠，压力表工作应正常。

(2)在打开装料口前，应先打开排气阀，排除罐内残余气压。

(3)装料完毕，应将装料口边缘上堆积的水泥清扫干净，盖好进料口，并锁紧。

(4)散装水泥车卸料时，应装好卸料管，关闭卸料管蝶阀和卸压管球阀，并应打开二次风管，接通压缩空气。空气压缩机应在无载情况下启动。

(5)在确认卸料阀处于关闭状态后，向罐内加压，当达到卸料压力时，应先稍开二状风嘴阀后再打开卸料阀，并用二次风嘴阀调整空气与水泥比例。

(6)在卸料过程中，应注意观察压力表的变化情况，当发现压力突然上升，输气软管堵塞时，应停止送气，并应放出管内有压气体，及时排除故障。

(7)卸料作业时，空气压缩机应由专人管理，其他人员不得擅自操作。在进行加压卸料时，不得增加内燃机转速。

(8)卸料结束后，应打开放气阀，放尽罐内余气，并应关闭各部阀门。

(9)雨雪天气，散装水泥车进料口应关闭严密，并不得在露天装卸作业。

五、皮带运输机

皮带运输机是运用皮带的无极运动运输物料的机械，广泛应用于采矿、冶金、化工、铸造、建材等行业的输送和生产流水线以及水电站建设工地和港口等生产部门。

皮带运输机的安全使用应遵循下列规定：

(1)一般规定。参见"自卸汽车"使用相关规定。

(2)固定式皮带运输机应安装在坚固的基础上，移动式皮带运输机在开动前应将轮子搜紧。

(3)皮带运输机在启动前，应调整好输送带的松紧度，带扣应牢固，各传动部件应灵活可靠，防护罩应齐全有效。电气系统应布置合理，绝缘及接零或接地应保护良好。

(4)输送带启动时，应先空载运转，在运转正常后，再均匀装料。不得先装料后启动。

(5)输送带上加料时，应对准中心，并宜降低加料高度，减少落料对输送带的冲击。

(6)作业中，应随时观察输送带运输情况，当发现带有松动、走偏或跳动现象时，应停机进行调整。

(7)作业时，人员不得从带上面跨越，或从带下面穿过。输送带打滑时，不得用手拉动。

(8)输送带输送大块物料时，输送带两侧应加装挡板或栅栏。

(9)多台皮带运输机串联作业时，停机时，应从装料端开始按顺序停机。

(10)作业时需要停机时，应先停止装料，将带上物料卸完后再停机。

(11)皮带运输机作业中突然停机时，应立即切断电源，清除运输带上的物料，检查并排除故障。

(12)作业完毕后，应将电源断开，锁好电源开关箱，清除输送机上的砂土，应采用防雨护罩将电动机盖好。

建筑施工用起重吊装机械包括履带式起重机、汽车式起重机、轮胎式起重机、塔式起重机、桅杆式起重机、桥式起重机、门式起重机和卷扬机。履带式起重机是在行走的履带底盘上装有起重装置的起重机械，由起重臂、回转机构、行走机构等组成。汽车式起重机是装在普通汽车底盘或特制汽车底盘上的一种起重机，主要由起升、变幅、回转、起重臂和汽车底盘组成。轮胎式起重机俗称轮胎吊，是指利用轮胎式底盘行走的动臂旋转起重机，包括转向系统操作机构、转向器和转向传动机构三个基本组成部分。塔式起重机是臂架安置在垂直的塔身顶部的可回转臂架型起重机，塔式起重机又称塔机或塔吊，由钢结构、工作机构、电气系统及安全装置四部分组成。桅杆式起重机是用木材或金属材料制作的起重设备，按其构造不同可分为独脚拔杆、人字拔杆、悬臂拔杆和牵缆式拔杆起重机等。桥式起重机是横架于车间、仓库和料场上空进行物料吊运的起重设备，一般由桥架（又称大车），提升机构，小车、大车移行机构，操纵室，小车导电装置（辅助滑线），起重机总电源导电装置（主滑线）等部分组成。门式起重机是桥式起重机的一种变形，又叫作龙门吊，按门口框结构分为全门式起重机、半门式起重机和悬臂门式起重机。卷扬机是建筑工地上最常见、最普通的一种施工机械，也称为绞车，可以单独使用，也可以作为起重机的组成部分。自卸汽车是指利用本车发动机动力驱动液压举升机构，将其车厢倾斜一定角度卸货，并依靠车厢自重使其复位的专用汽车。平板拖车又称平板车、全挂平板车、全挂车、平板挂车等，可分为牵引杆平板拖车和重钢平板拖车。建筑施工运输机械还包括机动翻斗车、散装水泥车、皮带运输机等。

一、填空题

1. 履带式起重机按传动方式不同可分为_____、_____和_____三种。

2. 履带式起重机可根据运距、运输条件和设备的情况，采用_____、_____和_____等方法。

3. 履带式起重机的副臂是由_____、_____、_____组成。

4. 塔式起重机按起重能力大小可分为_____、_____及_____。

5. 塔式起重机工作高度的自升过程主要是由_____与_____共同完成的。

6. 独脚拔杆由_____、_____、_____、_____和_____等组成。

7. 桥式起重机按起重量可以分为三个等级，即_____，_____，_____。

8. 自卸汽车按运载货物倾卸方向分为：_____、_____、_____和_____自卸汽车。

二、选择题

1. 起重机械负载时应缓慢行驶，起重量不得超过相应工况额定起重量的（　　）。

    A. 70%   B. 80%   C. 90%   D. 100%

2. ( )是一种使用专用底盘的轮式起重机,横向稳定性好,能全回转作业,且在允许载荷下能负载行走。

A. 履带式起重机　　B. 轮胎式起重机　　C. 汽车式起重机　　D. 桅杆式起重机

3. 汽车、轮胎式起重机起吊重物达到额定起重量的( )%及以上时,应用低速挡。

A. 20　　　　　　　　B. 30　　　　　　　　C. 40　　　　　　　　D. 50

4. QTZ40型自升式塔式起重机具有广泛的适应性,其标准起重臂长可达( )m。

A. 30　　　　　　　　B. 35　　　　　　　　C. 40　　　　　　　　D. 45

5. 电动葫芦的起重量一般为( )t。

A. 0.1～80　　　　　B. 0.3～100　　　　　C. 0.3～80　　　　　D. 0.3～100

三、问答题

1. 起重机怎样进行自行转移?

2. 起重机下拖车时应注意哪些问题?

3. 如何在履带式起重机的基本臂上增加中间节?

4. 建筑起重机械在哪些情形下不能出租和使用?

5. 应在哪些情况下更换建筑起重机的吊钩和吊环?

6. 简述塔式起重机的优缺点。

7. 行走式塔式起重机的轨道基础应符合哪些要求?

8. 塔式起重机装拆作业前应做好哪些检查工作?

9. 自卸汽车启动前,应检查哪些项目?

第四章 土石方工程机械与设备

了解挖掘机、装载机、推土机、铲运机、平地机及压实机械与设备的分类与特点,熟悉单斗挖掘机、装载机、推土机、铲运机、平地机及压实机械与设备的构造组成、工作原理及性能参数,掌握单斗挖掘机、装载机、推土机、铲运机、平地机及压实机械与设备的安全使用。

通过本章内容的学习,能够熟练进行单斗挖掘机、装载机、推土机、铲运机、平地机及静作用压路机、振动压路机、蛙式打夯机等压实机械与设备的安全使用操作。

第一节 单斗挖掘机

挖掘机是土石方工程机械化施工的主要机械,由于其挖土效率高、产量大,能在各种土壤(包括厚度 400 mm 以内的冻土)和破碎后的岩石中进行挖掘作业,如开挖路堑、基坑、沟槽和取土等;还可更换各种工作装置,进行破碎、填沟、打桩、夯土、除根、起重等多种作业,在建筑施工中得到广泛应用。

挖掘机的种类很多,单斗挖掘机是挖掘机械中使用最普遍的机械,本节重点介绍单斗挖掘机及其安全使用技术。

一、单斗挖掘机分类

单斗挖掘机主要是一种土方机械。在建筑工程中,**单斗挖掘机可挖掘基坑、沟槽,清理和平整场地,**是建筑工程土方施工中很重要的机械与设备。单斗挖掘机在更换工作装置后还可以进行破碎、装卸、起重、打桩等作业任务。

(1)按其工作装置可分为**正铲、反铲、拉铲和抓铲**四种。正铲挖掘机的铲斗铰装于斗杆端部,由动臂支持,其挖掘动作由下向上,斗齿尖轨迹常呈弧线,适用于开挖停机面以上的土壤。

反铲挖掘机的铲斗也与斗杆铰接，其挖掘动作通常由上向下，斗齿轨迹呈圆弧线，适用于开挖停机面以下的土壤。反铲挖掘机的铲斗沿动臂下缘移动，当动臂置于固定位置时，斗齿尖轨迹呈直线，因而可获得平直的挖掘表面，适用于开挖斜坡、边沟或平整场地。

拉铲挖掘机的铲斗呈簸箕形，斗底前缘装斗齿。工作时，将铲斗向外抛掷于挖掘面上，铲斗齿借斗重切入土中，然后由牵引索拉拽铲斗挖土，挖满后由提升索将斗提起，转台转向卸土点，铲斗翻转卸土。拉铲挖掘机可挖停机面以下的土壤，还可进行水下挖掘，挖掘范围大，但挖掘精确度差。

抓铲挖掘机的铲斗由两个或多个颚瓣铰接而成，颚瓣张开，掷于挖掘面时，瓣的刃口切入土中，利用钢索或液压缸收拢颚瓣，挖抓土壤。松开颚瓣即可卸土。用于基坑或水下挖掘，挖掘深度大，也可用于装载颗粒物料。土方工程中常用的中、小型挖掘机，其工作装置可以拆换，装上不同铲斗，可进行不同作业，还可改装成起重机、打桩机、夯土机等，故称通用(多能)挖掘机。采掘或矿用挖掘机一般只配备一种工作装置，进行单一作业，故称专用挖掘机。

(2)按其行走方式分为**履带式**和**轮胎式**两类。

(3)按其传动方式分为**机械传动**和**液压传动**两种。液压传动单斗挖掘机是利用油泵、液压缸、液压马达等元件传递动力的挖掘机。油泵输出的压力油分别推动液压缸或液压马达工作，使机械各相应部分运转，常见的是反铲挖掘机。反铲作业时，动臂放下，作为支承，由斗杆液压缸或铲斗液压缸将铲斗放在停机面以下并使之作弧线运动，进行挖掘和装土，然后提起动臂，利用回转马达转向卸土点，翻转铲斗卸土。整机行走采用左右液压马达驱动，马达正逆转配合，可以进、退或转弯。轮胎行走也有由发动机经变速箱、主传动轴和差速器传动的，但机构复杂。中、小型机多采用双泵驱动，也有再添设一泵单独驱动回转机构的，可以节省功率。液压传动挖掘机的主要技术参数是铲斗容量，也有以机重或发动机功率为主要参数的。此种挖掘机结构紧凑、质量轻，常拥有品种较多的可换工作装置，以适应各种作业需要，操作轻便灵活，工作平稳可靠，故发展迅速，已成为挖掘机的主要品种。

二、单斗挖掘机构造与工作原理

单斗挖掘机主要由工作装置、回转机构、回转平台、行走装置、动力装置、液压系统、电气系统和辅助系统等组成。工作装置是可更换的，可以根据作业对象和施工的要求进行选用。图 4-1 所示为 EX200V 型单斗液压挖掘机构造简图。

工作装置是直接完成挖掘任务的装置。其由动臂、斗杆、铲斗三部分铰接而成。动臂起落、斗杆伸缩和铲斗转动都用往复式双作用液压缸控制。为了适应各种不同施工作业的需要，液压挖掘机可以配装多种工作装置，如挖掘、起重、装载、平整、夹钳、推土、冲击锤等多种作业机具。单斗挖掘机的动力装置有柴油内燃机驱动、电驱动(称电铲)、蒸汽机驱动和复合驱动等。其传动方式有机械传动和液压传动等。其行走装置有履带式、轮胎式、轨道式、步行式和浮式。转台可作 360° 全回转或局部回转。建筑施工中常用的为柴油内燃机驱动、全回转、液压传动挖掘机。

回转与行走装置是液压挖掘机的机体，转台上部设有动力装置和传动系统。发动机是液压挖掘机的动力源，大多采用柴油，如果在方便的场地，也可改用电动机。

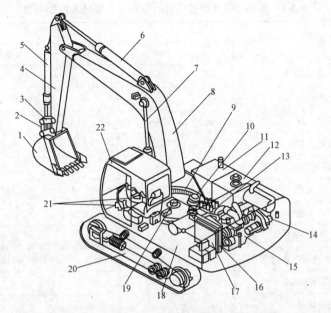

图 4-1 EX200V 型单斗液压挖掘机构造简图

1—铲斗；2—连杆；3—摇杆；4—斗杆；5—铲头油缸；6—斗杆油缸；

7—动臂油缸；8—动臂；9—回转支撑；10—回转驱动装置；11—燃油箱；

12—液压油箱；13—控制阀；14—液压泵；15—发动机；16—水箱；17—液压油冷却器；

18—平台；19—中央回转接头；20—行走装置；21—操作系统；22—驾驶室

液压传动系统通过液压泵将发动机的动力传递给液压马达、液压缸等执行元件，推动工作装置动作，从而完成各种作业。

三、单斗挖掘机技术性能参数与生产率

1. 单斗挖掘机技术性能参数

单斗挖掘机的型号及主要技术性能参数见表 4-1～表 4-3。

表 4-1 正铲挖掘机的型号及主要技术性能参数

工作项目	符号	单位	W_1-50		W_1-100		W_1-200	
动臂倾角	α	°	45	60	45	60	45	60
最大挖土高度	H_1	m	6.5	7.9	8.0	9.0	9.0	10.0
最大挖土半径	R	m	7.8	7.2	9.8	9.0	11.5	10.8
最大卸土高度	H_2	m	4.5	5.6	5.6	6.8	6.0	7.0
最大卸土高度时卸土半径	R_2	m	6.5	5.4	8.0	7.0	10.2	8.5
最大卸土半径	R_3	m	7.1	6.5	8.7	8.0	10.0	9.6
最大卸土半径时卸土高度	H_3	m	2.7	3.0	3.3	3.7	3.75	4.7
停机面处最大挖土半径	R_1	m	4.7	4.35	6.4	5.7	7.4	6.25
停机面处最小挖土半径	R'_1	m	2.5	2.8	3.3	3.6	—	—

注：W_1-50 型斗容量为 0.5 m^3；W_1-100 型斗容量为 1.0 m^3；W_1-200 型斗容量为 2.0 m^3。

表 4-2　单斗液压反铲挖掘机的型号及主要技术性能参数

符号	名称	单位	机型			
			WY40	WY60	WY100	WY160
	铲斗容量	m³	0.4	0.6	1～1.2	1.6
	动臂长度	m	—	—	5.3	—
	斗柄长度	m	—	—	2	2
A	停机面上最大挖掘半径	m	6.9	8.2	8.7	9.8
B	最大挖掘深度时挖掘半径	m	3.0	4.7	4.0	4.5
C	最大挖掘深度	m	4.0	5.3	5.7	6.1
D	停机面上最小挖掘半径	m	—	3.2	—	3.3
E	最大挖掘半径	m	7.18	8.63	9.0	10.6
F	最大挖掘半径时挖掘高度	m	1.97	1.3	1.8	2
G	最大卸载高度时卸载半径	m	5.27	5.1	4.7	5.4
H	最大卸载高度	m	3.8	4.48	5.4	5.83
I	最大挖掘高度时挖掘半径	m	6.37	7.35	6.7	7.8
J	最大挖掘高度	m	5.1	6.0	7.6	8.1

表 4-3　抓铲挖掘机的型号及主要技术性能参数

项　目	型　号							
	W-501					W-1001		
抓斗容量/m³	0.5					1.0		
伸臂长度/m	10					13		16
回转半径/m	4.0	6.0	8.0	9.0	12.5	4.5	14.5	5.0
最大卸载高度/m	7.6	7.5	5.8	4.6	1.6	10.8	4.8	13.2
抓斗开度/m	—					2.4		
对地面的压力/MPa	0.062					0.093		
质量/t	20.5					42.2		

2. 单斗挖掘机生产率

(1)生产率计算。单斗挖掘机的生产率计算公式为

$$Q = \frac{3\,600qk_2k_3}{Tk_1}$$

式中　q——铲斗的几何容量;

　　　T——每一工作循环持续时间;

　　　k_1——土的松散系数,取 1.1～1.4;

　　　k_2——铲斗的充盈系数,取 0.8～1.1;

　　　k_3——时间利用系数,取 0.7～0.9。

(2)提高挖掘机生产率的措施。

1)挖掘机的铲斗容量是根据挖掘坚硬土质设计的。如果土质比较松软而机械技术状况良好，可以更换较大容量的铲斗。

2)力求装满铲斗。保持挖土工作面的适当高度，保证在最大切削深度下一次装满铲斗。提高操作人员技术水平，能根据挖掘面高度和切削土层厚度的比例关系操作，力求一次装满铲斗，并减少漏损。

3)缩短挖掘循环时间。当挖掘比较松软的土层时，可以适当加大切土厚度，以充分发挥机械能力；根据挖土区具体情况，选择最佳的开挖方法和运土路线。采用自卸汽车装土时，运输路线应位于挖掘机侧面，尽量缩小挖掘机卸土回转角；还可以缩短卸土时间，提高挖掘机各工序的速度。

四、单斗挖掘机使用方法

1. 正铲挖掘机

(1)正向开挖、侧向装土法。 正铲向前进方向挖土，汽车位于正铲的侧向装车[图 4-2(a)、(b)]。这种方法铲臂卸土回转角度最小(<90°)，装车方便，循环时间短，生产效率高，用于开挖工作面较大但深度不大的边坡、基坑(槽)、沟渠和路堑等，此法是最常用的开挖方法。

(2)正向开挖、后方装土法。 正铲向前进方向挖土，汽车停在正铲的后面[图 4-2(c)]。本法开挖工作面较大，但铲臂卸土回转角度较大(在 180°左右)，且汽车要侧向行车，增加工作循环时间，生产效率降低(回转角度 180°，效率约降低 23%；回转角度 130°，效率约降低 13%)。这种方法用于开挖工作面较小且较深的基坑(槽)、管沟和路堑等。

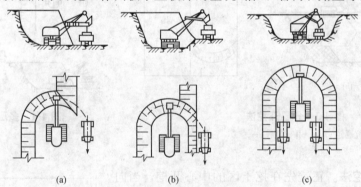

(a)   (b)   (c)

图 4-2　正铲挖掘机开挖方式

(a)、(b)正向开挖、侧向装土法；(c)正向开挖、后方装土法

正铲经济合理的挖土高度见表 4-4。

表 4-4　正铲经济合理的挖土高度

土的类别	铲斗容量/m³			
	0.5	1.0	1.5	2.0
一、二类	1.5	2.0	2.5	3.0
三类	2.0	2.5	3.0	3.5
四类	2.5	3.0	3.5	4.0

挖掘机挖土装车时，回转角度对生产率的影响数值见表 4-5。

表 4-5　回转角度对生产率的影响数值

土的类别	回转角度		
	90°	130°	180°
一～四类	100%	87%	77%

(3)分层开挖法。分层开挖可将开挖面按机械的合理高度分为多层开挖[图 4-3(a)]；当开挖面高度不能成为一次挖掘深度的整数倍时，则可在挖方的边缘或中部先开挖一条浅槽作为第一次挖土运输的线路[图 4-3(b)]，然后再逐次开挖直至基坑的底部。这种方法适用于开挖大型基坑或沟渠，工作面高度大于机械挖掘的合理高度。

(4)多层开挖法。将开挖面按机械的合理开挖高度分为多层同时开挖，以加快开挖速度，土方可以分层运出，也可分层递送，至最小层（或下层）用汽车运出（图 4-4）。这种方法适用于开挖高边坡或大型基坑。

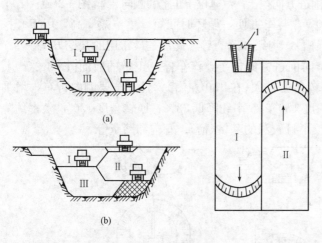

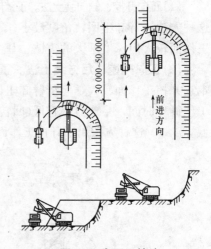

图 4-3　分层开挖法
1—下坑通道；Ⅰ、Ⅱ、Ⅲ—一、二、三层

图 4-4　多层开挖法

(5)中心开挖法。正铲先在挖土区的中心开挖，当向前挖至回转角度超过 90°时，则转向两侧开挖，运土汽车按八字形停放装土（图 4-5）。本法开挖移位方便，回转角度小（<90°）。挖土区宽度宜在 40 m 以上，以便于汽车靠近正铲装车。这种方法适用于开挖较宽的山坡地段或基坑、沟渠等。

2. 反铲挖掘机

(1)多层接力开挖法。使两台或多台挖土机在不同作业高度上同时挖土，边挖土边将土传递到上层，由地表挖土机连挖土带装土（图 4-6）；上部可用大型反铲，中、下层用大型或小型反铲，进行挖土和装土，均衡连续作业。

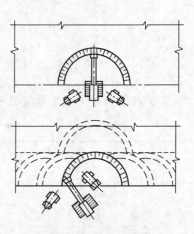

图 4-5　中心开挖法

图 4-6　多层接力开挖法

一般两层挖土可挖深 10 m，三层可挖深 15 m 左右。这种方法开挖较深基坑，可一次开挖到设计标高，避免汽车在坑下装运作业，提高生产效率，且不必设专用垫道。这种方法适用于开挖土质较好、深度在 10 m 以上的大型基坑、沟槽和渠道。

(2)沟端开挖法。反铲停于沟端，后退挖土，同时往沟一侧弃土或装汽车运走[图 4-7(a)]。挖掘宽度可不受机械最大挖掘半径的限制，臂杆回转半径仅 45°～90°，同时可挖到最大深度。对较宽的基坑可采用图 4-7(b)所示的方法，其最大一次挖掘宽度为反铲有效挖掘半径的两倍，但汽车需停在机身后面装土，生产效率降低。也可采用几次沟端开挖法完成作业。这种方法适用于一次成沟后退挖土，挖出土方随即运走时采用，或就地取土填筑路基或修筑堤坝等。

(3)沟侧开挖法。反铲停于沟侧沿沟边开挖，汽车停在机旁装土或往沟一侧卸土[图 4-7(c)]。这种方法铲臂回转角度小，能将土弃于距沟边较远的地方，但挖土宽度比挖掘半径小，边坡不好控制，同时机身靠沟边停放，稳定性较差。横挖土体和需将土方甩到离沟边较远的距离时可使用这种方法。

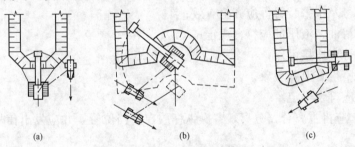

图 4-7　沟端及沟侧开挖法

(a)、(b)沟端开挖法；(c)沟侧开挖法

(4)沟角开挖法。反铲位于沟前端的边角上，随着沟槽的掘进，机身沿着沟边往后作"之"字形移动(图 4-8)。臂杆回转角度平均在 45°左右，机身稳定性好，可挖较硬的土体，并能挖出一定的坡度。这种方法适于开挖土质较硬、宽度较小的沟槽(坑)。

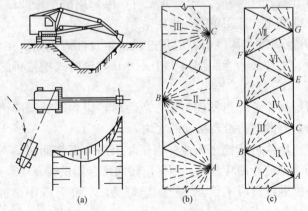

图 4-8　沟角开挖法

(a)沟角开挖平剖面；(b)扇形开挖平面；(c)三角开挖平面

3. 抓铲挖掘机

对小型基坑，抓铲立于一侧抓土；对较宽基坑，则在两侧或四侧抓土。抓铲应离基坑边一定距离，土方可直接装入自卸汽车运走(图4-9)，或堆弃在基坑旁，或用推土机推到远处堆放。挖淤泥时，抓斗容易被淤泥吸住，应避免用力过猛，以防翻车。抓铲施工，一般均需加配重。

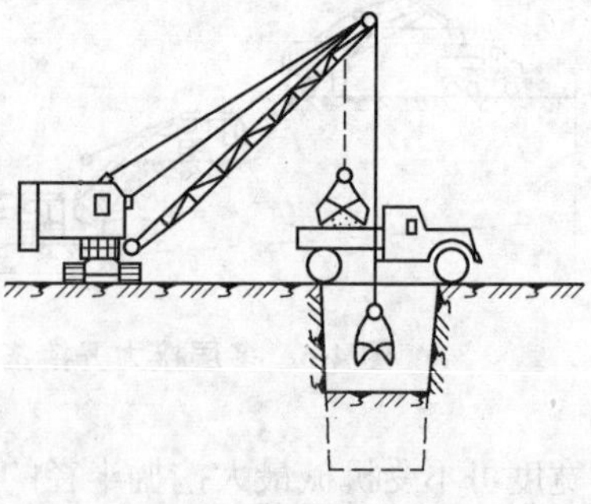

图 4-9 抓铲挖掘机挖土

五、单斗挖掘机安全使用技术

（1）单斗挖掘机的作业和行走场地应平整坚实，松软地面应用枕木或垫板垫实，沼泽或淤泥场地应进行路基处理，或更换专用湿地履带。

（2）轮胎式挖掘机使用前应支好支腿，并应保持水平位置，支腿应置于作业面的方向，转向驱动桥应置于作业面的后方。采用液压悬挂装置的挖掘机，应锁住两个悬挂液压缸。

（3）作业前应重点检查下列项目，并应符合相应要求：

1）照明、信号及报警装置等应齐全有效；

2）燃油、润滑油、液压油应符合规定；

3）各铰接部分应连接可靠；

4）液压系统不得有泄漏现象；

5）轮胎气压应符合规定。

（4）启动前，应将主离合器分离，各操纵杆放在空挡位置，并应发出信号，确认安全后启动设备。

（5）启动后，应先使液压系统从低速到高速空载循环 10～20 min，不得有吸空等不正常噪声，并应检查各仪表指示值，运转正常后再接合主离合器，进行空载运转，顺序操纵各工作机构并测试各制动器，确认正常后开始作业。

（6）作业时，挖掘机应保持水平位置，行走机构应制动，履带或轮胎应揳紧。

（7）平整场地时，不得用铲斗进行横扫或用铲斗对地面进行夯实。

（8）挖掘岩石时，应先进行爆破。挖掘冻土时，应采用破冰锤或爆破法使冻土层破碎。不得用铲斗破碎石块、冻土，或用单边斗齿硬啃。

（9）挖掘机最大开挖高度和深度，不应超过机械本身性能规定。在拉铲或反铲作业时，履带式挖掘机的履带与工作面边缘距离应大于 1.0 m，轮胎式挖掘机的轮胎与工作面边缘距离应大于 1.5 m。

（10）在坑边进行挖掘作业，当发现有塌方危险时，应立即处理险情，或将挖掘机撤至安全地带。坑边不得留有散状边沿及松动的大块石。

（11）挖掘机应停稳后再进行挖土作业。当铲斗未离开工作面时，不得作回转、行走等动作。应使用回转制动器进行回转制动，不得用转向离合器反转制动。

（12）作业时，各操纵过程应平稳，不宜紧急制动。铲斗升降不得过猛，下降时，不得撞碰车架或履带。

（13）斗臂在抬高及回转时，不得碰到坑、沟侧壁或其他物体。

(14)挖掘机向运土车辆装车时,应降低卸落高度,不得偏装或砸坏车厢。回转时,铲斗不得从运输车辆驾驶室顶上越过。

(15)作业中,当液压缸将要伸缩到极限位置时,应动作平稳,不得冲撞极限块。

(16)作业中,当需制动时,应将变速阀置于低速挡位置。

(17)作业中,当发现挖掘力突然变化,应停机检查,不得在未查明原因前调整分配阀的压力。

(18)作业中,不得打开压力表开关,且不得将工况选择阀的操纵手柄放在高速挡位置。

(19)挖掘机应停稳后再反铲作业,斗柄伸出长度应符合规定要求,提斗应平稳。

(20)作业中,履带式挖掘机短距离行走时,主动轮应在后面,斗臂应在正前方与履带平行,并应制动回转机构,坡道坡度不得超过机械允许的最大坡度。下坡时应慢速行驶。不得在坡道上变速和空挡滑行。

(21)轮胎式挖掘机行驶前,应收回支腿并固定可靠,监控仪表和报警信号等应处于正常显示状态。轮胎气压应符合规定,工作装置应处于行驶方向,铲斗宜距离地面1 m。长距离行驶时,应将回转制动板踩下,并应采用固定销锁定回转平台。

(22)挖掘机在坡道上行走时熄火,应立即制动,并应撅住履带或轮胎,重新发动后,再继续行走。

(23)作业后,挖掘机不得停放在高边坡附近或填方区,应停放在坚实、平坦、安全的位置,并应将铲斗收回平放在地面,所有操纵杆置于中位,关闭操作室和机棚。

(24)履带式挖掘机转移工地应采用平板拖车装运。短距离自行转移时,应低速行走。

挖掘机常见
故障与日常保养

(25)保养或检修挖掘机时,应将内燃机熄火,并将液压系统卸荷,铲斗落地。

(26)利用铲斗将底盘顶起进行检修时,应使用垫木将抬起的履带或轮胎垫稳,用木楔将落地履带或轮胎撅牢,然后再将液压系统卸荷,否则不得进入底盘下工作。

第二节　装载机械

一、挖掘装载机

挖掘装载机是由三台建筑设备组成的单一装置,俗称"两头忙"。施工时,操作手只需转动一下座椅,就可以转变工作端。挖掘装载机主要工作是开挖沟渠以便排布管道和地下线缆,为建筑物奠基并建立排水系统。

从结构上来分,挖掘装载机有两种形式:一种是**带侧移架**;另一种是**不带侧移架**。从动力分配上来分,挖掘装载机有**两轮(后轮)驱动**和**四轮(全轮)驱动**两种形式。

一台挖掘装载机包含了动力总成、装载端、挖掘端。每台设备都是针对特定类型的工作而设计的。在典型的建筑工地上，挖掘机操作员通常需要使用所有这三个组成部分才能完成工作。动力总成是挖掘装载机的核心结构，挖掘装载机的动力总成设计可以在各种崎岖的地形上自由奔跑。其具有强大的涡轮增压柴油机、大号深齿轮胎和配有驾驶控制装置（方向盘、制动器等）的驾驶室。装载机组装在设备的前面，挖掘机则组装在后面。这两个组成部分提供完全不同的功能。装载机一般不用于挖掘，而是主要用于拾取和搬运大量的松散材料。另外，装载机还可以用来推土，或者用来平整地面。挖掘机是挖掘装载机的主要工具。它可以用于挖掘质密的坚硬物质（往往是土壤），或抬起重物（如下水道箱涵）。挖掘机可以抬起这些材料，然后堆放在洞口一侧。一般在挖掘装载机上可以看到的其他附加部件，包括后轮后面的两个稳定支脚。这些支脚对挖掘机的操作至关重要。当挖掘机执行挖掘作业时，支脚可以吸收重量的冲击。如果没有稳定支脚，重型负载物的重量或者挖地时产生的向下力将会损伤轮毂和轮胎，并且会使整个拖拉机不断地弹起。稳定支脚能使拖拉机保持稳定，并将挖掘机挖掘时产生的冲击作用力减至最小。稳定支脚还可以固定拖拉机，使之不至于滑到沟渠或洞穴中。

挖掘装载机的挖掘机装载作业应符合"单斗挖掘机"及"轮胎式装载机"的作业要求，此外，还应遵守下列规定：

(1)挖掘机作业前应先将装载斗翻转，使斗口朝地，并使前轮稍离开地面，踏下并锁住制动踏板，然后伸出支腿，使后轮离地并保持水平位置。

(2)挖掘装载机在边坡卸料时，应有专人指挥，挖掘装载机轮胎距边坡边缘的距离应大于1.5 m。

(3)动臂后端的缓冲块应保持完好，损坏时，应修复后使用。

(4)作业时，应平稳操纵手柄，支臂下降时不宜中途制动。挖掘时不得使用高速挡。

(5)应平稳回转挖掘装载机，并不得用装载斗砸实沟槽的侧面。

(6)挖掘装载机移位时，应将挖掘装置处于中间运输状态，收起支腿，提起提升臂。

(7)装载作业前，应将挖掘装置的回转机购置于中间位置，并应采用拉板固定。

(8)在装载过程中，应使用低速挡。

(9)铲斗提升臂在举升时，不应使用阀的浮动位置。

(10)前四阀用于支腿伸缩和装载的作业与后四阀用于回转和挖掘的作业不得同时进行。

(11)行驶时，不应高速和急转弯。下坡时不得空挡滑行。

(12)行驶时，支腿应完全收回，挖掘装置应固定牢靠，装载装置宜放低，铲斗和斗柄液压活塞应保持完全伸张位置。

(13)挖掘装载机停放时间超过1 h，应支起支腿，使用后轮离地；停放时间超过1 d时，应使后轮离地，并应在后悬架下面用垫块支撑。

二、轮胎式装载机

1. 轮胎式装载机的构造与工作原理

轮胎式装载机是建筑工程土方施工中常用的装载机械，**由动力系统、传动系统、工作装置、工作液压系统、转向液压系统、车架、操作系统、制动系统、电气系统、驾驶室、覆盖件、空调系统等构成。**其总体构造如图4-10所示。

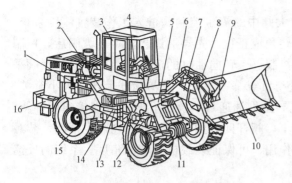

图4-10 轮胎式装载机总体构造示意

1—发动机；2—变矩器；3—驾驶室；4—操作系统；
5—动臂油缸；6—转斗油缸；7—动臂；8—摇臂；
9—连杆；10—铲斗；11—前驱动桥；12—传动轴；
13—转向油缸；14—变速箱；15—后驱动桥；16—车架

（1）动力系统。 装载机的动力系统由动力源柴油内燃机以及保证柴油内燃机正常运转的附属系统组成，主要包括柴油机、燃油箱、油门操作总成、冷却系统、燃油管路等。柴油机通过双变驱动传动系统完成正常的行走功能；通过驱动工作液压系统带动工作装置完成铲运、提升、翻斗等动作；通过驱动转向液压系统，偏转车架，完成转向动作。

（2）传动系统。 传动系统由变矩器、变速箱、传动轴、前驱动桥、后驱动桥和车轮等组成。通过传动系统自动调节输出的扭矩和转速，装载机就可以根据道路状况和阻力大小自动变更速度和牵力，以适应不断变化的各种工况。挂挡后，从起步到该挡的最大速度之间可以自动无级变速，起步平稳，加速性能好。遇有坡度或突然的道路障碍，无须换挡而能够自动减速增大牵引力，并以任意的速度行驶，越过障碍；外阻力减小后，又能很快地自动增速以提高效率。当铲削物料时，能以较大的速度切入料堆并随着阻力增大而自动减速，提高轮边牵引力以保证切入。

发动机输出的动力经过液力变矩器传递给变速箱，经过变速箱的变速将特定转速通过传动轴驱动前后桥和车轮转动，达到以一定速度行走的功能。

（3）工作装置。 装载机的工作装置由铲斗、动臂、摇臂和拉杆四大部件组成。动臂为单板结构，后端支承于前车架上，前端连着铲斗，中部与动臂油缸连接。当动臂油缸伸缩时，动臂绕其后端销轴转动，实现铲斗提升或下降。摇臂为单摇臂机构，中部与动臂连接，当转斗油缸伸缩时，使摇臂绕其中间支承点转动，并通过拉杆使铲斗上转或下翻。

（4）工作液压系统。 装载机工作液压系统主要由工作泵、分配阀（分配阀由安全阀、转斗滑阀、转斗大腔双作用安全阀、转斗小腔安全阀、动臂滑阀等集成）、转斗油缸、动臂油缸、油箱等组成。装载机工作装置液压系统大多采用比例先导控制，通过操作先导阀的操作手柄，即可改变分配阀内主油路油液的流动方向，从而实现铲斗的升降与翻转。装载机工装置作液压系统一般采用顺序回路，各机构的进油通路按先后次序排列，泵只能按先后次序向一个机构供油。在工作过程中，液压油自油箱底部通过滤油器被工作泵吸入，从油泵输入具有一定压力的液压油进入分配阀。压力油先进转斗滑阀，转斗滑阀有三个位，操作该滑阀，使滑阀处于右位（大腔）或左位（小腔），可以分别实现斗的后倾、前倾动作。当转斗滑阀处于中位时，压力油进入动臂滑阀。动臂滑阀有四个位，操作滑阀从右到左的四个位，可以分别实现动臂的提升、封闭、下降和浮动动作。系统通过分配阀上的总安全阀限定整个系统的总压力，转斗大腔、小腔的双作用安全阀分别对转斗大腔、小腔起过载保护和补油作用。动臂滑阀与转斗滑阀的油路采用互锁连通油路，可以实现小流量得到较快的作业速度。当铲斗翻转时，举升油路被切断。只有翻转油路不工作时，举升动作才能实现。

（5）转向液压系统。 转向液压系统主要由转向泵、全液压转向器、流量放大阀及转向油缸等组成。其工作原理是：方向盘不转动时，转向器两出口关闭，先导泵的油经过压力选择阀后作为先导油的动力源，流量放大阀主阀杆在复位弹簧作用下保持在中位，转向泵与转向油缸的油路被断开，主油路经过流量放大阀中的流量控制阀进入工作装置液压系统。转动方向盘时，转向器排出的油与方向盘的转角成正比，先导油进入流量放大阀后，控制主阀杆的位移，通过控制开口的大小，从而控制进入转向油缸的流量。由于流量放大阀采用了压力补偿，因而，进入转向油缸的流量与负载基本无关，只与阀杆上开口大小有关。停止转向后，进入流量放大阀阀杆一端的先导压力油通过节流小孔与另一端接通回油箱，阀杆两端油压趋于平衡，在复位弹簧的作用下，阀杆回复到中位，从而切断主油路，装载机停止转向。通过方向盘的连续转动与反馈作用，可保证装载机的转向角度。系统的反馈作用是通过转向器和流量放大阀共同完成的。

2. 装载机技术性能参数与生产率

(1)装载机的技术性能参数。常用铲接式轮胎装载机主要型号及技术性能参数见表 4-6。

表 4-6 铲接式轮胎装载机主要型号与技术性能参数

项　目	型　号						
	WZ2A	ZL10	ZL20	ZL30	ZL40	ZL0813	ZL08A (ZL08E)
铲斗容量/m³	0.7	0.5	1.0	1.5	2.0	0.4	0.4(0.4)
装载量/t	1.5	1.0	2.0	3.0	4.0	0.8	0.8
卸料高度/m	2.25	2.25	2.6	2.7	2.8	2.0	2.0
发动机功率/hp	40.4	40.4	59.5	73.5	99.2	17.6	24(25)
行走速度/(km·h⁻¹)	18.5	10~28	0~30	0~32	0~35	21.9	21.9(20.7)
最大牵引力/kN	—	32	64	75	105	—	14.7
爬坡能力/(°)	18	30	30	25	28~30	30	24(30)
回转半径/m	4.9	4.48	5.03	5.5	5.9	4.8	4.8(3.7)
离地间隙/m	—	0.29	0.39	0.40	0.45	0.25	0.20(0.25)
外形尺寸 (长×宽×高)/m	7.88×2.0 ×3.23	4.4×1.8 ×2.7	5.7×2.2 ×2.5	6.0×2.4 ×2.8	6.4×2.5 ×3.2	4.3×1.6 ×2.4	4.3×1.6×2.4 (4.5×1.6×2.5)
总质量/t	6.4	4.5	7.6	9.2	11.5	—	2.65(3.2)

注：1. WZ2A 型带反铲，斗容量为 0.2 m³，最大挖掘深度为 4.0 m，挖掘半径为 5.25 m，卸料高度为 2.99 m。

2. 转向方式均为铰接液压缸。

(2)装载机的生产率。

1)生产率计算。

①装载机在单位时间内不考虑时间利用情况时，其生产率称为技术生产率。其计算公式为

$$Q_T = \frac{3\ 600 q k_H t_T}{t k_s} (\text{m}^3/\text{h})$$

$$t = t_1 + t_2 + t_3 + t_4 + t_5$$

式中　q——装载机额定斗容量(m³)；

　　　k_H——铲斗充满系数(表 4-7)；

t_T——每班工作时间(h);

k_s——物料松散系数;

t——每装一斗的循环时间(s);

t_1、t_2、t_3、t_4、t_5——铲装、载运、卸料、空驶和其他工作所用的时间(s)。

表 4-7 铲斗充满系数

土石种类	充满系数	土石种类	充满系数
砂石	0.85~0.9	普通土	0.9~1.0
湿的土砂混合料	0.95~1.0	爆破后的碎石、卵石	0.85~0.95
湿的砂黏土	1.0~1.1	爆破后的大块岩石	0.85~0.95

②装载机实际可能达到的生产率 Q_T 计算公式为

$$Q_T = \frac{3\,600 q k_H k_B t_T}{t k_s} (\text{m}^3/\text{h})$$

式中 k_B——时间利用系数;

t_T——每班工作时间。

式中其他符号意义同前。

2)提高装载机生产率的措施。

①尽可能地缩短作业循环时间,减少停车时间。疏松的物料,用推土机协助装填铲斗,可在某些作业中降低少量循环时间。

②运输车辆不足时,装载机应尽可能开展一些辅助工作,如清理现场,疏松物料等。

③尽量保证运输车辆的停车位置距离装载机在 25 m 的合理范围内。

④装载机与运输车辆的容量应尽量选配适当。

⑤作业循环速度不宜太快,否则不能装满斗。每个作业现场的装载作业应平稳而有节奏。

⑥行走速度要合理选择。一般来说,装载机行走速度每增加 1 km/h,其生产能力就会提高 12%~21%。

3. 装载机合理选择

对于装载机,必须根据搬运物料的种类、形状、数量,堆料场地的地形、地质、周围环境条件,作业方法及配合运输的车辆等多方面情况来进行正确、合理的选择。

(1)斗容量的选择。

1)装载机的斗容量可根据装卸的数量及要求完成时间来确定。一般情况下,所搬运物料的数量较大时,应选择斗容量较大的装载机,以提高生产率;否则,可选择容量较小的装载机,以减少机械的使用费用。

2)如装载机与运输车辆配合施工,运输车辆的斗容量应该是装载机斗容量的 2~3 倍,不得超过 4 倍,过大或过小都会影响车辆的运输效率。

(2)行走机构及方式的选择。

1)当堆料现场地质松软、雨后泥泞或凹凸不平时,应当选择履带式装载机,以充分发挥履带式装载机防滑、动力性能好和作业效能高的作用;若现场地质条件好,天气又好,则宜选用轮胎式装载机。

2)对于零散物料的搬运，在气候、地质条件允许的情况下，优先选择轮胎式装载机，因为轮胎式装载机行走方便、速度快、转移迅速，而履带式装载机不但转移速度慢，而且不允许在公路或街道上行驶。

3)当装载的施工场地狭窄时，可选用能进行90°转弯铲装和卸载的履带式装载机，如回转式装载机。

4)当与运输车辆配合施工时，可根据施工组织的装车方法选用。如果场地较宽，采用V形装车方法，应选用轮胎式机械，因其操作灵活，装车效率较高；如果场地较小，可以选择能转90°弯的履带式装载机。

(3)现有机型的选用。优先选用现有装载机是选择机械的重要原则。如果现有机械的技术性能与工作环境不相适应，则应采取多种措施，创造良好的工作条件，充分发挥现有装载机的特性。如现有装载机机型容量较小，可以采用两台共装一辆自卸卡车或改选载重量较小的自卸卡车，以提高联合施工作业效率。

(4)其他因素的考虑。正确、合理地选择装载机必须全面考虑机械的使用性能和技术经济指标，如装载机的最大卸载距离、最大卸载高度、卸料的方便性、工作装置的可换性、操作简便性、工作安全性等，特别应优先选择燃油消耗率低、工作性能优良的先进产品。

4. 安全使用技术

(1)装载机与汽车配合装运作业时，自卸汽车的车厢容积应与装载机铲斗容量相匹配。

(2)装载机作业场地坡度应符合使用说明书的规定。作业区内不得有障碍物及非工作人员。

(3)轮胎式装载机作业场地和形式道路应平坦坚实。在石块场地作业时，应在轮胎上加装保护链条。

(4)作业前应按"单斗挖掘机"的相关规定进行检查。

(5)装载机行驶前，应先鸣笛示意，铲斗宜提升离地0.5 m。装载机形式过程中应测试制动器的可靠性。装载机搭乘人员应符合规定。装载机铲斗不得载人。

(6)装载机高速行驶时，应采用前轮驱动；低速铲装时，应采用四轮驱动。铲斗装载后升起行驶时，不得急转弯或紧急制动。

(7)装载机下坡时不得空挡滑行。

(8)装载机的装载量和使用说明书的规定。装载机铲斗应从正面铲料，铲斗不得单边受力。装载机应低速缓慢举臂翻转铲斗卸料。

(9)装载机操纵手柄换向平稳。装载机满载时，铲臂应缓慢下降。

(10)在松散不平的场地作业时，应把铲臂放在浮动位置，使铲斗平稳地推进；当推进阻力增大时，可稍微提升铲臂。

(11)当铲臂运行到上下最大限度时，应立即将操纵杆拉回到空挡位置。

(12)装载机运载物料时，铲臂下铰点宜保持距离地面0.5 m，并保持平稳行驶。铲斗提升到最高位置时，不得运输物料。

(13)铲装或挖掘时，斜斗不应偏载。铲斗装满后，应先举臂，再行走、转向、卸料。铲斗行走过程中不得收斗或举臂。

(14)当铲斗阻力较大，出现轮胎打滑时，应立即停止铲装，排除过载后再铲装。

(15)在向汽车装料时，铲斗不得在汽车驾驶室上方越过。如汽车驾驶室顶无防护，驾驶室内不得有人。

(16)向汽车装料，宜降低铲斗高度，减小卸落冲击。汽车装料不得偏载、超载。

(17)装载机在坡、沟边卸料时，轮胎离边缘应保持安全距离，安全距离宜大于 1.5 m；铲斗不宜伸出坡、沟边缘。在大于 3°的坡面上，装载机不得朝下坡方向附身卸料。

(18)作业时，装载机变矩器油温不得超过 110 ℃，超过时，应停机降温。

(19)作业后，装载机应停放在安全场地，铲斗应平放在地面上，操纵杆应置于中位，制动应锁定。

(20)装载机转向架为锁闭时，严禁站在前后车架之间进行检修保养。

(21)装载机铲臂升起后，在进行润滑或检修等作业时，应先装好安全销，或先采取其他措施支住铲臂。

装载机常见
故障分析与处理

(22)停车时，应使内燃机转速逐步降低，不得突然熄火，应防止液压油因惯性冲击而溢出油箱。

第三节 推土机

推土机是一种自行式铲土运输机械，主要利用其前端的推土板（通称铲刀）进行短距离推运土方、石渣等作业和局部碾压，还可配置其他工作装置进行松土、除根、清除石块，以及给铲运机助铲和牵引各种拖式施工机械等，是土石方工程中广泛使用的施工机械。

一、推土机分类及特点

推土机的分类及主要特点见表 4-8。

表 4-8　推土机的分类及主要特点

分类方法	形式	主要特点	应用范围
按行走装置分	履带式	附着牵引力大，接地比压低，爬坡能力强，但行驶速度低	适用于条件较差的地带作业
	轮胎式	行驶速度低，灵活性好，但牵引力小，通过性差	适用于经常变换土地和良好土壤作业
按传动方式分	机械传动	结构简单，维修方便，但牵引力不能适应外阻力变化，操作较难，作业效率低	
	液力机械传动	车速和牵引力可随外阻力变化而自动变化，操作便利，作业效率高，但制造成本高，维修较难	适用于推运密实、坚硬的土壤
	全液压传动	作业效率高，操作灵活，机动性强，但制造成本高，维修困难	适用于大功率推土机对大型土方作业
按用途分	通用型	按标准进行生产的机型	一般土方工程使用
	专用型	有采用三角形宽履带板的湿地推土机和沼泽地推土机，以及水陆两用推土机等	适用于湿地或沼泽地作业

分类方法	形式	主要特点	应用范围
按工作装置形式分	直铲式	铲刀与底盘的纵向轴线构成直角，铲刀切削角可调	一般性推土作业
	角铲式	铲刀除能调节切削角度外，还可在水平方向上回转一定角度，可实现侧向卸土	适用于填筑半挖半填的傍山坡道作业
按功率等级分	超轻型	功率 30 kW，生产率低	极小的作业场地
	轻型	功率为 30～75 kW	零星土方
	中型	功率为 75～225 kW	一般土方工程
	大型	功率在 225 kW 以上，生产率高	坚硬土质或深度冻土垢大型土方工程

二、推土机构造与工作原理

推土机主要由发动机、底盘、液压系统、电气系统、工作装置和辅助设备等组成。其总体构造如图 4-11 所示。

发动机是推土机的动力装置，大多采用柴油内燃机。发动机往往布置在推土机的前部，通过减振装置固定在机架上。电气系统包括发动机的电启动装置和全机照明装置。辅助设备主要由燃油箱、驾驶室等组成。

推土机的工作装置主要由推土刀和支持架两个部分组成。推土刀可分为**固定式(直铲)**和**回转式(角铲)**两种。前者的推土铲与主机纵轴经线固定为直角，如图 4-12 所示；后者如图 4-13 所示，推土铲可以水平面内左右回转约 25°角，在垂直面内可倾斜 8°～12°角，且能视不同的土质条件改变其切削角，故回转式因能适应较多的工况而获得广泛使用。

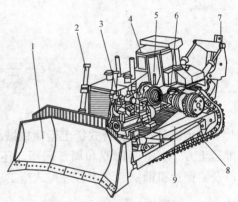

图 4-11　推土机总体构造示意

1—铲刀；2—液压系统；3—发动机；
4—驾驶室；5—操作机构；6—传动系统；
7—松土器；8—行走装置；9—机架

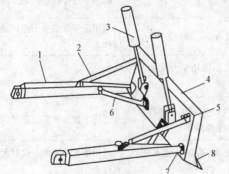

图 4-12　固定式推土机工作机构

1—顶推架；2—斜撑杆；3—铲刀升降油缸；
4—推土板；5—球形铰；6—水平撑杆；
7—销接；8—刀片

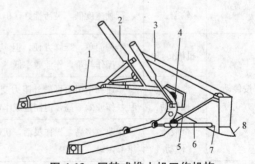

图 4-13　回转式推土机工作机构

1—顶推架；2—铲刀升降油缸；3—推土板；
4—中间球铰；5、6—上下撑杆；
7—铰接；8—刀片

三、推土机技术性能参数与生产率

1. 推土机技术性能参数

常用推土机型号及技术性能参数见表 4-9。

表 4-9 常用推土机型号及技术性能参数

项目 \ 型号	T3-100	T-120	上海-120A	T-180	TL-180	T-220
铲刀(宽×高)/mm	3 030×1 100	3 760×1 100	3 760×1 000	4 200×1 100	3 190×990	3 725×1 315
最大提升高度/mm	900	1 000	1 000	1 260	900	1 210
最大切土深度/mm	180	300	330	530	400	540
移动速度：前进/(km·h⁻¹)	2.36~10.13	2.27~10.44	2.23~10.23	2.43~10.12	7~49	2.5~9.9
后退/(km·h⁻¹)	2.79~7.63	2.73~8.99	2.68~8.82	3.16~9.78	—	3.0~9.4
额定牵引力/kN	90	120	130	188	85	240
发动机额定功率/kW	100	135	120	180	180	220
对地面单位压力/MPa	0.065	0.059	0.064	—		0.091
外形尺寸 (长×宽×高)/m	5.0×3.03 ×2.992	6.506×3.76 ×2.875	5.366×3.76 ×3.01	7.176×4.2 ×3.091	6.13×3.19 ×2.84	6.79×3.725 ×3.575
总质量/t	13.43	14.7	16.2	—	12.8	27.89

2. 推土机生产率

(1) 生产率计算。

1) 推土机用直铲进行铲推作业时的生产率计算公式为

$$Q_1 = \frac{3\,600 g k_B k_y}{T} \ (\text{m}^3/\text{h})$$

$$g = \frac{LH^2 k_n}{2 k_p \tan\varphi_0}$$

$$t = \frac{s_1}{v_1} + \frac{s_2}{v_2} + \frac{s_1 + s_2}{v_3} + 2t_1 + t_2 + t_3$$

式中　k_B——时间利用系数，一般为 0.80~0.85；

　　　k_y——坡度影响系数[平坡时 $k_y=1.0$，上坡时(坡度 5%~10%)$k_y=0.5~0.7$，下坡时(坡度 5%~15%)$k_y=1.3~2.3$]；

　　　g——推土机一次推运土壤的体积，按密度土方计量(m³)；

　　　L——推土板长度(m)；

　　　H——推土板高度(m)；

　　　φ_0——土壤自然坡度角(°)(对于砂土 $\varphi_0=35°$，黏土 $\varphi_0=35°~45°$，种植土 $\varphi_0=25°~40°$)；

　　　k_n——运移时土壤的漏损系数，一般为 0.75~0.95；

　　　k_p——土壤的松散系数，一般为 1.08~1.35；

　　　t——每一工作循环的延续时间(s)；

t_1——换挡时间(s)(推土机采用不调头的作业方法时，需在运行路线两头停下换挡即起步，$t_1 = 4 \sim 5$ s)；

t_2——放下推土板(下刀)的时间(s)($t_2 = 1 \sim 2$ s)；

t_3——推土机采用调头作业方法的转向时间(s)($t_3 = 10$ s，采用不调头作业方法时，$t_3 = 0$)；

s_1——铲土距离(m)(一般土质 $s_1 = 6 \sim 10$ m)；

s_2——运土距离(m)；

v_1、v_2、v_3——铲土、运土和返回时的行驶速度(m/s)。

当推土机进行侧铲连续作业时，与平地机的作业方法相似，其生产率可参照平地机生产率公式进行计算。

2)推土机平整场地时的生产率 Q_2 计算公式为

$$Q_2 = \frac{3\ 600L(l\sin\varphi - b)k_B H}{n\left(\dfrac{L}{v} + t_n\right)}(\text{m}^3/\text{h})$$

式中　L——平整地段长度(m)；

l——推土板长度(m)；

n——在同一地点上的重复平整次数；

v——推土机运行速度(m/s)；

b——两相邻平整地段重叠部分宽度，$b = 0.3 \sim 0.5$ m；

φ——推土板水平回转角度(°)；

t_n——推土机转向时间(s)。

(2)提高生产率的措施。决定推土机生产率高低的因素包括人的因素、机械的技术性能状况、司机的操作技能、施工组织和管理水平面的高低等。若要提高推土机的生产率，应考虑两个方面：一方面考虑如何使每次推土能达到机械的设计能力，即达到或者超过铲刀的几何容积；另一方面则要根据施工对象采用正确的施工组织，以缩短每一工作循环所用的时间，从而增加每小时的循环次数，具体措施如下：

1)加强机械的维护保养，使推土机经常保持良好状态。

2)要提高生产率，首先应缩短推土机作业的循环时间，提高时间利用系数，减少辅助时间，加快作业循环。为了缩短一个循环作业的时间，推土机在铲土时应充分利用发动机的功率以缩短铲土距离，合理选择运距，使送土和回程距离最短，并尽量创造下坡铲土的条件；此外，应提前为下道工序做好准备，尽量做到有机配合。

3)正确地进行施工组织，合理选择机型，以免使用不当而不能发挥机械效能。另外，在施工中对各种施工条件采用正确合理的操作方法，遇到硬土时，用松土机预先松土，或在铲土刀后面加装钢齿，在倒退时进行松土。

4)为了减少土壤漏损，推送时应采用土槽、土埂或并列推送方式，这样不仅可提高送土效率，也可增大铲刀前土堆的体积。土质松软时，可将铲刀两侧的挡土板加长，提高铲刀前的堆土量。

5)正确选择运行路线，尽量利用下坡推土，或分批集中，一次推送。

四、推土机的合理选择

土石方工程条件复杂，根据推土机的技术性能和土石方工程条件选择有效的施工措施和先进的施工方法和合理的推土机机型，充分发挥推土机的功能，以利于土石方工程的施工。推土机的类型选择，主要考虑以下几个方面情况：

(1)土石方量大小。土石方量大而且集中时，应选用大型推土机；土石方量小而且分散时，应选用中、小型推土机，土质条件允许的可选用轮胎式推土机。

(2)土壤性质。一般推土机均适合Ⅰ、Ⅱ级土壤施工或Ⅲ、Ⅳ级土壤预松后施工。如土壤比较密实、坚硬，或冬期冻土，应选用液压式重型推土机或带松土齿推土机；如果土壤属潮湿软泥，最好选用宽履带式推土机。

(3)施工现场。在危险地带作业，如有条件可采用自动化推土机。在修筑半挖半填的傍山坡道时，最好选用回转式推土机；在严禁有噪声的地方施工时，应选用低噪声推土机；在水下作业时，可选用水下推土机；高原地区则应选择高原型推土机等。

(4)作业要求。根据施工作业的各种要求，为减少投入现场机械的台数和提高机械化作业的范围，最好选用具有多种功能的推土机施工作业。

另外，还应考虑其整个施工的经济性。施工单位只有对土石方成本进行计算，才能决定出施工机械的使用费和机械生产率，选择推土机型号时，应初选两种或两种以上的机械，经过计算比较，选择土石方成本最低的推土机。对于租用的推土机，土石方成本可按合同规定的定额标准计算。

五、推土机作业方法

推土机开挖的基本作业是铲土、运土和卸土三个工作行程和空载回驶行程。铲土时应根据土质情况，尽量采用最大切土深度在最短距离(6~10 m)内完成，以便缩短低速运行时间，然后直接推运到预定地点。回填土和填沟渠时，铲刀不得超出土坡边沿。上坡、下坡的坡度不得超过35°，横坡不得超过10°。几台推土机同时作业时，前后距离应大于8 m。

(1)下坡推土法。在斜坡上，推土机顺下坡方向切土与堆运(图4-14)，借机械向下的重力作用切土，增大切土深度和运土数量，可提高生产率30%~40%，但坡度不宜超过15°，避免后退时爬坡困难。

(2)槽形推土法。推土机重复多次在一条作业线上切土和推土，使地面逐渐形成一条沟槽(图4-15)，再反复在沟槽中进行推土，以减少土从铲刀两侧漏散，可增加10%~30%的推土量。槽的深度以1 m左右为宜，槽与槽之间的土坑宽约50 m。

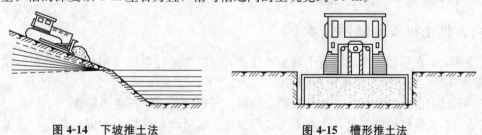

图4-14 下坡推土法　　　　　　　图4-15 槽形推土法

应在运距较远、土层较厚时使用这种方法。

(3)并列推土法。用2台或3台推土机并列作业(图4-16)，以减少土体漏失量。铲刀相距15~30 cm，一般采用两机并列推土，可增大推土量15%~30%。大面积场地平整及运送土时应使用这种方法。

(4)分堆集中，一次推送法。 在硬质土中，切土深度不大，将土先积聚在一个或数个中间点，然后再整批推送到卸土区，使铲刀前保持满载(图4-17)。使用这种方法，堆积距离不宜大于30 m，推土高度以2 m内为宜。这种方法能提高生产效率15％左右。运送距离较远而土质又比较坚硬，或长距离分段送土时采用这种方法。

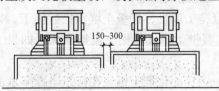

图4-16　并列推土法

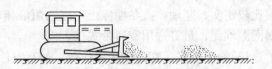

图4-17　分堆集中，一次推送法

(5)斜角推土法。 将铲刀斜装在支架上或水平放置，并与前进方向成一倾斜角度(松土为60°，坚实土为45°)进行推土(图4-18)。这种方法可减少机械来回行驶，提高效率，但推土阻力较大，需较大功率的推土机，管沟推土回填、垂直方向无倒车余地或在坡脚及山坡下推土时适用。

(6)"之"字斜角推土法。 推土机与回填的管沟或洼地边缘成"之"字或一定角度推土(图4-19)。这种方法可减少平均负荷距离和改善推集中土的条件，并可使推土机转角减少一半，可提高台班生产率，但需较宽的运行场地，回填基坑、槽、管沟时适用。

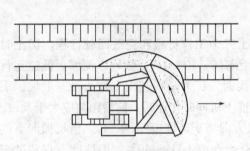

图4-18　斜角推土法

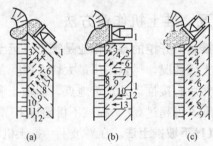

图4-19　"之"字、斜角推土法

(a)、(b)"之"字推土法；(c)斜角推土法

(7)铲刀附加侧板法。 运送疏松土壤且运距较大时，可在铲刀两边加装侧板，增加铲刀前的土方体积和减少推土漏头量。

六、推土机安全使用技术

(1)推土机在坚硬土壤或多石土壤地带作业时，应先进行爆破或用松土器翻松。在沼泽池地带作业时，应更换专用湿地履带板。

(2)不得用推土机推石灰、烟灰等粉尘物料，不得进行碾碎石块的作业。

(3)牵引其他机构设备时，应有专人负责指挥。钢丝绳的连接应牢固可靠。在坡道或长距离牵引时，应采用牵引杆连接。

(4)作业前应重点检查下列项目，并应符合相应要求：

1)各部件不得松动，应连接良好；

2)燃油、润滑油、液压油等应符合规定；

3)各系统管路不得有裂纹或泄露；

4)各操纵杆和制动踏板的行程、履带的松紧度或轮胎气压应符合要求。

(5)启动前，应将主离合器分离，各操纵杆放在空挡位置，并应按照规定启动内燃机，不得用拖、顶方式启动。

(6)启动后应检查各仪表指示值、液压系统，并确认运转正常，当水温达到 55 ℃、机油温度达到 45 ℃时，全载和作业。

(7)推土机机械四周不得有障碍物，并且确认安全后开动，工作时不得有人站在履带或刀片的支架上。

(8)采用主离合器传动的推土机结合应平稳，起步不得过猛，不得使离合器处于半接合状态下运转；液力传动的推土机，应先解除变速杆的锁紧状态，踏下减速器踏板，变速杆应在低挡位，然后缓慢释放减速踏板。

(9)在块石路面行驶时，应将履带张紧。当需要原地旋转或急转弯时，应采用低速挡。当行走机构夹入块石时，应采用正、反向往复行驶使块石排除。

(10)在浅水地带行驶或作业时，应查明水深，冷却风扇叶不得解除水面。下水前和出水后，应对行走装置加注润滑脂。

(11)推土机上、下坡或超过障碍物时应采用低速挡。推土机上坡坡度不得超过 25°，下坡坡度不得大于 35°，横向坡度不得大于 10°。在 25°以上的陡坡上不得横向行驶，并不得急转弯。上坡时不得换挡，下坡不得空挡滑行。当需要在陡坡上推土时，应先进行填挖，使机身保持平衡。

(12)在上坡途中，当内燃机突然熄灭时，应立即放下铲刀，并锁住制动踏板。在推土机停稳后，将主离合器脱开，把变速杆放到空挡位置，并应用木块将履带或轮胎撑死后，重新启动内燃机。

(13)下坡时，当推土机下行速度大于内燃机传动速度时，转向操纵的方向应与平地行走时操纵的方向相反，并不得使用制动器。

(14)填沟作业驶近边坡时，铲刀不得越出边缘。后退时，应先换挡，后提升铲刀进行倒车。

(15)在深沟、基坑或陡坡地区作业时，应有专人指挥，垂直边坡高度应小于 2 m。当大于 2 m 时，应放出安全边坡，同时禁止推土刀侧面推土。

(16)推土或松土作业时，不得超载，各项操作应缓慢平稳，不得损坏铲刀、推土架、松土器的装置；无液力变矩器装置的推土机，在作业中有超载趋势时，应稍微提升刀片或变换低速挡。

(17)不得顶推与地基基础连接的钢筋混凝土桩等建筑物。顶推树木等物体不得倒向推土机及高空架设物。

(18)两台以上推土机在同一地区作业时，前后距离应大于 8.0 m；左右距离应大于 1.5 m。在狭窄道路上行驶时，未得前机同意，后机不得超越。

(19)作业完毕后，宜将推土机开到平坦安全的地方，并应将铲刀、松土器落到地面。在坡道上停机时，应将变速杆挂低速挡，接合主离合器，锁住制动踏板，并将履带或轮胎撑住。

(20)停机时，应先降低内燃机转速，变速杆放在空挡，锁紧液力传动的变速杆，分开主离合器，踏下制动踏板并锁紧，在水温降到 75 ℃以下、油温降到 90 ℃以下后熄火。

推土机常见
故障诊断与排除

(21)推土机长途转移工地时，应采用平板拖车装运。短途行走转移距离不宜超过10 km，铲刀距离地面宜为400 mm，不得用高速挡行驶和进行急转弯，不得长距离倒退行驶。

(22)在推土机下面检修时，内燃机应熄火，铲刀应落到地面或垫稳。

第四节　铲运机

铲运机是一种能综合完成全部土方施工工序（挖土、装土、运土、卸土、平土和压土）的机械，适用于中等距离运土。 在大型建筑工程中，它被用于开挖土方、挖掘基坑、平整场地等工作中，具有较高的工作效率和经济性，其应用范围与地形条件、场地大小、运土距离等有关。铲削Ⅲ级以上土壤时，需要预先松土。选用哪种铲运机主要取决于运距、物料特性、道路状况，其中经济适用运距及作业的阻力是选用铲运机的主要依据。

一、铲运机分类及特点

(1)铲运机分类。铲运机主要根据斗容量大小、卸载方式、装载方式、行走机构、动力传递及操作方式的不同进行分类。

1)按斗容量大小分：小型<5 m^3，中型$>5\sim15$ m^3，大型$>15\sim30$ m^3，特大型>30 m^3。

2)按卸载方式分：自由式、半强制式和强制式三种。

3)按装载方式分：普通式、升运式等。

4)按行走机构分：拖式、自行式等。

5)按动力传递分：机械、电力、液压等。

6)按操作方式分：机械、液压两种。

(2)铲运机特点。由于铲运机集铲、运、卸、铺、平整于一体，因而在土方工程的施工中比推土机、装载机、挖掘机、自卸汽车联合作业具有更高的效率与经济性。在合理的运距内一个台班完成的土方量，相当于一台斗容量为 1 m^3 的挖掘机配以四辆载重 10 t 的自卸车共完成 5 名司机完成的土方量。

二、铲运机构造与工作原理

建筑工程中常用的铲运机为拖式铲运机和自行式铲运机。 其构造如图 4-20 和图 4-21 所示。

拖式铲运机一般都是用履带式拖拉机作为牵引装置，它主要由铲斗、拖杆、辕架、尾架、钢丝绳操作机构和行走机构等组成。铲斗是铲运机的主体结构，铲斗的前下缘还安装有 4 片切土的刀片，中间两片稍突出些，以减小铲土作业中的阻力。斗体后部为横梁，前部是一根"象鼻"形的曲梁，梁端与辕架横梁借助万向联轴节连接。这种结构形式的主要优点是不必另外再安装机架，所以，这种铲运机的工作装置中是没有机架的。拖杆是一根"T"形组合体，一端连接铲土斗，另一端则与拖拉机相连接。组合体包括拖杆、拖杆横梁和牵

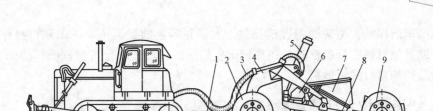

图 4-20　CTY2.5 型拖式铲运机构造示意

1—拖杆；2—前轮；3—油管；4—辕架；5—工作油缸；
6—斗门；7—铲斗；8—机架；9—后轮

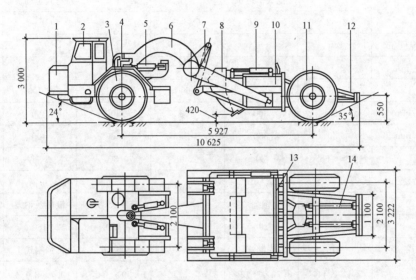

图 4-21　CL7 型自行式铲运机外形尺寸与构造示意

1—发动机；2—单轴牵引车；3—前轮；4—转向支架；5—转向液压缸；
6—辕架；7—提升油缸；8—斗门；9—斗门油缸；10—铲斗；
11—后轮；12—尾架；13—卸土板；14—卸土油缸

挂装置等。行走机构由带有两根半轴的两个后轮和带有一根前轴的两个前轮组成，车轮都是充气的橡胶轮胎，它们各借助于滚动轴承安装在轴颈上。钢丝绳操作机构由提斗钢丝绳、卸土钢丝绳、拖拉机后部的绞盘、斗门钢丝绳和蜗形器等组成。操作系统在作业中可分别控制铲斗的升降、斗门的开启和关闭以及强制卸土板的前移。卸土板的复位靠蜗形器操作；卸土绳、轮系安装在尾架上。在尾架的尾部设有垂直的销孔，用来连挂另一个铲土斗或拖动其他机械进行联合作业。

　　自行式铲运机由专用基础车和铲斗两大部分组成。基础车为铲运机的动力牵引装置，由柴油发动机、传动系统、转向系统和车架等组成，这些装置都安装在中央框架上。铲斗是铲运机的主要构造部分，其形式与拖式铲运机的铲斗基本相同。由于自行式铲运机的机型和铲斗的容量都较大，作业中不易自由卸土，所以，多为强制式卸土形式。液压操作的自行式铲运机，其铲斗的升降、斗门的启闭和卸土板的移动，都是由各自的双作用油缸进行操作，这些油缸分别安装在铲斗的前端、后部和两侧。为保证铲运机作业中的有效制动，还安装了 4 个车轮的液压或气压制动系统。自行式铲运机整机驱动和液压系统的动力都由安装在基础车前端的大型柴油内燃机提供，大铲斗容量的铲运机，考虑到自身作业的需要而又不借助其他机械实行助铲时，还在铲运机的前后各安装一台可分别操作的柴油内燃机，形成前后驱动的自行式铲运机。

三、铲运机技术性能参数与生产率

1. 铲运机技术性能参数

常用铲运机型号及技术性能参数见表 4-10。

表 4-10 常用铲运机型号及技术性能参数

项 目	拖式铲运机			自行式铲动机		
	C6～2.5	C5～6	C3～6	C3～6	C4～7	CL7
铲斗：几何容量/m³	2.5	6	6～8	6	7	7
堆尖容量/m³	2.75	8	—	8	9	9
铲刀宽度/mm	1 900	2 600	2 600	2 600	2 700	2 700
切土深度/mm	150	300	300	300	300	300
铺土厚度/mm	230	380	—	380	400	—
铲土角度/(°)	35～68	30	30	30		
最小转弯半径/m	2.7	3.75			6.7	
操作形式	液压	钢绳	—	液压及钢绳	液压及钢绳	液压
功率/hp	60	100		120	160	180
卸土方式	自由	强制式		强制式	强制式	—
外形尺寸(长×宽×高)/m	5.6×2.44×2.4	8.77×3.12×2.54	8.77×3.12×2.54	10.39×3.07×3.06	9.7×3.1×2.8	9.8×3.2×2.98
质量/t	2.0	7.3	7.3	14	14	15

2. 铲运机生产率

(1)铲运机生产率的计算。铲运机的生产率计算公式为

$$Q_c = \frac{60Vk_Hk_B}{t_Tk_s}(\text{m}^3/\text{h})$$

$$t_T = \frac{L_1}{v_1} + \frac{L_2}{v_2} + \frac{L_3}{v_3} + \frac{L_4}{v_4} + nt_1 + 2t_2$$

式中　V——铲斗的几何容积(m³)；

　　　k_H——铲斗充满系数(表 4-11)；

　　　k_B——时间利用系数(0.75～0.8)；

　　　k_s——土的松散系数(表 4-12)；

　　　t_T——铲运机每一工作循环所用的时间(min)；

　　　L_1、L_2、L_3、L_4——铲土、运土、卸土、回驶的行程(m)；

　　　v_1、v_2、v_3、v_4——铲土、运土、卸土、回驶的速度(m/min)；

　　　t_1——换挡时间(min)；

t_2——每循环中始点和终点转向用的时间(min)；

n——换挡次数。

表 4-11 铲斗充满系数

土的种类	充满系数	土的种类	充满系数
干 砂	0.6~0.7	砂土与黏性土(含水量4%~6%)	1.1~1.2
湿砂(含水量12%~15%)	0.7~0.9	干 黏 土	1.0~1.1

表 4-12 土的松散系数

土的种类和等级		土的松散系数		土的种类和等级		土的松散系数	
		标准值	平均值			标准值	平均值
Ⅰ	植物性以外的土	1.08~1.17	1.0	Ⅳ	—	1.24~1.30	1.25
Ⅱ	植物土、泥炭黑土	1.20~1.30	1.0	Ⅴ	除软石灰外	1.26~1.32	1.30
Ⅲ	—	1.4~1.28	1.0	Ⅵ	软石灰石	1.33~1.37	1.30

（2）提高铲运机生产率的措施。

1）下坡铲土。 利用机械重力的水平分力来加大切土深度和缩短铲土时间，但纵坡不得超过 250 m，横坡不大于 50 m，铲运机不能在陡坡上急转弯，以免翻车。

2）挖近填远，挖远填近。 挖土先从距离填土区最近一端开始，由近而远；填土则从距离挖土区最远一端开始，由远而近。这样，既可使铲运机始终在合理的运距内工作，又可创造下坡铲土的条件。

3）推土机助铲。 在较坚硬的土层中用推土机助铲，可加大铲刀切削力、切土深度和铲土速度。助铲间歇，推土机可兼作松土、平整工作。

4）双联铲运法。 当拖式铲运机的动力有富余时，可在拖拉机后面串联两个铲斗进行双联铲运。对坚硬土层，可用双联单铲，即一个土斗铲满后，再铲另一个土斗；对松软土层，则可用双联双铲。

5）挂大斗铲运。 在土质松软地区，可改挂大型铲土斗，以充分利用拖拉机的牵引力来提高工效。

6）跨铲法。 预留土埂，间隔铲土，以减少土壤散失；铲除土埂时，又可减小铲土阻力，加快速度。

四、铲运机的合理选择

根据使用经验，影响铲运机生产效能的工程因素主要有土壤性质、运距长短、施工期限、现场情况、当地条件、土方量大小及气候等，因此可按这些因素合理选择机型。

1. 按土壤性质选择

（1）当土方工程为Ⅰ、Ⅱ类土壤时，选择各类铲运机均可；若为Ⅲ类土壤，则可选择重型的履带式铲运机；若为Ⅳ类土壤，则首先进行翻松，然后选择一般的铲运机。

（2）当土壤的含水量在 25% 以下时，采用一般的铲运机即可；如施工现场多软泥或沙地，则必须选择履带式铲运机；如土壤湿度较大或在雨期施工，应选择强制式或半强制式的履带式铲运机。由于土壤的性质和状况可因气候等自然条件而变化，也可因人为的措施而改变，因此，选择铲运机时应综合考虑其施工条件及施工方法。

2. 按运土距离选择

(1)当运距小于 70 m 时，铲运机的性能不能充分发挥，可选择推土机运土。

(2)当运距为 70～300 m 时，可选择小型(斗容量在 6 m³ 以下)铲运机，其经济运距为 100 m 左右。

(3)当运距为 300～800 m 时，可选择中型(斗容量为 6～10 m³)铲运机，其经济运距为 500 m 左右。

(4)当运距为 800～3 000 m 时，可选择轮胎式的大型(斗容量为 10～25 m³)自行式铲运机，其经济运距为 1 500～2 500 m。

(5)当运距为 3 000～5 000 m 时，可选择特大型(斗容量为 25 m³ 以上)自行轮胎式铲运机，其经济运距为 3 500～4 000 m。同时，也可以选择挖装机械和自卸汽车运输配合施工，但是均应进行比较和经济分析，最后选择机械施工成本最低的施工设备。

3. 按土方数量选择

在正常情况下，土方量较大的工程会选择大、中型铲运机，因为大、中型铲运机的生产能力大，施工速度较快，能充分发挥机械化施工的特长，缩短工期，降低工程成本，保质保量地完成施工。对小量或零散的土方工程，可选择小型的铲运机施工。

4. 按施工地形选择

利用下坡铲装和运输可提高铲运机的生产率，适合铲运机作业的最佳坡度为 7°～8°，坡度过大不利于装斗。因此，铲运机适用于从路旁两侧取土坑的土来填筑路堤(高 3～8 m)或两侧弃土挖深 3～8 m 路堑的作业。纵向运土路面应平整，纵坡度不应小于 5°。铲运机适用于大面积场地平整作业，铲平大土堆，以及填挖大型管道沟槽和装运河道土方等工程。

5. 按铲运机种类选择

双发动机铲运机可提高功率近一倍，并具有加速性能好、牵引力大、运输速度快、爬坡能力强、可在较恶劣地面条件下施工等优点，但其投资大，铲运机的质量要增加 10％～43％，折旧和运转费用增加 27％～33％。所以，只有在单发动机铲运机难以胜任的工程条件下，双发动机铲运机才会具有较好的经济效果。

五、铲运机的作业方法

(一)选择开行路线

铲运机的基本作业包括铲土、运土和卸土三个工作行程(图 4-22)和一个空载回驶行程。在施工中，由于挖填区的分布情况不同，为了提高生产效率，应根据不同的施工条件(工程大小、运距长短、土的性质和地形条件等)选择合理的开行路线和施工方法。

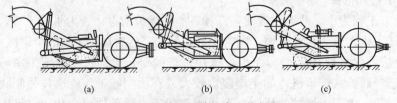

(a)   (b)   (c)

图 4-22　铲运机的三个工作行程

(a)铲土；(b)运土；(c)卸土

1. 椭圆形开行路线

从挖方到填方按椭圆形路线回转[图 4-23(a)]。作业时应常调换方向行驶，以避免机械行驶部分的单侧磨损。这种开行路线适用于长度在 100 m 内，填土高度在 1.5 m 内的路堤、路堑及基坑开挖、场地平整等工程采用。

2. "8"字形开行路线

装土、运土和卸土时按"8"字形运行，一个循环完成两次挖土和卸土作业[图 4-23(b)]。装土和卸土沿直线开行时进行，转弯时刚好把土装完或倾卸完毕，但两条路线间的夹角 α 应小于 $60°$。这种开行路线可减少转弯次数和空车行驶距离，提高生产率，同时一个循环中两次转变方向不同，可避免机械行驶部分单侧磨损，适用于开挖管沟、沟边卸土或取土地坑较长（300～500 m）的侧向取土、填筑路基以及场地平整等工程。

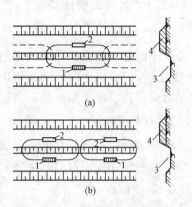

图 4-23　椭圆形及"8"字形开行路线

(a)椭圆形开行路线；(b)"8"字形开行路线
1—铲土；2—卸土；3—取土坑；4—路堤

3. 大环形开行路线

从挖方到填方铲运机均按封闭的环形路线回转。当挖土和填土交替，而刚好填土区在挖土区的两端时，可采用大环形开行路线[图 4-24(a)]，其优点是一个循环能完成多次铲土和卸土，减少铲运机的转弯次数，提高生产效率。这种开行路线也应常调换方向行驶，以避免机械行驶部分的单侧磨损，适用于工作面很短（50～100 m）和填方不高（0.1～1.5 m）的路堤、路堑、基坑以及场地平整等工程。

4. 连续式开行路线

连续式开行路线是铲运机在同一直线段连续地进行铲土和卸土作业[图 4-24(b)]。这种开行路线可消除空车现象，减少转弯次数，提高生产效率，同时，还可使整个填方面积得到均匀压实，适用于大面积场地平整填方和挖方轮次交替出现的地段。

5. 螺旋形开行路线

铲运机呈螺旋形开行，每一循环装卸土两次（图 4-25）。这种开行路线可提高工效和压实质量，适用于填筑很宽的堤坝或开挖很宽的基坑、路堑。

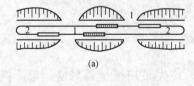

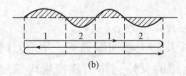

图 4-24　大环形及连续式开行路线

(a)大环形开行路线；(b)连续式开行路线
1—铲土；2—卸土

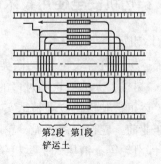

第2段　第1段
铲运土

图 4-25　螺旋形开行路线

(二)铲运施工操作要点

1. 铲土过程

铲土时卸土板在铲斗体的最后位置，牵引车挂一挡，全开斗门，随着装土阻力的增加逐渐加大油门。铲土时，铲运机应保持直线行驶，并应始终保持助铲机的推力与铲运机行驶的方向一致。应尽量避免转弯铲土或在大坡度上横向铲土。

2. 运土过程

铲斗装满后运往卸土地点，此时应尽量降低车辆重心，增加行驶的平稳性和安全性，一般不宜将铲斗提得过高。运输时应根据道路情况尽可能选择适当的车速。

3. 卸土过程

铲运机运到卸载地点后，应将斗门打开，卸土板前移将铲斗内土壤卸出。如果需要分层铺筑路基，应先将铲斗下降到所需铺填高度，选择适当车速（一挡或二挡），打开斗门，通过卸土板将土推出。此时，卸土板前移速度应与车辆前进速度相配合，从而使土壤连续卸出。

4. 返回过程

卸土完毕后，提升铲斗，卸土板复位，并根据路面情况尽量选择高速挡返回到铲土作业区段。为了减少辅助时间，铲运斗各机构的操作可在回程中进行。

为提高其工作效率，目前也有新的施工方法，铲运机运土时所需牵引力较小，当下坡铲土时，可将两个铲斗前后串在一起，一起一落依次铲土、装土（称为双联单铲）（图4-26），可提高工效 20%～30%。当地面较平坦时，两个铲斗同时起落，同时进行铲土，又同时起斗开行（称为双联双铲），可提高工效约 60%。

图4-26　双联单铲法

六、铲运机安全使用技术

1. 铲运机安全使用技术

(1)铲运机在符合表4-13的四类土壤作业时，应先采用松土器翻松。铲运机作业区内应无树根、树桩、大的石块和过多的杂草等。

(2)铲运机行驶道路应平整结实，路面比机身应宽出 2 m。

(3)作业前，应检查钢丝绳、轮胎气压、铲土斗及卸土板回缩弹簧、拖把万向接头、撑架以及各部滑轮等；液压式铲运机铲斗与拖拉机连接的叉座与牵引连接块应锁定，各液压管路连接应可靠，确认正常后方可启动。

(4)开动前，应使铲斗离开地面，机械周围应无障碍物，确认安全后方可开动。

(5)作业中，严禁任何人上下机械，传递物件，以及在铲斗内、拖把或机架上坐或立。

表 4-13　土壤分类表

土壤类别	名　称	天然含水量下平均质量密度 /(kg·m⁻³)	相当于普氏系数 f	现场鉴别方法
一类	砂	1 500	0.5~0.6	用锹，少许用脚蹬可挖掘。铲运机铲土时间短，容易装满斗
	黏质砂土	1 600		
	种植土	1 200		
	冲积砂土层	1 650		
	泥炭	600		
二类	砂质黏土和黄土	1 600	0.6~0.8	
	轻盐土和碱土	1 600		
三类	中等密实的砂质黏土和黄土	1 800	0.8~1.0	可挖掘，铲运机铲土时间较长，可以装满斗
	含有碎石、卵石或工程垃圾的松散土	1 900		
	压实的填筑土	1 900		
	黏土	1 900		
	轻微胶结的砂	1 700		
	天然湿度含砾石、石子(占15%以内)等杂质黄土	1 800		
四类	坚硬重质黏土	1 950	1.0~1.5	全部用镐挖掘，少许需用撬棍撬松。铲运土时间长，装不满斗，有时需要用助铲或松土机
	板状黄土和黏土	2 000		
	密度硬化后的重盐土	1 800		
	高岭土、干燥变硬的观音土	1 500		
	松散风化的片岩、砂岩或软页岩	1 950		
	含有碎石、卵石(30%以内)中等密实的黏性土或黄土	1 950		
	天然级配砂石	1 950		

(6)多台铲运机联合作业时，各机之间的前后距离不得小于 10 m(铲土时不得小于 5 m)，左右距离不得小于 2 m。行驶中，应遵守下坡让上坡、空载让重载、支线让干线的原则。

(7)在狭窄地段运行时，未经前机同意，后机不得超越。两机交会或超越平行时应减速，两机间距不得小于 0.5 m。

(8)铲运机上、下坡道时，应低速行驶，不得中途换挡，下坡时不得空挡滑行，行驶的横向坡度不得超过 6°，坡宽应大于机身 2 m 以上。

(9)在新填筑的土堤上作业时，距离堤坡边缘不得小于 1 m。需要在斜坡横向作业时，应先将斜坡挖填，使机身保持平衡。

(10)在坡道上不得进行检修作业。在陡坡上严禁转弯、倒车或停车。在坡上熄火时，应将铲斗落地，制动牢固后可再次启动。下陡坡时，应将铲斗触地行驶，帮助制动。

(11)铲土时，铲土与机身应保持直线行驶。助铲时应有助铲装置，应正确掌握斗门开启的大小，不得切土过深。两机动作应协调配合，做到平稳接触，等速助铲。

(12)在下陡坡铲土时，铲斗装满后，在铲斗后轮未到达缓坡地段前，不得将铲斗提离地面，应防铲斗快速下滑冲击主机。

(13)在凹凸不平地段行驶转弯时，应放低铲斗，不得将铲斗提升到最高位置。

(14)拖拉陷车时，应有专人指挥，前后操作人员应协调，确认安全后方可起步。

(15)作业后，应将铲运机停放在平坦地面，并应将铲斗落在地面上。液压操作的铲运机应将液压缸缩回，将操作杆放在中间位置，进行清洁、润滑后，锁好门窗。

(16)非作业行驶时，铲斗必须用锁紧链条挂牢在运输行驶位置上，机上任何部位均不得载人或装载易燃、易爆物品。

(17)修理斗门或在铲斗下检修作业时，必须将铲斗提起后用销子或锁紧链条固定，再用垫木将斗身顶住，并用木楔揳住轮胎。

2. 自行式铲运机

(1)自行式铲运机的行驶道路应平整坚实，单行道宽度不应小于 5.5 m。

(2)多台铲运机联合作业时，前后距离不得小于 20 m(铲土时不得小于 10 m)，左右距离不得小于 2 m。

(3)作业前，应检查铲运机的转向和制动系统，并确认其灵敏可靠。

(4)铲土或在利用推土机助铲时，应随时微调转向盘，铲运机应始终保持直线前进。不得在转弯情况下铲土。

(5)下坡时不得空挡滑行，应踩下制动踏板辅以内燃机制动，必要时可放下铲斗，以降低下滑速度。

(6)转弯时应采用较大回转半径低速转向，不得过猛操作转向盘；当重载行驶或在弯道上、下坡时，应缓慢转向。

(7)不得在大于 15°的横坡上行驶，也不得在横坡上铲土。

(8)沿沟边或填方边坡作业时，轮胎距离路肩不得小于 0.7 m，并应放低铲斗，降速缓行。

(9)在坡道上不得进行检修作业。在坡道上熄火时，应立即制动，下降铲斗，把变速杆放在空挡位置，然后方可启动内燃机。

(10)穿越泥泞或软地面时，铲运机应直线行驶，当一侧轮胎打滑时，可踏下差速器锁止踏板。当离开不良地面时，应停止使用差速器锁止踏板。不得在差速器锁止时转弯。

铲运机、装载机、推土机、挖掘机的区别

(11)夜间作业时，前后照明应齐全完好，前大灯应能照至 30 m；当对方来车时，应在 100 m 以外将大灯光改为小灯光，并低速靠边行驶。

第五节　平地机

平地机是一种功能多、效率高的工程机械，适用于公路、铁路、矿山、机场等大面积的场地平整作业，还可进行轻度铲掘、松土、路基成形、边坡修整、浅沟开挖及铺路材料的推平成形等作业。

一、平地机分类

(1)按发动机功率分类：56 kW 以下的为轻型平地机；56～90 kW 的为中型平地机；90～149 kW 的为重型平地机；149 kW 以上的为超重型平地机。

(2)按机架结构形式分类：整体机架式平地机(图 4-27)和铰接机架式平地机(图 4-28)。整体式机架是将后车架与弓形前车架焊接为一体，车架的刚度好，转弯半径较大。铰接式机架是将后车架与弓形前车架铰接在一起，用液压缸控制其转动角，转弯半径小，有更好的作业适应性。

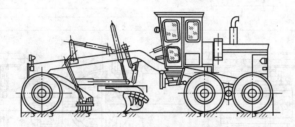

图 4-27　PY160 型平地机(整体机架式)

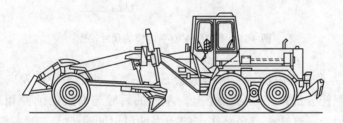

图 4-28　PY180 型平地机(铰接机架式)

二、平地机构造与工作原理

平地机由传动系统、制动系统、转向系统、液压系统、电气系统、前后桥及工作装置组成。图 4-29 所示为 PY160A 型平地机的尺寸简图。

工作装置由铲刀(平土刀)、回转圈和牵引架组成。铲刀可根据作业要求，在液压双作用油缸的操作下做出左、右侧升降，沿基础车轴线左、右伸出机身外，沿地面倾翻，随回转圈在水平面内回转等调整动作。悬挂在铲刀前面的齿耙是用来松土、去杂物的精助工作装置，它由专用的齿耙升降油缸进行操作。当铲刀转到与基础车纵轴线成一定的角度(此角称铲土角)并下降至其一侧或两侧触地，随平地机前进，铲刀一边或全长就铲下土壤，被铲下来的土壤沿着铲刀侧移，侧向卸土，这就是平地机在做前进推土的同时，还要做侧向移土或侧向开挖(刮坡)的作业过程。

前桥驱动转向由方向盘通过液压助力来使前轮转向。后驱动桥上装有前后两对驱动车轮，它由后桥中央的传动装置分配给左、右传动半轴和链传动(或齿轮传动)的平衡传动箱来使两对车轮同步行驶。前后桥上都装有差速器和制动器。

机械在正常行驶中，后桥一般是不转向的，只是在小弯道上作业时，为了减小转弯半径，后桥上的两对驱动轮可由液压操作，随着后桥壳体进行整体转向。

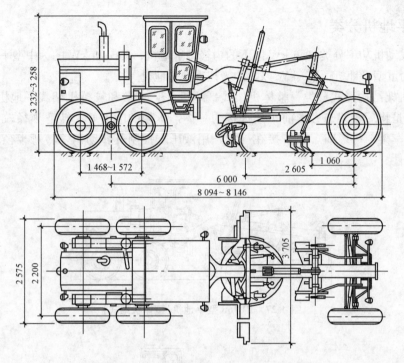

图 4-29　PY160A 型平地机的尺寸简图

图 4-30 所示为平地机后桥转向机构示意图。左、右两个平卧的换向油缸的缸体都铰接在机架上，活塞杆分别铰接在后桥壳上。左缸的后腔与右缸的前腔相通，右缸的后腔又与左缸的前腔相通，这样，自多路阀来的压力油可以同时进入左、右油缸的前腔或左、右油缸的后腔，从而使一边活塞伸出，而另一边活塞缩回，以两缸中的油压共同驱动后桥转向。

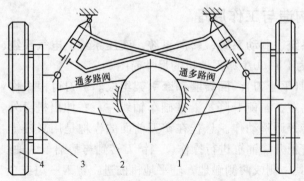

图 4-30　平地机后桥转向机构示意

1—后桥转向液压缸；2—后桥壳；3—平衡传动箱；4—后轮

三、平地机技术性能参数与生产率

1. 平地机技术性能参数

国内几种平地机型号及主要技术性能参数见表 4-14。

表 4-14　平地机型号及主要技术性能参数

型　号		PY180	PY160B	PY160A
外形尺寸/(mm×mm×mm)(长×宽×高)		10 280×3 965×3 305	8 146×2 575×3 340	8 146×2 575×3 258
总质量(带耙子)/kg		15 400	14 200	14 700
发动机	型号	6110Z-2J	6135K-10	6135K-10
	功率/kW	132	118	118
	转速/(r·min⁻¹)	2 600	2 000	2 000
铲刀	铲刀尺寸(长×高)/mm	3 965×610	3 660×610	3 705×555
	最大提升高度/mm	480	550	540
	最大切土深度/mm	500	490	500
	侧伸距离/mm	左 1 270右 2 250	—	1 245(牵引架居中)
	铲土角	36°～60°	40°	30°～65°
	水平回转角	360°	360°	360°
	倾斜角	90°	90°	90°
工作装置操作方式		液压式	液压式	液压式
耙子	松土宽度/mm	1 100	1 145	1 240
	松土深度/mm	150	185	180
	提升高度/mm	—	—	380
	齿数/个	6	6	5
液压系统	齿轮液压泵型号	—	CBGF1032	CBF-E32
	额定压力/MPa	18.0	15.69	16.0
	系统工作压力/kPa	—	—	12 500
最小转弯半径/mm		7 800	8 200	7 800
爬坡能力		20°	20°	20°
传动系统	传动系统形式	液力机械	液力机械	液力机械
	液力变矩器变矩系数	—	—	≥2.8
	液力变矩器传动比	—	—	—
行驶速度	一挡(后退)/(km·h⁻¹)		4.4	4.4
	二挡(后退)/(km·h⁻¹)		15.1	15.1
	一挡(前进)/(km·h⁻¹)	0～4.8	4.3	4.3
	二挡(前进)/(km·h⁻¹)	0～10.1	7.1	7.1
	三挡(前进)/(km·h⁻¹)	0～10.2	10.2	10.2
行驶速度	四挡(前进)/(km·h⁻¹)	0～18.6	14.8	14.8
	五挡(前进)/(km·h⁻¹)	0～20.0	24.3	24.3
	六挡(前进)/(km·h⁻¹)	0～39.4	35.1	35.1

型　　号		PY180	PY160B	PY160A
车轮及轮距	车轮形式	3×2×3	3×2×3	3×2×3
	轮胎总数	6	6	6
	轮胎规格	17.5—25	14.00—24	14.00—24
	前轮倾斜角	±17°	±18°	左右各18°
	前轮充气压力/kPa	—	—	260
车轮及轮距	后轮充气压力/kPa	—	254.8	260
	轮距/mm	2 150	2 200	2 200
	轴距(前后桥)/mm	6 216	6 000	6 000
	轴距(中后桥)/mm	1 542	1 520	1 468～1 572
	驱动轮数	4	4	4
最小离地间隙/mm		630	380	380

注：1. PY180 的倒退挡与前进挡相同。
　　2. PY180 的作业挡为一、二、五挡，行驶挡为三、四、六挡。

2. 平地机生产率

(1)生产率计算(平地机平整产地生产率)。其计算公式为

$$Q = \frac{60 \times L \times (l \times \sin\varphi - 0.5) \times k_B}{n \times \left(\dfrac{L}{V} + t\right)}$$

式中　Q——生产率(m³/h)；

　　　L——平整地段长度(m)；

　　　l——刮刀长度(m)；

　　　φ——刮刀的平面角度(°)；

　　　k_B——时间利用系数；

　　　n——平整好这一段所需要的行程数；

　　　V——平整时的行驶速度(m/min)；

　　　t——调头一次所需时间(min)。

(2)提高生产率的措施。

1)增大每一工作行程的长度；

2)正确调整刮刀的位置；

3)采用多机联合作业；

4)减少行程总数。

四、平地机作业方法

(1)直线平地。刮土板垂直于平地机的纵向轴线，平地机直线前进完成平整作业。刮土板以较小的入土深度和最大的切削宽度状态工作[图 4-31(a)]。

(2)斜身刮土和移土。平地机斜机直行时，将刮土板置于与前进方向成某一角度，则刮起的土被移至一侧。这种作业方式可根据作业需要，使刮土板作不同程度的回转[图4-31(b)]。

(3)斜身直行移土。牵引架侧摆，引出刮土板，可对机器侧边较远地方加以平整[图4-31(c)]。

(4)退行平地。刮土板回转180°，平地机可在不调头的状态下实现往返作业。在场地受限的地方，这种作业方式的高效性和优越性更加突出[图4-31(d)]。

(5)曲折边界平地。如果被平整的平面的边界是不规则的曲线状，司机可以通过同时操作转向和将刮土板引入或伸出，机动灵活地沿曲折的边界进行作业[图4-31(e)]。

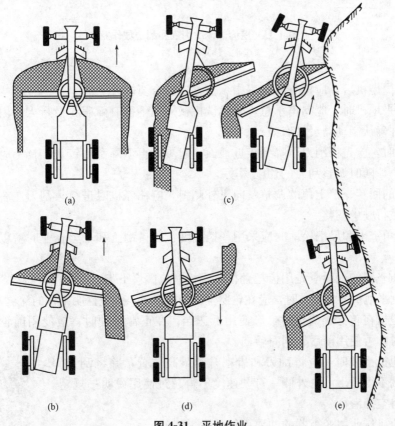

图4-31　平地作业

(a)直线平地；(b)斜身刮土和移土；(c)斜身直行移土；(d)退行平地；(e)曲折边界平地

(6)挖沟作业。刮土板侧倾一定角度，利用一角进行开沟[图4-32(a)]。

(7)清理沟底。刮土板竖立起来，利用一端进行沟底的清理[图4-32(b)]。

(8)刮边坡。修筑路堤边坡时，刮土板侧向伸出并倾斜一定角度，进行边坡平整作业[图4-32(c)]。

五、平地机安全使用技术

(1)起伏较大的地面宜先用推土机推平，再用平地机平整。

(2)平地机作业区内不得有树根、大石块等障碍物。

(3)作业前应按规定进行检查。

(4)平地机不得用于拖拉其他机械。

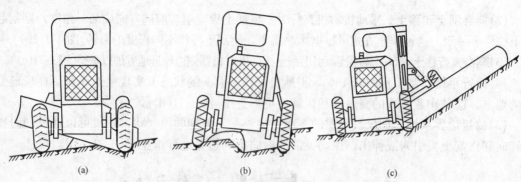

图 4-32 挖沟、清理沟底和刮边坡作业

(a)挖沟作业；(b)清理沟底；(c)刮边坡

(5)启动内燃机后，应检查各仪表指示值并应符合要求。

(6)开动平地机时，应鸣笛示意，并确认机械周围不得有障碍物及行人，用低速挡起步后，应测试并确认制动器灵敏有效。

(7)作业时，应先将刮刀下降到接近地面，起步后再下降刮刀铲土。铲土时，应根据铲土阻力的大小，随时调整刮刀的切土深度。

(8)刮刀的回转、铲土角的调整及向机外侧斜，应在停机时进行；刮刀左右端的升降动作，可在机械行驶中调整。

(9)刮刀角铲土和尺粑松地时应采用一挡速度行驶；刮土和平整作业时应以二挡、三挡速度行驶。

(10)土质坚实的地面应先用齿粑翻松，翻松时应缓慢下齿。

(11)使用平地机清除积雪时，应在轮胎上安装防滑链，并应探明工作的深坑、沟槽位置。

(12)平地机在转弯或调头时，应使用低速挡；在正常行驶时，应使用前轮转向；当场地特别狭小时，可使用前后轮同时转向。

(13)平地机行驶时，应将刮刀和齿粑升到最高位置，并将刮刀斜放，刮刀两端不得超出后轮外侧。行驶速度不得超过使用说明书规定。下坡时，不得空挡滑行。

(14)平地机作业中变矩器的油温不得超过 120 ℃。

(15)作业后，平地机应停放在平坦、安全的场地，刮刀应落在地面上，手制动器应拉紧。

平地机故障与排除

第六节　压实机械与设备

一、压实机械形式

按压实工作机构的作用原理，压实机械可以分为**碾压、振实、夯实**和**振碾**四种基本形式。

1. 碾压

碾压是利用滚轮沿被压表面往返运动，靠碾压机械自重静压力使被压层产生高度为"h"的永久变形，如图 4-33(a)所示。**常用的碾压机械有静力式光轮压路机、羊足碾和自行式轮胎压路机。**

2. 振实

振实是利用一个高频振动的物体 M 置于被压层表面上或插入混合料内部产生的振动，使被压层的颗粒重新组合，达到间隙小、密实的目的，如图 4-33(b)所示。**常用的振实机械有平板振器和小型振捣器。**

3. 夯实

夯实是利用位于高度为 H 和重物下落时产生的冲击使被压层密实，如图 4-33(c)所示。**常用的夯实机械有蛙式打夯机和振动冲击夯。**

4. 振碾

振碾是利用振动的滚轮沿被压层表面往复滚动，通过静力碾压和振实的综合作用，使被压层密实，如图 4-33(d)所示。**常用的振碾机械有拖式、手扶式和自行式振动压路机。**

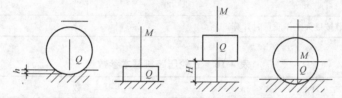

图 4-33　压实形式原理图

(a)碾压；(b)振实；(c)夯实；(d)振碾

二、静作用压路机

1. 光轮压路机

光轮压路机的工作装置由几个用钢板卷成或用铸钢铸成的圆柱形中空(内部可装压重材料)的滚轮组成，如图 4-34 所示。

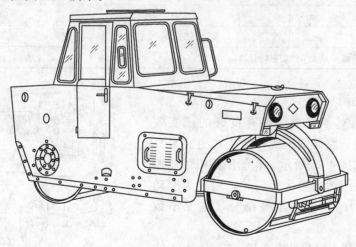

图 4-34　光轮压路机

光轮压路机按碾压轮和轮轴的数目可分为**二轮二轴式、三轮二轴式**和**三轮三轴式**三种；按机械自重的大小可分为**轻型**(2~6 t)、**中型**(6~10 t)和**重型**(10~15 t)三种。

光轮压路机的基本参数见表 4-15 和表 4-16。

表 4-15　二轮压路机基本参数

项目	单位	基本参数					
工作质量	t	2	3	4	6	8	10
最大工作质量	t	—	4	5	8	10	12
驱动轮的质量分配比	%	≥60					
驱动轮的线荷载	N/cm	>130	>200	>240	>300	>400	>500
压实宽度	mm	≥900		≥1 000		≥1 200	≥1 300
前、后行驶速度	km/h	1~16					
爬坡能力	%	≥20					
离地间隙	mm	≥150		≥200		≥220	
转弯直径	mm	≤8 000			≤13 000		
注：驱动轮的线荷载按最大工作质量时计算。							

表 4-16　三轮压路机基本参数

项目	单位	基本参数						
工作质量	t	6	8	10	12	15	18	21	24
最大工作质量	t	8	10	12	15	18	21	24	28
驱动轮的质量分配比	%	≥60							
驱动轮的线荷载	N/cm	>350	>450	>550	>650	>800	>950	>1 100	>1 270
压实宽度	mm	≥1 800				≥2 000			
前、后行驶速度	km/h	1~16							
爬坡能力	%	≥20							
重叠量	mm	80~120							
离地间隙	mm	≥200		≥250			≥280		
转弯直径	mm	≤12 000				≤13 000			
注：驱动轮的线荷载按最大工作质量时计算。									

2. 轮胎压路机

轮胎压路机对各种土壤都有良好的压实效果，特别是在沥青路面的压实作业中，更突显其优越的性能。如图 4-35 所示，轮胎压路机的轮胎前后错开排列，一般前轮为转向轮，后轮为驱动轮，前、后轮胎的轨迹有重叠部分，确保不致漏压。

轮胎压路机技术参数见表 4-17。

图 4-35　轮胎压路机

表 4-17　轮胎压路机技术参数表

项　　目	主要技术参数
型　　号	YL30
工作质量/kg	20 000～30 000
碾压宽度/mm	2 790
轮胎布置/个	前 5 后 6
行走速度/(km·h^{-1})	前进Ⅰ速 0～5.33；Ⅱ速 0～10.42；Ⅲ速 0～22.05 后退Ⅰ速 0～5.29；Ⅱ速 0～10.45
爬坡能力/%	20
发动机型号	6BTA5.9
额定功率/转速/[kW/(r·min^{-1})]	128/2 100
外形尺寸(长×宽×高)/mm	5 063×2 901×3 220

3. 静作用压路机安全使用技术

(1)压路机碾压的工作面，应经过适当平整，对新填的松软土，应先用羊足碾或打夯机逐层碾压或夯实后，再用压路机碾压。

(2)工作地段的纵坡不应超过压路机最大爬坡能力，横坡不应大于20°。

(3)应根据碾压要求选择机种。当光轮压路机需要增加机重时，可在滚轮内加砂或水。当气温降至0℃及以下时，不得用水增重。

(4)轮胎压路机不宜在大块石基层上作业。

(5)作业前，应检查并确认滚轮的刮泥板平整良好，各紧固件不得松动；轮胎压路机应检查轮胎气压确认正常后启动。

(6)启动后，应检查制动性能及专项功能并确认灵敏可靠。

(7)不得用压路机拖拉任何机械或物件。

(8)碾压时应低速行驶。速度宜控制在3～4 km/h范围内，在一个碾压行程中不得变速。在碾压过程中应保持正确的行驶方向，碾压第二行时应与第一行重叠半个滚轮压痕。

(9)变换压路机前进、后退方向应在滚轮停止运动后进行。不得将换向离合器当作制动器使用。

(10)在新进场地上进行碾压时，应从中间向两侧碾压。碾压时，距场地边缘不应少于0.5 m。

(11)在坑边碾压施工时，应由里侧向外侧碾压，距坑边不应少于1 m。

(12)上、下坡时，应事先选好挡位，不得在坡上换挡，下坡时不得空挡滑行。

(13)两台以上压路机同时作业时，前后间距不得小于3 m，在坡道上不得纵队行驶。

(14)在行驶中，不得进行修理或加油。需要在机械底部进行修理时，应将内燃机熄灭，刹车制动，并揳住滚轮。

(15)对有差速器锁定装置的三轮压路机，当只有一只轮子打滑时，可使用差速器锁定装置，但不得转弯。

(16)作业后，应将压路机停放在平坦坚实的场地，不得停放在软土路边缘及斜坡上，不得妨碍交通，并应锁定制动。

(17)严寒季节停机时，宜采用木板将滚轮垫离地面，应防止滚轮与地面冻结。

(18)当压路机转移距离较远时，应采用汽车或平板拖车装运。

三、振动压路机

振动压路机是利用其自身的重力和振动压实各种建筑和筑路材料。在公路建设中，振动压路机因最适宜压实各种非黏性土壤、碎石、碎石混合料以及各种沥青混凝土而被广泛应用。

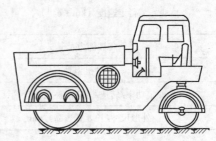

图 4-36　振动压路机

振动压路机的振动轮内部安装有偏心块的轴、油马达、减振环及连接架等，如图 4-36 所示。当油马达驱动偏心轴高速转动时，振动轮借助偏心块产生的离心力和静力碾压的综合作用，在工作面上一边作圆周振动，一边滚动，将基础土方或表层材料压实。振动压路机的主要技术参数见表 4-18。

表 4-18　振动压路机的主要技术参数

项　目	主要技术参数
型号	YZ20H-1
工作质量/kg	20 000
静线压力/(N·cm^{-1})	578
振动轮(直径×宽度)/(mm×mm)	1 600×2 130
行驶速度/(km·h^{-1})	0～4.48；0～6.3；0～6.6；0～11
振频/Hz	28/35
振幅/mm	1.8/0.9
激振力/kN	374/280
爬坡能力/%	45
额定功率/转速(DIN6271)/[kW/(r·min^{-1})]	140/2 200
外形尺寸(长×宽×高)/(mm×mm×mm)	6 275×2 390×3 066

振动压路机安全使用应遵循下列规定：

(1)作业时，压路机应先起步后起振，内燃机应先置于中速，然后再调至高速。

(2)压路机换向时应先停机；压路机变速时应降低内燃机转速。

(3)压路机不得在坚实的地面上进行振动。

(4)压路机碾压软路基时，应先碾压 1～2 遍后再振动碾压。

（5）压路机碾压时，压路机振动频率应保持一致。

（6）换向离合器、起振离合器和制动器的调整，应在主离合器脱开后进行。

（7）上、下坡时或急转弯时不得使用快速挡。铰接式振动压路机在转弯半径较小绕圈碾压时不得使用快速挡。

（8）压路机在高速行驶时不得接合振动。

（9）停机时应先停振，然后将换向机构置于中间位置，变速器置于空挡，最后拉起手制动操纵杆。

（10）振动压路机的使用除应符合上述规定外，还应符合静作用压路机使用的相关规定。

四、蛙式夯实机

蛙式夯实机为冲击式压实机械，适用于夯实灰土和素土工程。其特点是：压实土的厚度大，冲击时间短，对土壤的作用力大，适用于压（夯）实黏性较低的土壤。利用蛙式打夯机进行压实作业时的噪声较大。

蛙式夯实机的工作原理是：把重物提升到一定高度，然后利用重物自重落下冲击土壤，使土壤在动荷载作用下产生永久形变而被压实。

蛙式夯实机主要由夯头、传动系统、拖盘三部分组成，如图 4-37 所示。电动机动力经二级传动带减速，带动夯头上的大传带轮转动，利用偏心块在旋转中产生的周期性变化的离心力，使夯头架的动臂绕轴销摇动，形成夯头架抬起和下落的循环动作，从而使夯头不断夯击，同时由于动臂的摇动，夯头架也有惯性力产生。当偏心块的水平方向离心力和夯头架的水平方向惯性力大于拖盘和地面的摩擦力时，夯实机就会自行前进。

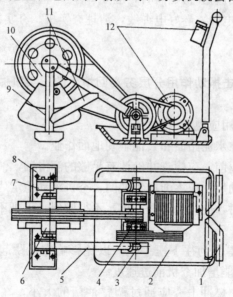

图 4-37　蛙式夯实机构造

1—操作反把；2—拖盘；3—轴销铰接头；4—传动装置；5—动臂；6—前轴装置；
7—前轴；8—夯板；9—立柱；10—大带轮；11—斜撑；12—电气设备

蛙式夯实机安全使用应遵循下列规定：

（1）蛙式夯实机不得冒雨作业。

(2)作业前,应重点检查下列项目,并应符合以下要求:

1)漏电保护器应灵敏有效,接零或接地及电缆线接头应绝缘良好;

2)传动皮带应松紧合适,皮带轮与偏心块应安装牢固;

3)转动部分应安装防护装置,并应进行试运转,确认是正常;

4)负荷线应采用耐气候型的四芯橡皮护套软电缆,电缆线长不应大于 50 m。

(3)夯实机启动后,应检查电动机旋转方向,错误时应倒换相线。

(4)作业时,夯实机扶手上的按钮开关和电动机的接线应绝缘良好。当发现有漏电现象时,应立即切断电源,进行检修。

(5)夯实机作业时,应一人扶夯,一人传递电缆线,并应戴绝缘手套和穿绝缘鞋。递线人员应跟随夯机后或两侧调顺电缆线。电缆线不得扭结或缠绕,并应保持 3～4 m 的余量。

(6)作业时,不得夯击电缆线。

(7)作业时,应保持夯实机平衡,不得用力压扶手。转弯时应用力平稳,不得急转弯。

(8)夯实填高松软土方时,应先在边缘以内 100～150 mm 夯实 2～3 遍后,再夯实边缘。

(9)不得在斜坡上夯行,以防夯头后折。

(10)夯实房心土时,夯板应避开钢筋混凝土基础及地下管道等地下物。

(11)在建筑物内部作业时,夯板或偏心块不得撞击墙壁。

(12)多机作业时,其平行间距不得小于 5 m,前后间距不得小于 10 m。

(13)夯实机作业时,夯实机四周 2 m 范围内,不得有非夯实机操作人员。

(14)夯实机电动机温升超过规定时,应停机降温。

(15)作业时,当夯实机有异常响声时,应立即停机检查。

(16)作业后,应切断电源,卷好电缆线,清理夯实机。夯实机保管应防水防潮。

五、振动冲击夯

振动冲击夯是利用冲击振动作用分层夯实回填土的压实机械,适用于压实黏性土、砂及砾石等散状物料。

振动冲击夯的安全使用应遵循下列规定:

(1)振动冲击夯不得在水泥路面和其他坚硬地面作业。

(2)内燃机冲击夯作业前,应检查并确认有足够的润滑油,油门控制器应转动灵活。

(3)内燃机冲击夯启动后,应逐渐加大油门,夯机跳动稳定后开始作业。

(4)振动冲击夯作业时,应正确掌握夯机,不得倾斜,手把不宜握得过紧,能控制夯机前进速度即可。

(5)正常作业时,不得使劲往下压手把,以免影响夯机跳起高度。夯实松软土或上坡时,可将手把稍向下压,能增加夯机前进速度。

(6)根据作业要求,内燃冲击夯应通过调整油门的大小,在一定范围内改变夯机振动频率。

(7)内燃冲击夯不宜在高速下连续作业。

(8)当短距离转移时,应先将冲击手把稍向上抬起,将运转轮装入冲击夯的挂钩内,再压下手把,使重心后倾,再推动手把转移冲击夯。

(9)振动冲击夯除应符合上述规定外,还应符合蛙式冲击夯的相关使用规定。

六、强夯机械

强夯机是建筑工程中对松土进行压实的机械，形式多样，其安全使用应遵循下列规定：

（1）担任强夯作业的主机，应按照强夯等级的要求经过计算选用。当选用履带式起重机作主机时，应符合"履带式起重机"的作业规定。

（2）强夯机械的门架、横梁、脱钩器等主要结构和部件的材料及制作质量，应经过严格检查，对不符合设计要求的，不得使用。

（3）夯机驾驶室挡风玻璃前应增设防护网。

（4）夯机的作业场地应平整，门架底座与夯机着地部位的场地不平度不得超过 100 mm。

（5）夯机在工作状态时，起重臂仰角应符合使用说明书的要求。

（6）梯形门架支腿不得前后错位，门架支腿在未支稳垫实前，不得提锤。变换夯位后，应重新检查门架支腿，确认稳固可靠，然后再将锤提升 100～300 mm，检查整机的稳定性，确认可靠后作业。

（7）夯锤下落后，在吊钩尚未降至夯锤吊环附近前，操作人员严禁提前下坑挂钩。从坑中提锤时，严禁挂钩人员站在锤上随锤提升。

（8）夯锤起吊后，地面操作人员应迅速撤至安全距离以外，非强夯施工人员不得进入夯点 30 m 范围内。

（9）夯锤升起如超过脱钩高度仍不能自动脱钩时，起重指挥应立即发出停车信号，将夯锤落下，应查明原因并正确处理后才能继续施工。

（10）当夯锤留有的通气孔在作业中出现堵塞现象时，应及时清理，并不得在锤下作业。

（11）当夯坑内有积水或因黏土产生的锤底吸附力增大时，应采取措施排除，不得强行提锤。

（12）转移夯点时，夯锤应由辅机协助转移，门架随夯机移动前，支腿离地面高度不得超过 500 mm。

压实技术和压实机械发展趋势

（13）作业后，应将夯锤下降，放在坚实稳固的地面上。在非作业时，不得将锤悬挂在空中。

本章小结

土石方工程机械与设备主要包括挖掘机、装载机、推土机、铲运机、平地机及压实机械与设备等。挖掘机是土石方工程机械化施工的主要机械，单斗挖掘机是挖掘机械中使用最普遍的机械，主要由工作装置、回转机构、回转平台、行走装置、动力装置、液压系统、电气系统和辅助系统等组成。装载机械是将散料或块料装至接续设备上的机械，常用的有挖掘装载机和轮胎式装载机，挖掘装载机是由三台建筑设备组成的单一装置，俗称"两头忙"，一台挖掘装载机包含了动力总成、装载端、挖掘端三部分，轮胎式装载机是建筑工程土方施工中常用的装载机械，由动力系统、传动系统、工作装置、工作液压系统、转向液压系统、车架、操作系统、制动系统、电气系统、驾驶室、覆盖件、空调系统等构成。推土机是一种自行式铲土运输机械，主要由发动机、底盘、液压系统、电气系统、工作装置和辅助设备等组成。铲运机是一种能综合完成全部土方施工工序的机械，建筑工程中常用的铲运机为拖式铲运机和自行式铲运机两种。平地机是一种功能多、效率高的工程机械，由传动系统、制动系统、转向系统、液压系统、电气系统、前后桥及工作装置组成。压实机械与设备主要包括静作用压路机、振动压路机、蛙式夯实机、振动式冲击夯及强夯机械。

思考题

一、填空题

1. 单斗挖掘机按其工作装置分为_____、_____、_____、_____四种。

2. 轮胎式装载机的工作装置由_____、_____、_____、_____四大部件组成。

3. 装载机的斗容量可根据_____及_____来确定。

4. 推土机的工作装置主要由_____和_____两个部分组成。

5. 推土机开挖的基本作业是_____、_____和_____三个工作行程和空载回驶行程。

6. 自行式铲运机由_____和_____两大部分组成。

7. 蛙式夯实机为冲击式压实机械，适用于夯实_____。

二、选择题

1. 挖掘装载机在边坡卸料时，应有专人指挥，挖掘装载机轮胎距边坡缘的距离应大于（　　）m。
   A. 1.0　　　　　　　B. 1.5　　　　　　　C. 2.0　　　　　　　D. 2.5

2. 几台推土机同时作业时，前后距离应大于（　　）m。
   A. 2　　　　　　　　B. 4　　　　　　　　C. 6　　　　　　　　D. 8

3. 当土壤的含水量在（　　）%以下时，采用一般的铲运机即可。
   A. 25　　　　　　　B. 35　　　　　　　C. 45　　　　　　　D. 55

4. 自行式铲运机的行驶道路应平整坚实，单行道宽度不应小于（　　）m。
   A. 2.5　　　　　　　B. 3.5　　　　　　　C. 4.5　　　　　　　D. 5.5

5. 蛙式夯实机作业时，夯实机四周（　　）m范围内，不得有非夯实机操作人员。
   A. 2　　　　　　　　B. 3　　　　　　　　C. 4　　　　　　　　D. 5

三、问答题

1. 单斗挖掘机作业前，应检查哪些项目？

2. 提高装载机生产率的措施是什么？

3. 如何提高推土机的生产率？

4. 如何选用推土机？

5. 蛙式夯实机作业前，应检查哪些项目？

第五章　桩工机械

知识目标

　　了解柴油桩锤、振动桩锤、桩架、静力压桩机、螺旋钻孔机、全套管钻机和旋挖钻机的分类，熟悉柴油桩锤、振动桩锤、桩架、静力压桩机、转盘钻孔机、螺旋钻孔机、全套管钻机、旋挖钻机的构造组成、工作原理及性能参数，掌握柴油桩锤、振动桩锤、桩架、静力压桩机、转盘钻孔机、螺旋钻孔机、全套管钻机和旋挖钻机的安全使用。

能力目标

　　通过本章内容的学习，能够熟练进行柴油桩锤、振动桩锤、桩架、静力压桩机、转盘钻孔机、螺旋钻孔机、全套管钻机、旋挖钻机及深层搅拌机、成槽机等的安全使用操作。

第一节　柴油打桩锤

一、柴油打桩锤分类

　　利用桩锤的冲击部分（锤体）上下跳动所产生的冲击力和柴油燃烧爆发的能量，将桩打入地层的机械称为柴油打桩锤打桩机，简称柴油打桩锤。

　　按桩锤的动作特点和结构的不同，其可分为**导杆式柴油打桩锤**和**筒式柴油打桩锤**两种。

　　(1)导杆式柴油打桩锤。所谓导杆式，是锤体沿两根导杆上下跳动。导杆式柴油打桩锤是公路桥梁、民用及工业建筑中常使用的小型柴油打桩锤。根据柴油打桩锤冲击部分（汽缸）的质量，可分为 D1-600、D1-1200、D1-1800 三种。其特点是整机质量轻，运输、安装方便，可用于打木桩、板桩、钢板桩及小型钢筋混凝土桩，也可用来打砂桩与素混凝土桩的沉管。

　　(2)筒式柴油打桩锤。筒是指锤体在一个具有吸排气孔和喷油孔的钢筒里上下跳动。

二、柴油打桩锤构造与工作原理

1. 导杆式柴油打桩锤构造与工作原理

导杆式柴油打桩锤由活塞、缸锤、导杆、顶横梁、起落架和燃油系统组成，如图 5-1 所示。

导杆式柴油打桩锤的工作原理基本上类似于二冲程柴油发动机。工作时卷扬机将汽缸提起挂在顶横梁上，拉动脱钩杠杆的绳子，挂钩自动脱钩，汽缸沿导杆下落套住活塞后，压缩汽缸内的气体，气体温度迅速上升[图 5-2(a)]。当压缩到一定程度时，固定在缸锤 4（图 5-1）的撞击销 11 推动曲臂 7 旋转，推动燃油泵柱塞，使燃油从喷油嘴 5 喷到燃烧室 12[图 5-2(b)]。呈雾状的燃油与燃烧室内的高压高温气体混合，立刻自燃爆炸[图 5-2(c)]，一方面将活塞下压，打击桩下沉；另一方面使汽缸跳起，当汽缸完全脱离活塞后，废气排除，同时新鲜空气进入[图 5-2(d)]。当汽缸再次下落时，便是一个新的工作循环的开始。

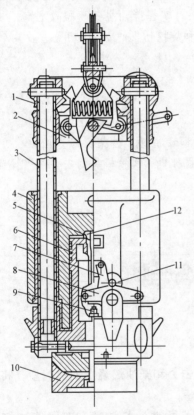

图 5-1　导杆式柴油打桩锤构造示意

1—顶横梁；2—起落架；3—导杆；4—缸锤；
5—喷油嘴；6—活塞；7—曲臂；8—油门调整杆；
9—液压泵；10—桩帽；11—撞击销；12—燃烧室

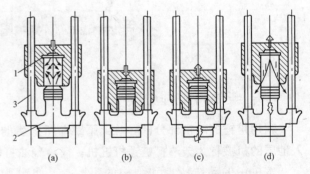

图 5-2　导杆式柴油打桩锤工作原理示意

(a)压缩；(b)供油；(c)燃烧；(d)排气、吸气
1—缸锤(汽缸)；2—活塞；3—导杆

2. 筒式柴油打桩锤构造与工作原理

如图 5-3 所示，MH72B 型筒式柴油打桩锤由锤体、燃油供应系统、润滑系统、冷却系统和起落架组成。

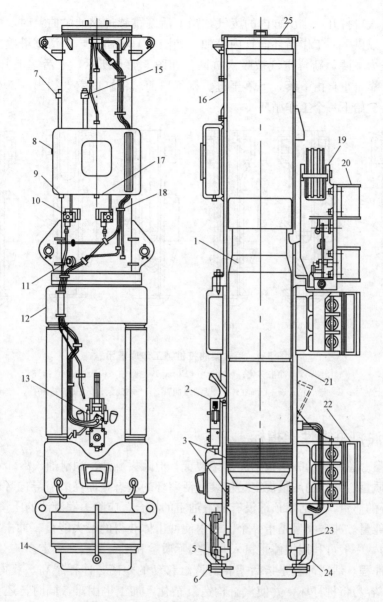

图 5-3　MH72B 型筒式柴油打桩锤构造示意

1—上活塞；2—燃油泵；3—活塞环；4—外端环；5—橡胶环；6—橡胶环导向；7—燃油进口；

8—燃油箱；9—燃油排放旋塞；10—燃油阀；11—上活塞保险螺栓；12—冷却水箱；13—润滑油泵；

14—下活塞；15—燃油进口；16—上汽缸；17—润滑油排放塞；18—润滑油阀；19—起落架；

20—导向卡；21—下汽缸；22—下汽缸导向卡爪；23—铜套；24—下活塞保险卡；25—顶盖

如图 5-4(a)所示，桩锤启动时，卷扬机将上活塞提起，在提升的同时完成吸气和燃油泵的吸油。如图 5-4(b)所示，上活塞下落时一部分动能用于对缸内空气进行压缩，使其达到高温、高压状态；另一部分动能则转化成冲击的机械能，对下活塞进行强力冲击，使桩下沉，与此同时，下活塞顶部球碗中的燃油被冲击成雾状。如图 5-4(c)所示，雾化了的柴油与高温、高压空气混合，自行燃烧、爆发膨胀，一方面下活塞再次受到冲击二次打桩；另一方面推动上活塞上升，增加其势能。如图 5-4(d)所示，上活塞继续上升越过进、排气口时，进、排气口打开，排出缸内的废气，当上活塞跳越过燃油泵曲臂时，燃油泵吸入一定量的燃油，以供下一工作循环向缸内喷油。如图 5-4(e) 所示，上活塞继续上行，汽缸内容积增大，压力下降，新鲜空气被吸入缸内。如图 5-4(f) 所示，上活塞上升到一定高度，失去动能，又靠自重自由下落，下落至进、排气口前，将缸内空气扫出一部分至缸外，然后继续下落，开始下一个工作循环。

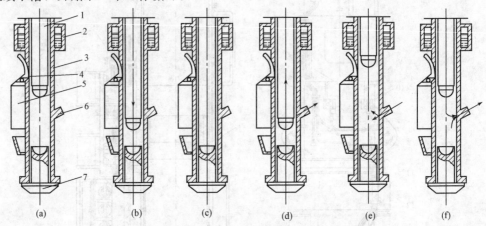

图 5-4　筒式柴油打桩锤工作原理示意

(a)压缩；(b)冲击雾化；(c)燃烧(爆发)；(d)排气；(e)吸气；(f)扫气

1—上活塞；2—柴油箱；3—上汽缸；4—燃油泵曲臂；5—燃油泵；6—进、排气孔；7—砧座

三、柴油打桩锤性能指标

(1)总质量。总质量的表示包括起落架装置，但除去燃油、润滑油、冷却水后的质量。

(2)活塞质量。活塞的质量规定是仅装有活塞环的状态，而在装有导向环的情况下，则应包括导向环的质量。在活塞顶部没有润滑油室的场合，应除去润滑油的质量。

(3)冲击能量。冲击能量是指一个循环内使冲击体获得的最大能量。冲击能量用于求桩的动态支撑力，一般可利用桩停止贯入时的实际质量和活塞冲程来确定。

(4)活塞冲程。活塞冲程是指活塞相对汽缸移动的距离。冲程越高，获得的能量越大。但冲程过大，容易将桩打坏，并使汽缸构造复杂化，加工也困难，同时，还会使冲击频率减小，降低打桩效率。筒式打桩锤的最大冲程都限制在 2.5 m 以内。

(5)冲击频率。冲击频率是指活塞每分钟冲击的次数。冲击次数随活塞冲程而变化，冲程越高，则冲击次数越少。冲程与冲击次数的关系随机型而异。如果把活塞看成自由下落体，通过计算求出冲击次数的数值。其计算公式为

$$N = 30\sqrt{g/(2H)}$$

式中　N——每分钟冲击次数(次/min)；

H——活塞冲程(m)；

g——重力加速度(9.8 m/s²)。

(6)极限贯入度。极限贯入度是指活塞一次冲击使桩贯入量允许的最小值。如果桩的贯入量在极限贯入度以下，则应停止锤击。极限贯入度的数值有的定为 10 击 10 mm，有的则定为 10 击 5 mm，应以说明书中的规定值为准。

(7)打斜桩时容许最大角度。打斜桩时容许最大角度是指以铅垂线为基准,桩锤能够连续运转的最大倾斜度。通常,前后倾斜为同一角度。

打斜桩时,桩锤的冲击能量由于上活塞的实际冲击小于名义冲程以及汽缸间的磨损增大,因而和打直桩相比时有所下降。打斜桩时的冲击能量和打直桩时的冲击能量相比的效率的计算公式为

$$\eta = \cos\theta - \mu\sin\theta$$

式中　η——和打直桩时相比冲击能量的效率;

　　　θ——斜桩角,以铅垂线为基准的角度;

　　　μ——摩擦系数。

四、柴油打桩锤的选择

选择柴油打桩锤的主要依据是桩的承载能力,同时还应考虑施工效率和锤击时桩头、桩身的应力。桩的承载能力主要由桩锤的冲击能量 E 来决定。因此,承载能力大的桩必须用冲击能量大的锤来打。用小锤打大桩,桩将很快停止下沉,而桩的承载能力还远没有达到设计要求,所以,在选择桩锤时应根据最终贯入度来检验其冲击能量是否满足要求。

为了提高锤击效率,理论上应使锤的质量大于桩的质量,而且大得越多则锤击效率越高。但是,选用过大的桩锤不经济,而且往往会把桩打坏。

五、柴油打桩锤安全使用技术

(1)一般规定。

1)安装桩锤时.应将桩锤运到立柱正前方 2 m 以内,并不得斜吊。桩机的立柱导轨应按规定润滑。桩机的垂直度应符合使用说明书的规定。

2)桩锤在施打过程中,监视人员应在距离桩锤中心 5 m 以外。

3)作业后,应将桩机停放在坚实平整的地面上,将桩锤落下垫实,并切断动力电源。轨道式桩架应加紧夹轨器。

(2)作业前应检查导向板的固定与磨损情况,导向板不得有松动或缺件,导向面磨损不得大于 7 mm。

(3)作业前应检查并确认起落架各工作机构安全可靠,启动钩与上活塞接触线距离为 5～10 mm。

(4)作业前应检查柴油锤与桩帽的连接,提起柴油锤,柴油锤脱出砧座后,柴油锤下滑长度不应超过使用说明书的规定值,超过时,应调整桩帽连接钢丝绳的长度。

(5)作业前应检查缓冲胶垫,当砧座和橡胶垫的接触面小于原面积 2/3 时,或下汽缸法兰与砧座间隙小于使用说明书的规定值时,均应更换橡胶垫。

(6)水冷式柴油锤应加满水箱,并应保证柴油锤连续工作时有足够的冷却水。冷却水应使用清洁的软水。冬季作业时应加温水。

(7)桩帽上缓冲垫木的厚度应符合要求,垫木不得偏斜。金属桩的垫木厚度应为 100～150 mm;混凝土桩的垫木厚度应为 200～250 mm。

(8)柴油锤启动前,柴油锤、桩帽和桩应在同一轴线上,不得偏心打桩。

（9）在软土打桩时，应先关闭油门冷打。当每击贯入度小于 100 mm 时，再启动柴油锤。

（10）柴油锤运转时，冲击部分的跳起高度应符合使用说明书的要求，达到规定高度时，应减小油门，控制落距。

（11）当上活塞下落而柴油锤未燃爆，上活塞发生短时间的起伏时，起落架不得落下，以防撞击碰块。

（12）在打桩过程中，应有专人负责拉好曲臂上的控制绳。在意外情况下，可使用控制绳紧急停锤。

（13）柴油锤启动后，应提升起落架，在锤击过程中起落架与上汽缸顶部之间的距离不应小于 2 m。

（14）筒式柴油锤上活塞跳起时，应观察是否有润滑油从泄油孔中流出。下括塞的润滑油应按使用说明书的要求加注。

（15）柴油锤出现早燃时，应停止工作，并应按使用说明书的要求进行处理。

柴油打桩锤
使用中常见的
故障及排除方法

（16）作业后，应将柴油锤放到最低位置，封盖上汽缸和吸排气孔，关闭燃料阀，将操作杆置于停机位置，起落架升至高于桩锤 1 m 处，并应锁住安全限位装置。

（17）长期停用的柴油锤，应从桩机上卸下，放掉冷却水、燃油及润滑油，将燃烧室及上、下活塞打击面清洗干净，并应做好防腐措施，盖上保护套，入库保存。

第二节　振动桩锤

一、振动桩锤分类

利用高频振动（700～1 800 次/min）所产生的力量，将桩沉入土层的机械称为振动沉桩机，通常简称为振动桩锤。它可以把桩沉入土层，也可以将桩从土层中拔起。

（1）振动桩锤按作用原理可分为**振动式**和**振动冲击式**两种。冲击式振动锤是振动器产生的振动通过冲击钻作用在桩体上，使桩受到连续冲击，避免直接的传递。

（2）振动桩锤按动力装置与振动器连接方式可分为**刚性振锤**与**柔性振锤**。前者是电动机和振动器为刚性连接，其打桩效果好，电动机在工作时参加振动，其振动体系的质量增加，使振动幅度减小，而降低了功效，因电动机不避振而易损坏，必须应用耐振电动机；后者是电动机与振动器用减振弹簧隔开，电动机不参加振动，但电动机的自重仍然通过弹簧作用在桩上，加大桩的下沉力度。

（3）振动桩锤按振动频率可分为**低频**、**中频**、**高频**与**超高频**。

（4）振动桩锤按原动力可分为**电动式**、**气动式**与**液压式**。

二、振动桩锤构造与工作原理

振动桩锤主要由原动机(电动机、液压马达)、激振器、支持器和减振器组成。图 5-5 所示为国产 DZ-8000 型振动桩锤。

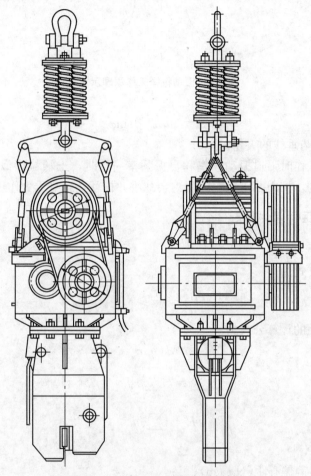

图 5-5　国产 DZ-8000 型振动桩锤

振动桩锤将振动器的振动通过夹桩器传给桩体，使桩产生振动。桩体周围的土壤颗粒在振动作用下产生振动，桩就会在桩体和振动打桩机的自重作用下冲破土壤阻力沉入土中。在拔桩时，振动也可减小拔桩时的阻力，只需用较小幅度的提升就可将桩拔出。

振动桩锤工作原理如图 5-6 所示，带偏心块的高速转动的轴组成桩锤，两轴的转速相同，方向相反。每个偏心块产生偏心力的计算式为

$$F = mr\omega^2$$

式中　m——偏心块的质量(kg)；

　　　r——偏心块的质心至回转中心的距离(m)；

　　　ω——偏心块转动的角速度。

因一对偏心块质量相等且对称安装，当它们的转向相对时，水平方向的离心力因方向相反而抵消，垂直方向的离心力叠加为

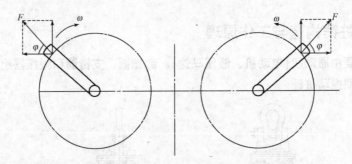

图 5-6　振动桩锤工作原理示意

$$P = 2mr\omega^2 \cdot \sin\varphi$$

式中　φ——离心力与垂线的夹角。

当振动桩锤在工作时强迫振动频率和自振频率一致时，土颗粒近似于产生共振，能破坏土颗粒的粒子结构，桩周围土颗粒的阻力会减小，桩就在自身重力作用下下沉。

三、振动桩锤性能指标

1. 激振力

激振力的计算公式为

$$P = \frac{M\omega^2}{g} \geqslant XR$$

振动器静偏心距的计算公式为

$$M = Gr$$

对圆桩

$$R = S \sum_{i=1}^{n} \tau_i h_i$$

对钢板桩

$$R = \sum_{i=1}^{n} \tau'_i h_i$$

式中　P——激振力(N)；

M——振动器静偏心距(N·cm)；

G——偏心块重力(N)；

r——偏心块重心至回转中心距(cm)；

ω——偏心块回转角速度，即频率(s^{-1})；

R——桩体下沉到最大深度时桩体破坏土层的阻力(N)；

i——土层按深度排列序数；

n——土层总层数；

h_i——土层每层厚度(m)；

S——圆桩周长(m)；

τ_i，τ'_i——土的单位破坏阻力值，见表 5-1；

X——系数，近似地考虑土的弹性影响[对低频($\omega = 30 \sim 60/s$)用于下沉重型钢筋混凝土桩和沉井，建议取用 $0.6 \sim 0.8$；而对于高频如振动下沉钢板桩、木桩等，建议取用 1。当用调频低频振动沉桩时，允许降低到 $0.4 \sim 0.5$]。

表 5-1 土的单位破坏阻力值

土的种类	圆 桩				板 桩
	木和钢管桩	钢筋混凝土桩	开口钢筋混凝土管桩和沉井	轻型截面钢板桩	重型截面钢板桩
含水砂土和松软型黏土	6	7	5	12	14
砂土类黏土层和砾石层	8	10	7	17	20
紧密型黏土	15	18	10	20	25
半硬和硬质黏土	25	30	20	40	50

2. 振幅

可采用下列近似公式计算振幅：

$$A \approx \frac{M}{Q}\sqrt{1-\left(\frac{4R'}{\pi P}\right)^2}$$

式中　A——振幅（cm）；

　　　Q——总重（桩重及桩锤重）（N）；

　　　R'——侧向摩擦力（N）。

3. 沉桩条件

沉桩条件计算式为

$$Q \geqslant P_0 F$$

$$\upsilon_1 \leqslant \frac{Q}{P} < \upsilon_2$$

式中　F——桩的横截面面积（cm^2）；

　　　P_0——桩上必要压力，为起始压力值的 $1.2\sim1.5$ 倍，一般可按表 5-2 的值选用；

　　　υ_1，υ_2——系数，见表 5-3。

表 5-2 各种桩上必要压力 P_0 值

桩的形式和尺寸	桩上必要压力 P_0/MPa
小直径钢管桩和横截面面积为 150 cm^2 的其他构件	$0.15\sim0.3$
木桩和钢管桩（带封闭端的），其横截面面积为 800 cm^2	$0.4\sim0.5$
钢筋混凝土桩、方形或角形横截面面积为 2 000 cm^2	$0.6\sim0.8$

表 5-3 υ_1、υ_2 系数

系　数 \ 桩的形式	钢板桩	轻型木桩、钢管桩	重型钢筋混凝土桩和沉井
υ_1	0.15	0.30	0.40
υ_2	0.50	0.60	1.00

4. 功率

功率按下式计算：

$$n_{总} = \frac{\sum\limits_{j=1}^{k} n_j + n_0}{\eta}$$

式中　$n_{总}$——功率；

$\sum_{j=1}^{k} n_j$——克服振动器机构中各种阻力的功率之和；

n_0——克服土阻力的功率；

η——传动效率，取为 0.9。

$\sum_{j=1}^{k} n_j$ 的计算，一方面是轴承摩擦功率；另一方面是随着振动沉桩过程所消耗的功率，其中有机械部件的振动、振动器内的润滑、克服空气阻力等。在实际计算时可采用以下近似公式：

$$\sum_{j=1}^{k} n_j = Pdnf \times 10^{-5}$$

式中　d——振动器各轴轴径(cm)；

n——振动器每分钟转速(r/min)；

f——滚动轴承摩擦系数，取为 0.01。

n_0 最大值的计算可采用下列近似公式：

$$n_{0,\max} = K \frac{M^2 \omega^2}{4Q} \times 10^{-7}$$

式中　K——系数，考虑到土的振动质量所增加损失功率的比例，$K = 1.1 \sim 1.2$。

5. 主要技术性能参数

振动桩锤的型号及主要技术性能参数见表 5-4。

表 5-4　振动桩锤的型号及主要技术性能参数

产品型号 性能指标	DZ22	DZ90	DZJ60	DZJ90	DZJ240	VM2-4000E	VM2-1000E
电动机功率/kW	22	90	60	90	240	60	394
静偏心力矩/(N·m)	13.2	120	0~353	0~403	0~3 528	300、360	600、800、1 000
激振力/kN	100	350	0~477	0~546	0~1 822	335、402	669、894、1 119
振动频率/Hz	14	8.5	—	—	—	—	—
空载振幅/mm	6.8	22	0~7.0	0~6.6	0~12.2	7.8、9.4	8、10.6、13.3
允许拔桩力/kN	80	240	215	254	686	250	500

四、振动桩锤的选用

选用振动锤时，除要考虑离心力、振幅等参数的影响外，还需考虑其土质的状况。在各种土中下沉管桩时振动桩锤主要参数选择范围，见表 5-5。

表 5-5　在各种土中下沉管桩时振动桩锤主要参数选择范围

主要参数 土的种类	振动频率 $\omega/(\text{s}^{-1})$	振幅 A/mm	激振力 P 超出 振动体总量的范围	连续工作时间 t/min
饱和水分砂质土	100~120	6~8	10%~12%	15~20
塑性黏土及砂质黏土	90~100	8~10	25%~30%	20~25

主要参数 土的种类	振动频率 $\omega/(s^{-1})$	振幅 A/mm	激振力 P 超出振动体总量的范围	连续工作时间 t/min
紧密黏土	75～75	12～14	35%～40%	10～12
砂夹卵石土	60～70	15～16	40%～45%	
卵石夹砂土	50～60	14～15	45%～50%	8～10

五、振动桩锤安全使用技术

(1)一般规定。参见"柴油打桩锤"使用相关规定。

(2)作业前，应检查并确认振动桩锤各部位螺栓、销轴的连接牢靠，减振装置的弹簧、轴和导向套完好。

(3)作业前，应检查各传动胶带的松紧度，松紧度不符合规定时应及时调整。

(4)作业前，应检查夹持片的齿形。当齿形磨损超过 4 mm 时，应更换或用堆焊修复。使用前，应在夹持片中间放一块 10～15 mm 厚的钢板进行试夹。试夹中液压缸应无渗漏，系统压力应正常，夹持片之间无钢板时不得试夹。

(5)作业前，应检查并确认振动桩锤的导向装置牢固可靠。导向装置与立柱导轨的配合间隙应符合使用说明书的规定。

(6)悬挂振动桩锤的起重机吊钩应有防松脱的保护装置。振动桩锤悬挂铜架的耳环应加装保险钢丝绳。

(7)振动桩锤启动时间不应超过使用说明书的规定。当启动困难时，应查明原因，排除故障后继续启动。启动时应监视电流和电压，当启动后的电流降到正常值时，开始作业。

(8)夹桩时，夹紧装置和桩的头部之间不应有空隙。当液压系统工作压力稳定后，才能启动振动桩锤。

(9)沉桩前，应以桩的前端定位，并按使用说明书的要求调整导轨与桩的垂直度。

(10)沉桩时，应根据沉桩速度放松吊桩钢丝绳。沉桩速度、电机电流不得超过使用说明书的规定。沉桩速度过慢时，可在振动桩锤上按规定增加配重。当电流急剧上升时，应停机检查。

(11)拔桩时，当桩身埋入部分被拔起 10～15 m 时，应停止拔桩，在拴好吊桩用钢丝绳后，再起振拔桩。当桩尖距离地面只有 10～20 m 时，应停止振动拔桩，由起重机直接拔桩。桩拔出后，在吊桩铜丝绳未吊紧前，不得松开夹紧装置。

(12)拔桩应按沉桩的相反顺序起拔。夹紧装置在夹持板桩时，应靠近相邻一根。对工字桩应夹紧腹板的中央。当钢板桩和工字桩的头部有钻孔时，应将钻孔焊平或将钻孔以上割掉，或在钻孔处焊接加强板，防止桩断裂。

(13)振动桩锤在正常振幅下仍不能拔桩时，应停止作业，改用功率较大的振动桩锤。拔桩时，拔桩力不应大于桩架的负荷能力。

(14)振动桩锤作业时，减振装置各摩擦部位应具有良好的润滑。减振器横梁的振幅超过规定时，应停机查明原因。

(15)作业中，当遇液压软管破损、液压操纵失灵或停电时，应立即停机，并应采取安全措施，不得让桩从夹紧装置中脱落。

液压高频
振动桩锤

(16)停止作业时，在振动桩锤完全停止运转前不得松开夹紧装置。

(17)作业后，应将振动桩锤沿导干放至低处，并采用木块垫实，带桩管的振动桩锤可将桩管沉入土中 3 m 以上。

(18)振动桩锤长期停用时，应卸下振动桩锤。

第三节 桩 架

一、桩架类型及其构造

桩架的形式很多，选择桩架时，应考虑桩锤的种类、桩的长度、施工现场的条件等。桩架按其移动的方式，可分为**履带式、步履式、滚动式、轨道式、轮胎式**等几种。

（一）履带式桩架

履带式桩架以履带为行走装置，具有机动性好、使用方便等优点，一般分为**悬挂式桩架、三点式桩架**和**多功能桩架**三种。目前，国内外生产的液压履带式主机既可作为起重机使用，也可作为打桩架使用。

1. 悬挂式桩架

悬挂式桩架采用通用履带起重机底盘，卸去吊钩，将吊臂顶端与桩架连接，桩架立柱底部有支撑杆与回转平台连接，如图 5-7 所示。桩架立柱可以用圆筒形，也可用方形或矩形横截面的桁架。为了增加桩架作业时整体的稳定性，在原有起重机底盘上附加配重。底部支撑是可伸缩的杆件，调整底部支撑杆的伸缩长度，立柱就可以从垂直位置改变成倾斜位置，这样可满足打斜桩的需要。

2. 三点式桩架

三点式桩架的稳定性比悬挂式好，承受横向荷载的能力较大，可以斜安装，也可以打斜桩。

三点式桩架可由履带起重机改装，主机的平衡重至回转中心的距离以及履带的长度和宽度比起重机主机的相应参数大些，桩架的立柱上部由两个斜撑杆与机体连接，立柱下部与机体托架连接。斜撑杆支撑在横梁的球座上，横梁下有液压支腿。

三点式履带桩架采用液压传动，动力用柴油内燃机。**桩架由履带主机、托架、桩架立柱、顶部滑轮组、后横梁、斜撑杆以及前后支腿组成**。其中，履带主机由平台总成、回转机构、卷扬机构、动力传动系统、行走机构和液压系统组成，如图 5-8 所示。

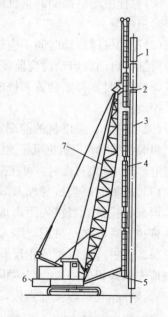

图 5-7 悬挂式履带桩架构造图
1—打桩锤；2—装帽；3—桩；
4—立柱；5—支撑叉；6—车体；
7—吊臂

3. 多功能桩架

多功能桩架自重为 65 t，最大钻深为 60 m，最大桩径为 2 m，钻进转矩为 172 kN·m，配上不同的工作装置，可适用于砂土、泥土、砂砾、卵石、砾石和岩层等成孔作业。

图 5-9 所示为 R618 型多功能桩架总体构造图。其由滑轮架、立柱、立柱伸缩油缸、平行四边形机械、卷扬机（主、副）、伸缩钻杆、进给油缸、液压动力头、回转斗、履带装置和回转平台等组成。回转平台可 360°全回转。这种多功能履带桩架可以安装回转斗、短螺旋钻孔器、长螺旋钻孔器、柴油锤、液压锤、振动锤和冲抓斗等工作装置。它还可以配合液压套管摆动装置，进行全套管施工作业，另外，还可以进行地下连续墙施工，逆循环钻孔，做到一机多用。

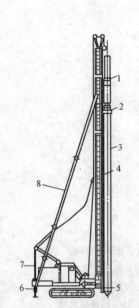

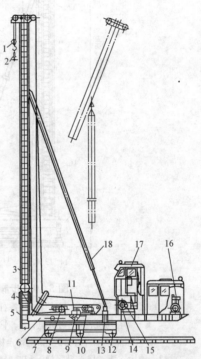

图 5-8　三点式桩架构造图

1—打桩锤；2—桩帽；3—桩；
4—立柱；5—立柱支撑；
6—液压支腿；7—车体；8—斜撑

图 5-9　R618 型多功能桩架总体构造图

1—主钩；2—副钩；3—立柱；4—升降梯；5—水平伸缩小车；
6—上平台；7—下平台；8—升降梯卷扬机；9—水平伸缩机构；
10—副吊桩卷扬机；11—双蜗轮变速器；12—行走机构；
13—横梁；14—吊锤卷扬机；15—主吊桩卷扬机；
16—电气设备；17—操作室；18—斜撑

（二）步履式桩架

步履式桩架是国内应用较为普遍的桩架。在步履式桩架上可配用长、短螺旋钻孔器、柴油锤、液压锤和振动桩锤等设备进行钻孔和打桩作业。

如图 5-10 所示，步履式桩架主要由回转平台之上的上部架体、回转支承装置、行走步履装置等主要部分组成。

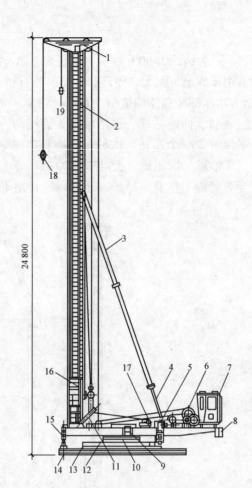

图 5-10　步履式桩架构造示意

1—顶部滑轮组；2—立柱；3—撑杆；4—调节丝杆；5—横梁及调整机构；

6—立卷扬机；7—司机室；8—平衡重；9—回转机构；10—回转支承；

11—回转平台；12—底座行走机构；13—夹轨器；14—步履装置；

15—油压支腿；16—升降梯；17—升降梯卷扬机；18—吊环；19—吊锤滑轮组

二、桩架技术性能参数

桩架的型号及主要技术性能参数见表 5-6 和表 5-7。

表 5-6　悬挂式履带桩架的型号及主要技术性能参数

型号项目		DJU18	DJU25	DJU40	DJU60	DJU100
适应最大柴油打桩锤型号		D18	D25	D40	D60	D100
导杆长度/mm		21	24	27	33	33
锤导轨中心距/mm		330	330	330	600 330/600	600 300/600
导杆倾斜范围	前倾(°)	5	5	5	5	5
	后倾(°)	18.5	18.5	18.5	—	—

型号项目	DJU18	DJU25	DJU40	DJU60	DJU100
导杆水平调整范围/mm	200	200	200	200	200
桩架负荷能力/kN	≥100	≥160	≥240	≥300	≥500
桩架行走速度/(km·h⁻¹)	≤0.5	≤0.5	≤0.5	≤0.5	≤0.5
上平台回转速度/(r·min⁻¹)	<1	<1	<1	<1	<1
履带运输时全宽/mm	≤3 300	≤3 300	≤3 300	≤3 300	≤3 300
履带工作时外扩后宽/mm	—	—	3 960	3 960	3 960
接地比压/MPa	<0.098	<0.098	<0.120	<0.120	<0.120
发动机功率/kW	60～75	97～120	134～179	134～179	134～179
桩架总质量/kg	40 000	50 000	60 000	80 000	100 000

表 5-7　步履式桩架的型号及主要技术性能参数

型号基本参数与尺寸项目		DJB12	DJB18	DJB25	DJB40	DJB60*	DJB100
适用最大柴油打桩锤型号		12	18	25	40	60	100
导杆长度/m		18	21	24	27	33	40
锤导轨中心距/mm		330	330	330	330	600 330/600	600 330/600
导杆倾斜范围	前倾(°)	5	5	5	5	5	5
	后倾(°)	18.5	18.5	18.5	18.5	—	—
上平台回转角度/°		≥120	≥120	≥120	360	360	360
桩架负荷能力/kN		≥60	≥100	≥160	≥240	≥300	≥500
桩架行走速度/(km·h⁻¹)		≤0.5	≤0.5	≤0.5	≤0.5	≤0.5	≤0.5
上平台回转速度/(r·min⁻¹)		<1	<1	<1	<1	<1	<1
履板轨距/mm		3 000	3 800	4 400	4 400	6 000	6 000
履板长度/mm		6 000	6 000	8 000	8 000	10 000	10 000
接地比压/MPa		<0.098	<0.098	<0.120	<0.120	<0.120	<0.120
桩架总质量/kg		≤14 000	≤24 000	≤36 000	≤48 000	≤70 000	≤120 000

＊为建议值。

三、桩架安全使用技术

1. 打桩机安装

(1)打桩机的安装场地应平坦坚实，当地基承载力达不到规定的压应力时，应在履带下铺设路基箱或 30 mm 厚的钢板，其间距不得大于 300 mm。

（2）打桩机的安装、拆卸应按照出厂说明书规定的程序进行。用伸缩式履带的打桩机，应将履带扩张后再安装。履带扩张应在无配重情况下进行，上部回转平台应转到与履带成90°的位置。

2. 立柱、支撑安装

（1）立柱底座安装完毕后，应对水平微调液压缸进行试验，确认无问题后再将活塞杆缩进，并准备安装立柱。

（2）立柱安装时，履带驱动轮应置于后部，履带前倾覆点应采用铁楔块填实，并应制动住行走机构和回转机构，用销轴将水平伸缩臂定位。在安装垂直液压缸时，应在下面铺木垫板将液压缸顶实，并使主机保持平衡。

（3）安装立柱时，应按规定扭矩将连接螺栓拧紧，立柱支座下方应垫千斤顶并顶实。安装后的立柱，其下方搁置点不应少于3个。立柱的前端和两侧应系缆风绳。

（4）立柱竖立前，应向顶梁各润滑点加注润滑油后再进行卷扬筒制动试验。试验时，应先将立柱拉起300～400 mm后制动住，然后放下，同时，应检查并确认前后液压缸千斤顶牢固可靠。

（5）立柱的前端应垫高，不得在水平以下位置扳起立柱。当立柱扳起时，应同步放松缆风绳。当立柱接近垂直位置时，应减慢竖立速度。扳到75°～83°时，应停止卷扬，并收紧缆风绳，再装上后支撑，用后支撑液压缸使立柱竖直。

（6）安装后支撑时，应有专人将液压缸向主机外侧拉住，不得撞击机身。

3. 桩锤安装

（1）安装桩锤时，桩锤底部冲击块与桩帽之间应有下述厚度的缓冲垫木：对金属桩，垫木厚度应为100～150 mm；对混凝土桩，垫木厚度应为200～250 mm。作业中应观察垫木的损坏情况，损坏严重时应予以更换。

（2）连接桩锤与桩帽的钢丝绳张紧度应适宜，过紧或过松时，应予以调整，拉紧后应留有200～250 mm的滑出余量，并应防止绳头插入汽缸法兰与冲击块内而损坏缓冲垫。

4. 桩架拆卸

拆卸桩架应按与安装时相反的程序进行。放倒立柱时，应使用制动器使立柱缓缓放下，并用缆风绳控制，不得不加控制地快速下降。

5. 作业要点

（1）正前方吊桩时，对混凝土预制桩，立柱中心与桩的水平距离不得大于4 m；对钢管桩，水平距离不得大于7 m。严禁偏心吊桩或强行拉桩等。

（2）使用双向立柱时，应待立柱转向到位，并用锁销将立柱与基杆锁住后，方可起吊。

（3）施打斜桩时，应先将桩锤提升到预定位置，并将桩吊起，套入桩帽，桩尖插入桩位后再后仰立柱，并用后支撑杆顶紧，立柱后仰时打桩机不得回转及行走。

（4）打桩机带锤行走时，应将桩锤放至最低位。行走时，驱动轮应在尾部位置，并应有专人指挥。

（5）在斜坡上行走时，应将打桩机重心置于斜坡的上方，斜坡的坡度不得大于5°，在斜坡上不得回转。

（6）作业后，应将桩锤放在已打入地下的桩头或地面垫板上，将操作杆置于停机位置，起落架升至比桩锤高 1 m 的位置，锁住安全限位装置，并应使全部制动生效。

<h1 style="text-align: center;">第四节　静力压桩机</h1>

一、静力压桩机构造组成与工作原理

使用静力将桩压入土层中的机械称为**静力压桩机**。根据施加静力的方法和原理的不同，其可分为**机械式**和**液压式**两种。

下面仅以全液压静力压桩机为例说明静力压桩机的构造组成及工作原理。

1. 构造组成

全液压静力压桩机主要由支腿平台机构、长船行走机构、短船行走机构及回转机构、夹持机构、配重、操作室、导向压桩架、液压总装室、液压系统、电气系统等组成，如图 5-11 所示。

（1）支腿平台机构。支腿平台机构由底盘、支腿、顶升液压缸和配重梁组成。底盘的作用是支撑导向压桩架、夹持机构、液压系统装置和起重机。液压系统和操作室安装在底盘上，组成了压桩机的液压电控操作系统。

（2）长船行走机构。长船行走机构由船体、长船液压缸、行走台车和顶升液压缸组成。长船液压缸活塞杆球头与船体相连接。缸体通过销铰与行走台车相连，行走台车与底盘支腿上的顶升液压缸铰接。工作时，顶升液压缸顶升使长船落地、短船离地。接着长船液压缸伸缩推动行走台车，使桩机沿着长船轨道前后移动。顶升液压缸回缩使长船离地、短船落地。短船液压缸动作时，长船船体悬挂在桩机上移动。

（3）短船行走机构及回转机构。短船行走机构由船体、行走梁、回转梁、挂轮、行走轮、短船液压缸、回转轴和滑块组成。回转梁两端通过球头轴与底盘结构铰链，中间由回转轴与行走梁相连。行走梁上装有行走轮，正好落在船体的轨道上，用船体上的挂轮机械挂在行走梁上，使整个船体组成一体。短船液压缸的一端与船体铰接，另一端与行走梁铰接。

（4）夹持机构与导向压桩架。夹持机构由夹持器横梁、夹持液压缸、导向压桩架和压桩液压缸等组成。夹持油缸装在夹持横梁里面，压桩油缸与导向压桩架相连。压桩时先将桩吊入夹持器横梁内，夹持液压缸通过夹板将桩夹紧，然后压桩油缸伸长，使夹持机构在导向压桩架内向下运动，将桩压入土中。压桩液压缸行程满后，松开夹持液压缸，压桩液压缸回缩。

2. 工作原理

如图 5-12 所示，辅桩工作机将桩吊入夹持槽梁内，夹持液压缸伸程加压将桩段夹持，压桩液压缸作伸程动作，将桩垂直徐徐压入地面。压桩液压缸的支撑反力由桩机自重或配重来平衡。

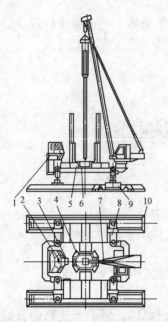

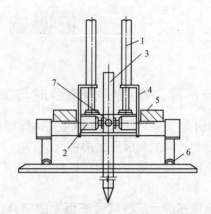

图 5-11　全液压静力压桩机构造示意

1—操作室；2—电气操作室；3—液压系统；

4—导向压桩架；5—配重；6—夹持机构；

7—辅桩工作机；8—支腿平台；

9—短船行走机构及回转机构；

10—长船行走机构

图 5-12　全液压静力压桩机工作原理

1—压桩液压缸；2—夹持液压缸；

3—预制桩；4—导向架；

5—配重；6—行走机构；7—夹持槽梁

二、静力压桩机技术性能参数

YZY 系列静力压桩机主要技术性能参数见表 5-8。

表 5-8　YZY 系列静力压桩机主要技术性能参数

型号技术参数		YZY200	YZY280	YZY400	YZY500
最大压入力/kN		2 000	2 800	4 000	5 000
单桩承载能力(参考值)/kN		1 300～1 500	1 800～2 100	2 600～3 000	3 200～3 700
边桩距离/m		3.9	3.5	3.5	4.5
接地压力/MPa 长船/短船		0.08/0.09	0.094/0.12	0.097/0.125	0.09/0.137
压桩桩段截面尺寸 (长×宽)/m	最小	0.35×0.35	0.35×0.35	0.35×0.35	0.4×0.4
	最大	0.5×0.5	0.5×0.5	0.5×0.5	0.55×0.55
行走速度(长船)/(m·s⁻¹)	伸程	0.09	0.088	0.069	0.083
压桩速度/(m·s⁻¹) 慢(2缸)/快(4缸)		0.033	0.038	0.025/0.079	0.023/0.07
一次最大转角/rad		0.46	0.45	0.4	0.21
液压系统额定工作压力/MPa		20	26.5	24.3	22
配电功率/kW		96	112	112	132

型号技术参数		YZY200	YZY280	YZY400	YZY500
工作吊机	起重力矩/(kN·m)	460	460	480	720
	用桩长度/m	13	13	13	13
整机质量	自重/t	80	90	130	150
	配重/t	130	210	290	350
拖运尺寸(宽×高)/m		3.38×4.2	3.38×4.3	3.39×4.4	3.38×4.4

三、静力压桩机安全使用技术

(1)一般规定。

1)桩机上的起重部件应执行"建筑起重机械"的有关规定。

2)施工现场应按桩机使用说明书的要求进行整平压实。地基承载力应满足桩机的使用要求。在基坑和围堰内打桩，应配置足够的排水设备。

3)桩机作业区内不得有妨碍作业的高压线路、地下管道和埋设电缆。作业区应有明显标志或围栏，非工作人员不得进入。

4)桩机电源供电距离宜在 200 m 以内。工作电源电压的允许偏差为其公称值的±5%。电源容量与导线截面应符合设备施工技术要求。

5)作业前，应由项目负责人向作业人员作详细的安全技术交底。桩机的安装、试机、拆除应严格按设备使用说明书的要求进行。

6)作业前，应检查并确认桩机各部件连接牢靠，各传动机构、齿轮箱、防护罩、吊具、钢丝绳、制动器等应完好，起重机起升幅机构、变幅机构工作正常，润滑油、液压油的油位符合规定，液压系统无泄漏，液压缸动作灵敏，作业范围内不得有非工作人员或障碍物。

7)水上打桩时，应选择排水量比桩机质量大 4 倍以上的作业船或安装牢固的排架，桩机与船体或排架应可靠固定，并应采取有效的锚固措施。当打桩船或排架的偏斜度超过 3°时，应停止作业。

8)桩机吊桩、吊锤、回转、行走等动作不应同时进行。吊桩时，应在桩上拴好拉绳，避免桩与桩锤或机架碰撞。桩机吊锤(桩)时，锤(桩)的最高点距离立柱顶部的最小距离应确保安全。轨道式桩机吊桩时应夹紧夹轨器。桩机在吊有桩和锤的情况下，操作人员不得离开岗位。

9)桩机不得侧面吊桩或远距离拖桩。桩机在正前方吊桩时，混凝土预制桩与桩机立柱的水平距离不应大于 4 m，钢桩不应大于 7 m，并应防止桩与立柱碰撞。

10)使用双向立柱时，应在立柱转向到位，并应采用锁销将立柱与基杆锁住后起吊。

11)施打斜桩时，应先将桩锤提升到预定位置，并将桩吊起，套入桩帽，待桩尖插入桩位后再后仰立柱。履带三支点式桩架在后倾打斜桩时，后支撑杆应顶紧；轨道式桩架应在平台后增加支撑，并夹紧夹轨器。立柱后仰时，桩机不得回转及行走。

12)桩机回转时，制动应缓慢，轨道式和步履式桩架同向连续回转不应大于一周。

13)插桩后，应及时校正桩的垂直度。桩入土 3 m 以上时，不得用桩机行走或回转动作来纠正桩的倾斜度。

14)拔送桩时，不得超过桩机起重能力；拔送载荷应符合下列规定：

①电动桩机拔送载荷不得超过电动机满载电流时的载荷；

②内燃机桩机拔送桩时，发现内燃机明显降速，应立即停止作业。

15)在作业过程中，应经常检查设备的运转情况。当发生异响、吊索具破损、紧固螺栓松动、漏气、漏油、停电以及其他不正常情况时，应立即停机检查，排除故障。

16)桩机作业或行走时，除本机操作人员外，不应搭载其他人员。

17)桩机行走时，地面的平整度与坚实度应符合要求，并应有专人指挥。走管式桩机横移时，桩机至滚管终端的距离不应小于1 m。桩机带锤行走时，应将桩锤放至最低位。履带式桩机行走时，驱动轮应置于尾部位置。

18)在有坡度的场地上，坡度应符合桩机使用说明书的规定，并应将桩机重心置于斜坡上方，沿纵坡方向作业和行走。桩机在斜坡上不得回转。在场地的软硬边际，桩机不应横跨软硬边际。

19)遇风速12.0 m/s及以上的大风和雷雨、大雾、大雪等恶劣气候时，应停止作业。当风速达到13.9 m/s及以上时，应将桩机顺风向停置，并应按使用说明书的要求，增设缆风绳，或将桩架放倒。桩机应有防雷措施，遇雷电时，人员应远离桩机。冬季作业应清除柱机上积雪；工作平台应有防滑措施。

20)桩孔成型后，当暂不浇筑混凝土时，孔口必须及时封盖。

21)作业中，当停机时间较长时，应将桩锤落下垫稳。检修时，不得悬吊桩锤。

22)桩机在安装、转移和拆运时，不得强行弯曲液压管路。

(2)桩机纵向行走时，不得单向操作一个手柄，应两个手柄一起动作。短船回转或横向行走时，不应碰触长船边缘。

(3)桩机在升降过程中，四个顶升缸中的两个一组，交替动作，每次行程不得超过100 mm。当单个顶升缸动作时，行程不得超过50 mm。压桩机在顶升过程中，船形轨道不宜压在已入土的单一桩顶上。

(4)压桩作业时，应有统一指挥，压桩人员和吊桩人员应密切联系，相互配合。

(5)起重机吊桩进入夹持机构，进行接桩或插桩作业后，操作人员在压桩前应确认吊钩已安全脱离桩体。

(6)操作人员应按照桩机技术性能作业，不得超载运行。操作时动作不应过猛，应避免冲击。

(7)桩机发生浮机时，严禁起重机作业。如起重机已起吊物体，应立即将起吊物卸下，暂停压桩。在查明原因采取相应措施后，方可继续施工。

(8)压桩时，非工作人员应离机10 m。起重机的起重臂及桩机配重下方严禁站人。

(9)压桩时，操作人员的身体不得进入压桩台与机身的间隙之中。

(10)压桩过程中，桩产生倾斜时，不得采用桩机行走的方法强行纠正，应先将桩拔起，清除地下障碍物后，再重新插桩。

(11)在压桩过程中，当夹持的桩出现打滑现象时，应通过提高液压缸压力增加夹持力，不得损坏桩，并应及时找出打滑原因，排除故障。

(12)桩机接桩时，上一节桩应提升350~400 mm，并不得松开夹持板。

(13)当桩的贯入阻力超过设计值时，增加配重应符合使用说明书的规定。

（14）当桩压到设计要求时，不得用桩机行走的方式，将超过规定高度的桩顶部分强行推断。

（15）作业完毕，桩机应停放在平整地面上，短船应运行至中间位置，其余液压缸应缩进回程，起重机吊钩应升至最高位置，各部制动器应制动，外露活塞杆应清理干净。

（16）作业后，应将控制器放在"零位"，并依次切断各部电源，锁闭门窗，冬季应放尽各部积水。

（17）转移工地时，应按规定程序拆卸桩机，所有油管接头处应加保护盖帽。

锤击桩机和
静压桩机的区别

第五节　转盘钻孔机

转盘钻孔机是通过转盘驱动钻杆进行钻孔作业的桩工机械。工程中转盘钻孔机即回转钻成孔灌注桩常用的回转式（转盘式）钻机，也是一般的地质钻机。该钻机具有机动性能好、结构紧凑、整体性强、运输搬迁容易、操作简便、传动可靠、用途广泛、效率较高等特点。

一、转盘钻孔机主要技术性能

常用国产转盘式循环钻孔机型号及主要技术性能参数见表 5-9。

表 5-9　常用国产转盘式循环钻孔机型号及主要技术性能参数

型号技术性能	GPS－15	SPJT－300	SPC－500	QJ250	ZJ150－1	G－4	BRM－1	GJD－1500	红星－400 XF－3	GJC－400 HF
钻孔直径/mm	150～800	500	350～500	2 500	1 500	1 000	1 250	1 500～2 000	1 500	1 000～1 500
钻孔深度/m	50	300	600	100	70～100	50	40～600	50	50	40
转盘扭矩/(kN·m^{-1})	17.7	17.7	—	68.6	3.5～19.5	20	3.3～12.1	39.2	40.0	14.0
转盘转速/(r·min^{-1})	13～42	40～128	42～203	12～40	22～120	10～80	9～52	6.3～30.6	12	20～47
钻孔方式	泵吸反循环	正反循环	正循环	正反循环	正反循环	正反循环	正反循环	正反循环冲击钻进	正反循环	正反循环
加压进给方式				自重	自重		配重		自重	
驱动功率/kW	30	40	75	95	55	20	22	63	40	116
质量/kg	15 000	11 000	25 000	13 000	1 000	—	9.200	20 500	7 000	15 000

二、转盘钻孔机安全使用技术

(1)一般规定。参见"静力压桩机"使用的相关规定。

(2)钻架的吊重中心、钻机的卡孔和护进管中心应在同一垂直线上，钻杆中心偏差不应大于 20 mm。

(3)钻头和钻杆连接螺纹应良好，滑扣时不得使用。钻头焊接应牢固可靠，不得有裂纹。钻杆连接处应安装便于拆卸的垫圈。

(4)作业前，应先将各部操纵手柄置于空挡位置，人力盘动时不得有卡阻现象，然后空载运转，确认一切正常后方可作业。

(5)开钻时，应先送浆后开钻；停机时，应先停钻后停浆。泥浆泵应有专人看管，对泥浆质量和浆面高度应随时测量和调整，随时清除沉淀池中杂物，出现漏浆现象时应及时补充。

(6)开钻时，钻压应轻，转速应慢。在钻进过程中，应根据地质情况和钻进深度，选择合适的钻压和钻速，均匀给进。

(7)换挡时，应先停钻，挂上挡后再开钻。

(8)加接钻杆时，应使用特制的连接螺栓紧固，并应做好连接处的清洁工作。

(9)钻机下和井孔周围 2 m 以内及高压胶管下，不得站人。钻杆不应在旋转时提升。

(10)发生提钻受阻时，应先设法使钻具活动后再慢慢提升，不得强行提升。当钻进受阻时，应采用缓冲击法解除，并查明原因，采取措施继续钻进。

(11)钻架、钻台平车、封口平车等的承载部位不得超载。

(12)使用空气反循环时，喷浆口应遮拦，管端应固定。

(13)钻进结束时，应把钻头略为提起，降低转速，空转 5～20 min 后再停钻。停钻时，应先停钻后停风。

(14)作业后，应对钻机进行清洗和润滑，并应将主要部位进行遮盖。

第六节 螺旋钻孔机

一、螺旋钻孔机分类与构造

螺旋钻孔机在我国北方地区使用较多，常用的有长螺旋钻孔机和短螺旋钻孔机两种。

1. 长螺旋钻孔机构造

如图 5-13 所示，装在履带底盘上的长螺旋钻孔机的钻具由电动机、减速器、钻杆、钻头等组成，整套钻具悬挂在钻架上，钻具的就位、起落均由履带底盘控制。

2. 短螺旋钻孔机构造

短螺旋钻孔机构造如图 5-14 所示。

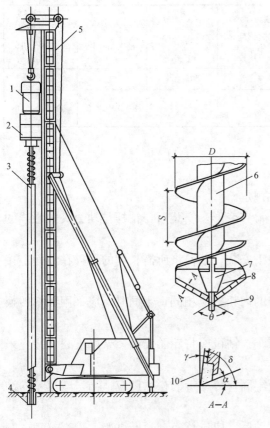

图 5-13　长螺旋钻孔机构造示意

1—电动机；2—减速器；3—钻杆；4—钻头；
5—钻架；6—无缝钢管；7—钻头接头；8—刀板；
9—定心尖；10—切削刃

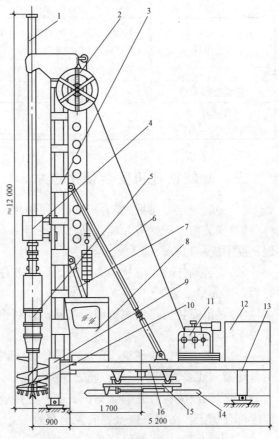

图 5-14　短螺旋钻孔机构造示意

1—钻杆；2—电缆卷筒；3—立柱；4—导向架；
5—钻孔主机；6—斜撑；7—起架油缸；8—操作室；
9—前支腿；10—钻头；11—卷扬机；12—液压系统；
13—后支腿；14—履靴；15—底架；16—平台

二、螺旋钻孔机技术性能

螺旋钻孔机规格与技术性能参数见表 5-10。

表 5-10　螺旋钻孔机规格与技术性能参数

型号项目	LZ 型长螺旋钻孔机	KL600 型螺旋钻孔机	BZ—1 型短螺旋钻孔机	ZKL400（ZKL600）钻孔机	BQZ 型步履式钻孔机	DZ 型步履式钻孔机
钻孔最大直径/mm	300、600	400、500	300～800	400(600)	400	1 000～1 500
钻孔最大深度/m	15	15、15	8、11、8	12～16	8	30
钻杆长度/m	—	18.3、18.8	—	22	9	—
钻头转速/(r·min⁻¹)	63～116	50	45	80	85	38.5
钻进速度/(m·min⁻¹)	1.0	—	3.1	—	1	0.2

型号项目	LZ 型长螺旋钻孔机	KL600 型螺旋钻孔机	BZ—1 型短螺旋钻孔机	ZKL400 (ZKL600) 钻孔机	BQZ 型步履履式钻孔机	DZ 型步履式钻孔机
电机功率/kW	40	50、55	40	30~55	22	22
外形尺寸/m (长×宽×高)	—			—	8×4×12.5	6×4.1×16

三、螺旋钻孔机安全使用技术

(1)一般规定。参见"静力压桩机"使用相关规定。

(2)安装前，应检查并确认钻杆及各部件不得有变形，安装后，钻杆与动力头中心线的偏斜度不应超过全长的1%。

(3)安装钻杆时，应从动力头开始，逐节往下安装。不得将所需长度的钻杆在地面上接好后一次起吊安装。

(4)钻机安装后，电源的频率与钻机控制箱的内频率应相同，不同时，应采用频率转换开关予以转换。

(5)钻机应放置在平稳、坚实的场地上。汽车式钻机应将轮胎支起，架好支腿，并应采用自动微调或线锤调整挺杆，使之保持垂直。

(6)启动前应检查并确认钻机各部件连接应牢固，传动带的松紧度应适当，减速箱内油位应符合规定，钻深限位报警装置应有效。

(7)启动前，应将操纵杆放在空挡位置。启动后，应进行空载运转试验，检查仪表、制动等各项，温度、声响应正常。

(8)钻孔时，应将钻杆缓慢放下，使钻头对准孔位，当电流表指针偏向无负荷状态时即可下钻，在钻孔过程中，当电流表超过额定电流时，应放慢下钻速度。

(9)钻机发出下钻限位报警信号时，应停钻，并将钻杆稍稍提升，在解除报警信号后，方可继续下钻。

(10)卡钻时，应立即停止下钻。查明原因前，不得强行启动。

(11)作业中，当需改变钻杆回转方向时，应在钻杆完全停转后再进行。

(12)作业中，当发现阻力过大、钻进困难、钻头发出异响或机架出现摇晃、移动、偏斜时，应立即停钻，在排除故障后，继续施钻。

(13)钻机运转时，应有专人看护，防止电缆线被缠入钻杆。

(14)钻孔时，不得用手清除螺旋片中的泥土。

(15)在钻孔过程中，应经常检查钻头的磨损情况，当钻头磨损量超过使用说明书的允许值时，应予更换。

(16)作业中停电时，应将各控制器放置零位，切断电源，并应及时采取措施，将钻杆从孔内拔出。

(17)作业后，应将钻杆及钻头全部提升至孔外，先清除钻杆和螺旋叶片上的泥土，再将钻头放下接触地面，锁定各部制动，将操纵杆放到空挡位置，切断电源。

第七节　全套管钻机

一、全套管钻机类型与构造

1. 整体式套管钻孔机

如图 5-15 所示，**整体式套管钻孔机由履带主机、落锤式抓斗、钻架和套管作业装置组成。**

2. 分体式套管钻孔机

如图 5-16 所示，**分体式套管钻孔机由履带起重机、落锤式抓斗、套管和独立摇动式钻孔机等组成。**

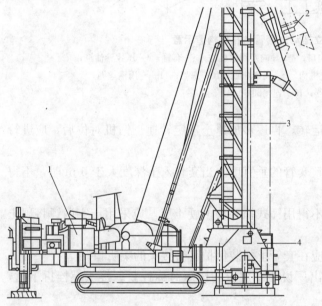

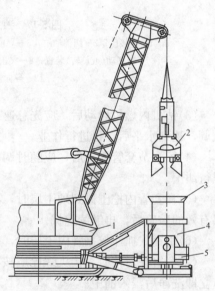

图 5-15　整体式套管钻孔机构造示意
1—履带主机；2—落锤式抓斗；3—钻架；4—套管作业装置

图 5-16　分体式套管钻孔机构造示意
1—履带起重机；2—落锤式抓斗；
3—导向口；4—套管；5—独立摇动式钻孔机

3. 独立摇动式套管钻孔机

如图 5-17 所示，**独立摇动式套管钻孔机由导向及纠偏机构、摆动(或旋转)装置、夹击机构、夹紧油缸、压拔管油缸和底架等组成。**

二、全套管钻机安全使用技术

(1)一般规定。参见"静力压桩机"使用相关规定。

(2)作业前应检查并确认套管和浇筑管内侧不得有损坏和明显变形，不得有混凝土粘结。

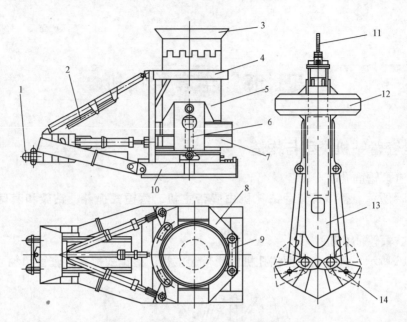

图 5-17　独立摇动式套管钻孔机构造示意

1—连接座；2—纠偏油缸；3—导向口；4—导向及纠偏机构；5—套管；6—压拔管油缸；

7—摆动（或旋转）装置；8—夹击机构；9—夹紧油缸；10—底架；11—专用钢丝绳；

12—导向器；13—连接圆杆；14—抓斗

（3）钻机内燃机启动后，应先怠速运转，再逐步加速至额定转速。钻机对位后，应进行试调，达到水平后，再进行作业。

（4）第一节套管入土后，应随时调整套管的垂直度。当套管入土深度大于 5 m 时，不得强行纠偏。

（5）在套管内挖土碰到硬土层时，不得用锤式抓斗冲击硬土层，应采用十字凿锤将硬土层有效的破碎后，再继续挖掘。

（6）用锤式抓斗挖掘管内土层时，应在套管上加装保护套管接头的喇叭口。

（7）套管在对接时，接头螺栓应按出厂说明书规定的扭矩对称拧紧。接头螺栓拆下时，应立即洗净后浸入油中。

（8）起吊套管时，不得用卡环直接吊在螺纹孔内，损坏套管螺纹，应使用专用工具吊装。

（9）在挖掘过程中，应保持套管的摆动。当发现套管不能摆动时，应拔出液压缸，将套管上提，再用起重机助拔，直至拔起部分套管能摆动为止。

（10）浇筑混凝土时，钻机操作应和灌注作业密切配合，应根据孔深、桩长适当配管，套管与浇筑管保持同心，在浇筑管埋入混凝土 2～4 m 之间时，应同步拔管和拆管。

（11）上拔套管时，应左右摆动。套管分离时，下节套管头应用卡环保险，防止套管下滑。

（12）作业后，应及时清除机体、锤式抓斗及套管等外表的混凝土和泥砂，将机架放回行走位置，将机组转移至安全场所。

全套管全
回转钻机

第八节　旋挖钻机

旋挖钻机是一种适合建筑基础工程中成孔作业的施工机械。主要适用于砂土、黏性土、粉质土等土层施工，在灌注桩、连续墙、基础加固等多种地基基础施工中得到了广泛应用。

一、旋挖钻机的分类与工作参数

旋挖钻机根据其主要工作参数的不同可分为小型机、中型机和大型机三种类型，见表5-11。

表 5-11　旋挖钻机的类型

类型	扭矩/(kN·m)	发动机功率/kW	钻孔直径/m	钻孔深度/m	钻机整机质量/t
小型机	100	170	0.5～1	40	40
中型机	180	200	0.8～1.8	60	65
大型机	240	300	1～2.5	80	100

二、旋挖钻机安全使用技术

（1）一般规定。参见"静力压桩机"使用相关规定。

（2）作业地面应坚实平整。作业过程中地面不得下陷，工作坡度不得大于2°。

（3）钻机驾驶员进出驾驶室时，应利用阶梯和扶手上下。在作业过程中，不得将操纵杆当扶手使用。

（4）钻机行驶时，应将上车转台和底盘车架销住，履带式钻机还应锁定履带伸缩油缸的保护装置。

（5）钻孔作业前，应检查并确认固定上车转台和底盘车架的销轴已拔出。履带式钻机应将履带的轨距伸至最大。

（6）在钻机转移工作点、装卸钻具钻杆、收臂放塔和检修调试时，应有专人指挥，并确认附近不得有非作业人员和障碍。

（7）卷扬机提升钻杆、钻头和其他钻具时，重物应位于桅杆正前方。卷扬机钢丝绳与桅杆夹角应符合使用说明书的规定。

（8）开始钻孔时，钻杆应保持垂直，位置应正确，并应慢速钻进，在钻头进入土层后再加快钻进。当钻斗穿过软硬土层交界处时，应慢速钻进。提钻时，钻头不得转动。

（9）作业中，发生浮机现象时，应立即停止作业，查明原因并正确处理后，继续作业。

（10）钻机移位时，应将钻桅及钻具提升到规定高度，并应检查钻杆，防止钻杆脱落。

（11）作业中，钻机作业范围内不得有非工作人员进入。

（12）钻机短时停机，钻桅可不放下，动力头及钻具应下放，并宜尽量接近地面。长时间停机，钻桅应按使用说明书的要求放置。

（13）钻机保养时，应按使用说明书的要求进行，并应将钻机支撑牢靠。

第九节 其他桩工机械与设备

一、深层搅拌机

深层搅拌机是用深层搅拌法加固软土地基的专用机械设备，它可在地基深部就地将软黏土和输入的水泥浆强制拌和，使软黏土硬结成具有整体性、水稳性和足够强度的水泥土。其具有结构简单，维修、运输方便，工作可靠等特点，还便于和各种桩架(如 JJB 系列步履式桩架、JJ 系列走管式桩架、简易履带式桩架)配套。

深层搅拌机的安全使用应遵循下列规定：

(1)搅拌机就位后，应检查搅拌机的水平度和导向架的垂直度，并应符合使用说明书的要求。

(2)作业前，应先空载试机，设备不得有异响，并应检查仪表、油泵等，确认正常后，正式开机运转。

(3)吸浆、输浆管路或粉喷高压软管的各接头应连接紧固。泵送水泥浆前，管路应保持湿润。

(4)作业中，应控制深层搅拌机的入土切削速度和提升搅拌的速度，并应检查电流表，电流不得超过规定。

(5)发生卡钻、停钻或管路堵塞现象时，应立即停机，并应将搅拌头提离地面，查明原因，妥善处理后，重新开机施工。

(6)作业中，搅拌机动力头的润滑应符合规定，动力头不得断油。

(7)当喷浆式搅拌机停机超过 3 h，应及时拆卸输浆管路，排除灰浆，清洗管道。

(8)作业后，应按使用说明书的要求，做好清洁保养工作。

二、成槽机

成槽机又称开槽机，是施工地下连续墙时由地表向下开挖成槽的机械装备。成槽机有多头螺旋钻、冲抓斗、冲击钻、多头钻以及轮铣式、盘铣式、钳槽式和刨切式等。成墙厚度为 400～1 500 mm，一次施工成墙长度为 2 500～2 700 mm。

成槽机安全使用应遵循下列规定：

(1)作业前，应检查各传动机构、安全装置、钢丝绳等，并应确认安全可靠后，空载试车，试车运行中，应检查油缸、油管、油马达等液压元件，不得有渗漏油现象，油压应正常，油管盘、电缆盘应运转灵活，不得有卡滞现象，并应与起升速度保持同步。

(2)成槽机回转应平稳，不得突然制动。

(3)成槽机作业中，不得同时进行两种及两种以上动作。

(4)钢丝绳应排列整齐，不得松乱。

(5)成槽机起重性能参数应符合主机起重性能参数，不得超载。

(6)安装时，成槽抓斗应放置在把杆铅锤线下方的地面上，把杆角度应为 75°～78°。起升把杆时，成槽抓斗应随着逐渐慢速提升，电缆与油管应同步卷起，以防油管与电缆损坏。接油管时应保持油管的清洁。

（7）工作场地应平坦坚实，在松软地面作业时，应在履带下铺设厚度在 30 mm 以上的钢板，钢板纵向间距不应大于 30 mm。起重臂最大仰角不得超过 78°，并应经常检查钢丝绳、滑轮，不得有严重磨损及脱槽现象，传动部件、限位保险装置、油温等应正常。

（8）成槽机行走履带应平行槽边，并应尽可能使主机远离槽边，以防槽段塌方。

（9）成槽机工作时，把杆下不得有人员，人员不得用手触摸钢丝绳及滑轮。

（10）成槽机工作时，应检查成槽的垂直度，并应及时纠偏。

（11）成槽机工作完毕，应远离槽边，抓斗应着地，设备应及时清洁。

（12）拆卸成槽机时，应将把杆置于 75°～78°位置，放落成槽抓斗，逐渐变幅把杆，同步下放起升钢丝绳、电缆与油管，并应防止电缆、油管拉断。

（13）运输时，电缆及油管应卷绕整齐，并应垫高油管盘和电缆盘。

三、冲孔桩机

冲孔桩机由桩锤、桩架及附属设备等组成。桩锤依附在桩架前部两根平行的竖直导杆（俗称龙门）之间，用提升吊钩吊升。桩架为钢结构塔架，在其后部设有卷扬机，用以起吊桩和桩锤。

冲孔桩机的安全使用应遵循下列规定：

（1）冲孔桩机施工场地应平整坚实。

（2）作业前应重点检查下列项目，并应符合相应要求：

1）连接应牢固，离合器、制动器、棘轮停止器、导向轮等传动应灵活可靠；

2）卷筒不得有裂纹，钢丝绳缠绕应正确，绳头应压紧，钢丝绳断丝、磨损不得超过规定；

3）安全信号和安全装置应齐全盘好；

4）桩机应有可靠的接零或接地，电气部分应绝缘良好；

5）开关应灵敏可靠。

（3）卷扬机启动、停止或到达终点时，速度应平缓。

（4）冲孔作业时，不得碰撞护筒、孔壁和钩挂护筒底缘；重锤提升时，应缓慢平稳。

（5）卷扬机钢丝绳应按规定进行保养及更换。

（6）卷扬机换向应在重锤停稳后进行，减少对钢丝绳的破坏。

（7）钢丝绳上应设有标记，提升落锤高度应符合规定，防止提锤过高，击断锤齿。

（8）停止作业时，冲锤应提出孔外，不得埋锤，并应及时切断电源；重锤落地前，司机不得离岗。

本章小结

桩工机械包括柴油桩锤、振动桩锤、桩架、静力压桩机、转盘钻孔机、螺旋钻孔机、全套管钻机、旋挖钻机及深层搅拌机、成槽机等。利用桩锤的冲击部分（锤体）上下跳动所产生的冲击力和柴油燃烧爆发的能量，将桩打入地层的机械称为柴油打桩锤打桩机，其主要由活塞、缸锤、导杆、顶横梁、起落架和燃油系统组成。利用高频振动（700～1 800 次/min）所产生的力量，将桩沉入土层的机械称为振动沉桩机，其主要由原动机(电动机、液压马达)、激振器、支持器和减振器组成。桩架按其移动的方式，可分为滚动式、轨道式、履带式、步履式、轮胎式等几种。静力压桩机是使用静力将桩压入土层中的机械，分为机械式和液压式两种。转盘钻机是通过转盘驱动钻杆进行钻孔作业的桩工机械，常用的KPG-3000A型全液压钻孔机由钻架、转盘、水龙头、主卷扬机、钻具、液压泵站、封口平车等部件组成。螺旋钻孔机在我国北方地区使用较多，常用的有长螺旋钻孔机和短螺旋钻孔机两种。全套管钻机分为整体式套管钻孔机、分体式套管钻孔机和独立摇动式套管钻孔机。旋挖钻机是一种适合建筑基础工程中成孔作业的施工机械。除上述机械与设备外，桩工机械与设备还包括深层搅拌机、成槽机和冲孔桩基等。

思考题

一、填空题

1. 按桩锤的动作特点和结构的不同，其可分为_____和_____。

2. 桩的承载能力主要由桩锤的_____来决定。

3. 振动桩锤按作用原理分为_____和_____两种。

二、选择题

1. 筒式打桩锤的最大冲程都限制在(　　)m以内。

A. 2.5　　　　　　B. 3.5　　　　　　C. 4.5　　　　　　D. 5.5

2. 柴油打桩锤作业前应检查导向板的固定与磨损情况，导向板不得有松动或缺件，导向面磨损不得大于(　　)mm。

A. 7　　　　　　　B. 9　　　　　　　C. 11　　　　　　　D. 13

3. 机升降过程中，四个顶升缸中的两个一组，交替动作，每次行程不得超过(　　)mm。

A. 100　　　　　　B. 200　　　　　　C. 300　　　　　　D. 400

4. 压桩时，非工作人员应离机(　　)m。

A. 4　　　　　　　B. 6　　　　　　　C. 8　　　　　　　D. 10

三、问答题

1. 选择柴油打桩锤应考虑哪些因素？

2. 振动桩锤按动力装置与振动器连接方式是如何进行分类的？

3. 如何进行打桩机的安装？

4. 全套管钻机安全使用应符合哪些规定？

第六章 混凝土机械

知识目标

了解混凝土搅拌运输车、混凝土输送泵、混凝土喷射机、混凝土布料机(杆)的分类，熟悉混凝土搅拌机、混凝土运输车、混凝土输送泵、混凝土泵车、混凝土振动台、混凝土喷射机、混凝土布料机(杆)的构造组成、工作原理及性能参数，掌握混凝土搅拌机、混凝土搅拌运输车、混凝土输送泵、混凝土泵车、混凝土振捣器、混凝土振动台、混凝土喷射机、混凝土布料机(杆)的安全使用。

能力目标

通过本章内容的学习，能够熟练进行混凝土搅拌机、混凝土搅拌运输车、混凝土输送泵、混凝土泵车、混凝土振捣器、混凝土振动台、混凝土喷射机、混凝土布料机(杆)的安全使用操作。

第一节　混凝土搅拌机

混凝土搅拌机是指将水泥、砂石骨料和水混合并拌制成混凝土混合料的机械。其主要由拌筒、加料和卸料机构、供水系统、原动机、传动机构、机架和支承装置等组成。其按工作性质可分为间歇式(分批式)和连续式；按搅拌原理可分为自落式和强制式；按安装方式可分为固定式和移动式；按出料方式可分为倾翻式和非倾翻；按拌筒结构形式可分为梨式、鼓筒式、双锥、圆盘立轴式和圆槽卧轴式等。

一、混凝土搅拌机的结构组成

混凝土搅拌机的组成可以分为缸体系统、搅拌系统和传动系统三个部分。

1. 缸体系统

缸体系统由缸体及附件组成，用于承载搅拌物及支撑各部件。

（1）缸体是由宽厚钢板弯制而成的 Ω 型双桶，在特别设计并制作的多功能框架承托下具有极佳的屈服力，承托部位也能使缸体具有足够的刚性而确保双卧轴的平行度和单轴的同心度不偏移。

（2）上盖由主体、观察门、观察窗、安全开关、管路系统等构成，其主要功能为密封、进料、观察。

（3）检修平台是由花纹板与框架构成的作业平台，也可以根据需要收放和支撑，方便作业与维修。

2. 搅拌系统

搅拌系统由搅拌轴、搅拌臂、搅拌刀与缸体内衬（耐磨衬板）构成搅拌功能主体。搅拌系统依靠平行的双卧轴相反方向转动，其方向在轴端面向头部或尾部右侧均未顺时针运转；左侧均未逆时针运转。双卧轴上的搅拌臂及刮刀轴向呈 90°或 60°间隔，双轴呈 45°或 60°交错运行，数量因搅拌机型号而异，其配合适当的间隙及运作在短时间内达到完美均匀的搅拌效果。

3. 传动系统

传动系统由搅拌电机、主动轮和从动轮、传动皮带、联轴器、减速箱和连接套、菊花轴和菊花套以及大小皮带轮防护罩组成。其作用是经高速变到低速，经菊花套传动至两搅拌轴。

二、混凝土搅拌机技术性能参数

目前，广泛应用于大中型预制构件厂及公路、桥梁、水利、码头等工业及民用建筑工程的混凝土搅拌机为 JS2000 强制式混凝土搅拌机。JS2000 主机是目前国内外先进、理想的建筑设备机型，其搅拌系统是由电动机、皮带轮、减速器、开式齿轮、搅拌筒搅拌装置、供油装置等组成。电动机直接与摆线针减速器连接，减速器两输出轴通过对开式齿轮分别带动水平配置的搅拌轴反向等速回转。其适用于塑性、干硬性、轻骨料混凝土及各种灰浆、砂浆的搅拌。JS2000 强制式混凝土搅拌机采用机动出料，能与翻斗车配套使用，是各种建筑工地的理想机具。JS2000 混凝土搅拌机具有自动化程度高、搅拌质量好、搅拌时间短、效率高、能耗低、噪声小、拌和均匀、操作方便、卸料速度快、衬板和叶片使用寿命长、维修保养方便、生产率高等优点。JS2000 强制式混凝土搅拌机的技术参数见表 6-1。

表 6-1　JS2000 强制式混凝土搅拌机的技术参数

项目		参数
出料容量		2 000 L
进料容量		3 200 L
生产率		≥100 m³/h
骨料最大粒径（卵石、碎石）/mm		80/60
搅拌叶片	转速	23 r/min
	数量	2×9
搅拌电机	型号	Y280S-4
	功率	75 kW
卷扬电机	型号	YEJ180L-4
	功率	22 kW

项目		参数
水泵电机	型号	CK65/20L
	功率	4 kW
料斗提升速度		26.8 m/min
外形尺寸(长×宽×高)	运输状态	5 680×2 250×2 735 mm
	工作状态	10 720×3 870×10 726 mm
整机质量		15 000 kg
卸料高度		3 800 mm

三、混凝土搅拌机安全使用技术

(1)一般规定。

1)混凝土机械的内燃机、电动机、空气压缩机及行驶部分的使用均应按规定进行。

2)液压系统的溢流阀、安全阀应齐全有效,调定压力应符合说明书要求。系统应无泄漏,工作应平稳,不得有异响。

3)混凝土机械的工作机构、制动器、离合器、各种仪表及安全装置应齐全完好。

4)电气设备作业应符合现行行业标准《施工现场临时用电安全技术规范》(JGJ 46—2005)的有关规定。插入式、平板式振捣器的漏电保护器应采用防溅型产品,其额定漏电动作电流不应大于15 mA;额定漏电动作时间不应大于0.1 s。

5)冬期施工,机械设备的管道、水泵及水冷却装置应采取防冻保温措施。

(2)作业区应排水通畅,并应设置沉淀池及防尘设施。

(3)操作人员视线应良好。操作台应铺设绝缘垫板。

(4)作业前应重点检查下列项目,并应符合相应要求:

1)料斗上、下限位装置应灵敏有效,保险销、保险链应齐全完好。钢丝绳报废应按现行国家标准《起重机 钢丝绳 保养、维护、安装、检验和报废》(GB/T 5972—2016)的规定执行。

2)制动器、离合器应灵敏可靠。

3)各传动机构、工作装置应正常,开式齿轮、皮带轮等传动装置的安全防护罩应齐全可靠。齿轮箱、液压油箱内的油质和油量应符合要求。

4)搅拌筒与托轮接触应良好,不得窜动、跑偏。

5)搅拌筒内叶片应紧固,不得松动,叶片与衬板间隙应符合说明书规定。

6)搅拌机开关箱应设置在距搅拌机5 m的范围内。

(5)作业前应进行空载运转,确认搅拌筒或叶片运转方向正确。反转出料的搅拌机应进行正转、反转运转。空载运转时,不得有冲击现象和异常声响。

(6)供水系统的仪表计量应准确,水泵、管道等部件应连接可靠,不得有泄漏。

(7)搅拌机不宜带载启动,在达到正常转速后上料,上料量及上料程序应符合使用说明书的规定。

混凝土
搅拌楼(站)

(8)料斗提升时，人员严禁在料斗下停留或通过；当需在料斗下方进行清理或检修时，应将料斗提升至上止点，并必须用保险销锁牢或用保险链挂牢。

(9)搅拌机运转时，不得进行维修、清理工作。当作业人员需进入搅拌筒内作业时，应先切断电源，锁好开关箱，悬挂"禁止合闸"的警示牌，并应派专人监护。

(10)作业完毕，宜将料斗降到最低位置，并应切断电源。

第二节　混凝土搅拌运输车

一、混凝土搅拌运输车类型

混凝土搅拌运输车是运输混凝土的专用车辆，在运输过程中装载混凝土的搅拌筒能缓慢旋转，可有效防止混凝土的离析，从而保证混凝土的输送质量。

混凝土搅拌运输车的类型如下：

(1)混凝土搅拌运输车按运载底盘结构形式，可分为**自行式**和**拖挂式搅拌输送车**。自行式为采用普通载重汽车底盘；拖挂式为采用专用拖挂式底盘。

(2)混凝土搅拌运输车按搅拌装置传动形式，可分为**机械传动、全液压传动**和**机械-液压传动**的混凝土搅拌运输车。

(3)混凝土搅拌运输车按搅拌筒驱动形式，可分为集中驱动和单独驱动的搅拌运输车。

(4)混凝土搅拌运输车按搅拌容量大小，可分为小型混凝土搅拌运输车(搅拌容量为 3 m³ 以下)、**中型混凝土搅拌运输车**(搅拌容量为 3～8 m³)和**大型混凝土搅拌运输车**(搅拌容量为 8 m³ 以上)。其中，中型车较为通用，特别是容量为 6 m³ 的最为常用。

二、混凝土搅拌运输车构造

混凝土搅拌运输车是由汽车底盘和搅拌装置构成的。其构造如图 6-1 所示。

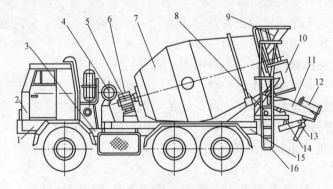

图 6-1　混凝土搅拌运输车构造示意

1—液压泵；2—取力装置；3—油箱；4—水箱；5—液压马达；
6—减速器；7—搅拌筒；8—操作机构；9—进料斗；10—卸料槽；
11—出料斗；12—加长斗；13—升降机构；14—回转机构；15—机架；16—爬梯

三、混凝土搅拌运输车技术性能参数

当前，混凝土搅拌运输车生产厂和机型迅速增多，现以产量较多的机型为例，介绍其主要技术性能参数，见表 6-2。

表 6-2　混凝土搅拌运输车的型号及主要技术性能参数

型　号		SDX5265GJBJC6	JGX5270GJB	JCD6	JCD7
搅拌筒几何容量/L		12 660	9 500	9 050	11 800
最大搅动容量/L		6 000	6 090	6 090	7 000
最大搅拌容量/L		4 500	—	5 000	—
搅拌筒倾斜角/°		13	16	16	15
搅拌筒转速 /(r·min⁻¹)	装料	0～16	0～16	1～8	6～10
	搅拌	—	—	8～12	1～3
	搅动	—	—	1～4	—
	卸料	—	—	—	8～14
供水系统	供水方式	水泵式	压力水箱式	压力水箱式	气送或电泵送
	水箱容量/L	250	250	250	800
搅拌驱动方式		液压驱动	液压驱动	F4 L912 柴油内燃机驱动	液压驱动 前端取力
底盘型号		尼桑 NISSAN CWA45HWL	T815P 13208	T815P 13208	FV413
底盘发动机功率/kW		250	—	—	—
外形尺寸 /mm	长	7 550	8 570	8 570	8 220
	宽	2 495	2 500	2 500	2 500
	高	3 695	3 630	3 630	3 650
质量/kg	空车	12 300	11 655	12 775	
	重车	26 000	26 544	27 640	

四、混凝土搅拌运输车安全使用技术

(1)混凝土搅拌运输车的内燃机和行驶部分应分别符合内燃机和行驶部分使用的有关规定。

(2)液压系统和气动装置的安全阀、溢流阀的调整压力应符合使用说明书的要求。卸料槽锁扣及搅拌筒的安全锁定装置应齐全、完好。

(3)燃油、润滑油、液压油、制动液及冷却液应添加充足，质量应符合要求，不得有渗漏。

（4）装料前应先启动内燃机空载运转，并低速旋转搅拌筒 3～5 min，当各仪表指示正常、制动气压达到规定值时，并检查确认后装料。装载量不得超过规定值。

（5）行驶前，应确认操作手柄处于"搅动"位置并锁定，卸料槽锁扣应扣牢。搅拌行驶时最高速度不得大于 50 km/h。

（6）出料作业时，应将搅拌运输车停靠在地势平坦处，应与基坑及输电线路保持安全距离，并应锁定制动系统。

（7）进入搅拌筒维修、清理混凝土前，应将发动机熄火，操作杆置于空挡，将发动机钥匙取出，并应设专人监护，悬挂安全警示牌。

混凝土搅拌运输车工作装置常见故障分析与处理

第三节　混凝土输送泵

混凝土输送泵也称为混凝土泵，是指将混凝土从搅拌设备处通过水平或垂直管道，连续不断地输送到浇筑地点的一种混凝土输送机械。采用混凝土输送泵输送混凝土的方法，既能保证质量又能减轻劳动强度，既可水平输送，也可垂直输送，特别是在场地狭窄的施工现场，更能显示其优越性。

一、混凝土输送泵分类

混凝土输送泵的种类繁多，可按工作原理、形式、输送量和驱动方式等分类。

（1）按其工作原理，可分为**挤压式混凝土输送泵**和**液压活塞式混凝土输送泵**。

（2）按其形式，可分为**固定式混凝土输送泵**和**车载式混凝土输送泵**。

（3）按其理论输送量，可分为**超小型混凝土输送泵**（10～20 m³/h）、**小型混凝土输送泵**（30～40 m³/h）、**中型混凝土输送泵**（50～95 m³/h）、**大型混凝土输送泵**（100～150 m³/h）和**超大型混凝土输送泵**（160～200 m³/h）。

（4）按驱动方式，可分为**电动机驱动**和**柴油内燃机驱动**。

（5）按其分配阀形式，可分为**垂直轴蝶阀**、**S 形阀**、**裙形阀**、**斜置式闸板阀**及**横置式板阀**。

（6）按工作时混凝土输送泵出口的混凝土压力（泵送混凝土压力），可分为**低压混凝土输送泵**（压力为 2.0～5.0 MPa）、**中压混凝土输送泵**（压力为 6.0～9.5 MPa）、**高压混凝土输送泵**（压力为 10.0～16.0 MPa）和**超高压混凝土输送泵**（压力为 22.0～28.0 MPa）。

二、混凝土输送泵的构造与工作原理

1. 液压活塞式混凝土输送泵的构造与工作原理

目前，定型生产的液压活塞式混凝土输送泵有 HB8、HB15、HB30、HB60 等型号，分为单缸和双缸两种。图 6-2 所示为 HB8 型液压活塞式混凝土输送泵。它由**电动机、料斗、球阀、机架、混凝土泵缸、空气压缩机、油缸、行走轮**等组成。

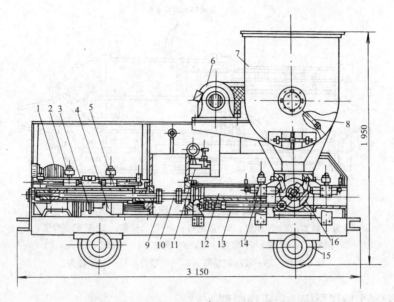

图 6-2　HB8 型液压活塞式混凝土输送泵

1—空气压缩机；2—主油缸行程阀；3—空压机离合器；

4—主电动机；5—主油缸；6—电动机；7—料斗；8—叶片；

9—水箱；10—中间接杆；11—操作阀；12—混凝土泵缸；

13—球阀油缸；14—球阀行程阀；15—行走轮；16—球阀

图 6-3 所示为 HB30 型混凝土输送泵构造。该型号属于中小排量、中等运距的双缸液压活塞式混凝土输送泵。其还有 HB30A 和 HB30B 两种改进型号，其主要区别在于液压系统。液压活塞式混凝土输送泵工作原理如图 6-4 所示，是通过液压缸的压力活塞杆推动混凝土缸中的工作活塞来压送混凝土的。

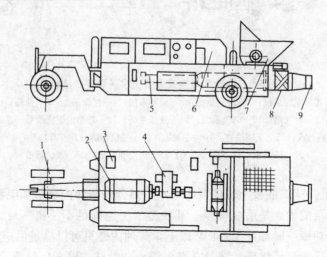

图 6-3　HB30 型混凝土输送泵构造示意

1—机架及行走机构；2—电动机和电气系统；3—液压系统；4—机械传动系统；

5—推送机构；6—机罩；7—料斗及搅拌装置；8—分配阀；9—输送管道

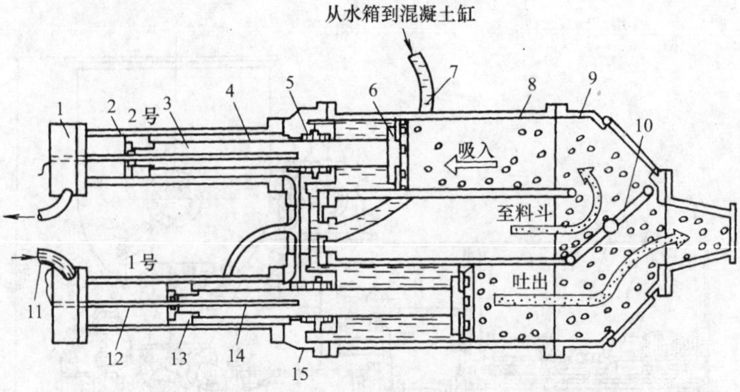

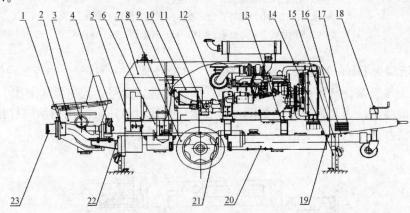

图6-4 液压活塞式混凝土输送泵工作原理示意

1—液压缸盖；2—液压缸；3—活塞杆；4—闭合油路；5—V形密封圈；
6—活塞；7—水管；8—混凝土缸；9—阀箱；10—板阀；11—油管；
12—铜管；13—液压缸活塞；14—干簧管；15—缸体接头

2. 拖式混凝土输送泵构造与工作原理

拖式混凝土输送泵主要由主动力系统、泵送系统、液压和电控系统组成，如图6-5和图6-6所示。

图6-5 柴油S阀拖式混凝土输送泵整机结构

1—"S"管式分配阀系统；2—料斗总成；3—搅拌系统；4—摆动油缸；5—油箱；6—底架；
7—机壳；8—车桥；9—电气箱；10—电气系统；11—液压系统；12—柴油内燃机改装的系统；13—动力系统；
14—长支腿总成；15—支腿油缸；16—主油缸；17—整机标牌；18—导向轮；19—工具箱；
20—柴油箱；21—泵送系统；22—短支腿总成；23—输送管道

（1）主动力系统。拖式混凝土输送泵的原动力可分为**柴油内燃机**和**电动机**两种。

1）柴油内燃机泵的优点是适应性强。某些施工工地满足不了机器对大功率的要求，因为大排量设备要求功率一般都在1.0 kW以上，柴油内燃机可以满足供应问题。

2）电动机泵的优点是价格低，同时噪声也较小，对日益提高环保要求的城市施工来说，电动机泵比较合适。

（2）泵送系统。泵送系统是混凝土输送泵的执行机构，主要功能是吸入和推出物料，用于将混凝土拌合物沿输送管道连续输送至浇筑现场。

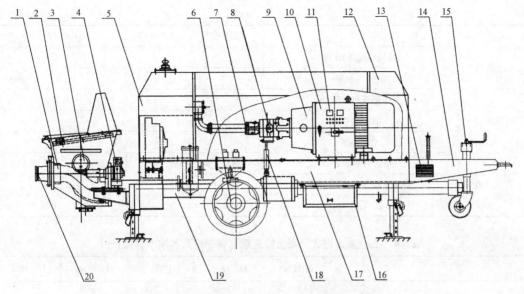

图 6-6　电动 S 阀拖式混凝土输送泵整机结构

1—"S"阀系统；2—料斗；3—搅拌系统；4—摆缸；5—液压油箱；6—车桥；7—辅油配管；
8—主油配管；9—动力系统；10—电气箱；11—电气系统；12—机壳；13—整机标牌；
14—底架；15—导向轮；16—工具柜；17—润滑系统；18—防振器；19—泵送系统；20—输送管道

（3）液压和电控系统。

1）液压系统可分为**开式系统**和**闭式系统**两种。开式系统主油泵既为主油缸提供液压油也可摆动，油缸提供液压油，具有液压油温低、清洁度高的优点；闭式系统具有液压油箱小、结构紧凑的优点。

2）电控系统一般采用 PLC 控制，当遇到异常情况时，系统内设的保护程序就会立即启动，保护混凝土输送泵不受损害；同时，在文本显示器上显示出故障原因，便于故障诊断和维修。

三、混凝土输送泵的技术性能参数

建筑施工中常用的拖式混凝土输送泵的主要规格及其技术参数见表 6-3～表 6-6。

表 6-3　中联重科拖式混凝土输送泵主要规格及其技术参数

	型　　号	HBT60.16.174RSu	HBT80.18.132S
整体性能	最大理论混凝土输送量/(m³·h⁻¹)	78/47	79/38
	混凝土输送压力/MPa	16/9	18/8.3
	分配阀形式	S管阀	S管阀
	混凝土缸规格×行程/mm	$\phi200×1\,800$	$\phi200×1\,800$
	料斗容积×上料高度/mm	600×1 400	600×1 400
	出料口直径/mm	$\phi180$	$\phi180$
动力系统	额定功率/kW	174	132
标准配置	液压油路形式	开式回路	开式回路
	高低压切换	电动	转阀

型　号		HBT60.16.174RSu	HBT80.18.132S
标准配置	快换混凝土活塞	•	○
	电控显示屏		•
可选配置	液压系统水冷散热	○	○
	清洗装置	○	○
	无线遥控	○	○
其他参数	允许最大骨料粒径/mm	卵石：50　碎石：40	卵石：50　碎石：40
	混凝土输送管内径/mm	$\phi125/\phi150$	$\phi125/\phi150$
	外形尺寸：长×宽×高/(mm×mm×mm)	6 700×2 100×2 250	6 700×2 100×2 300

表 6-4　三一重工拖式混凝土输送泵主要规格及其技术参数(一)

型　号		HBT60C-1816Ⅲ	HBT80C-1813Ⅲ	HBT80C-1816Ⅲ	HBT80C-1818Ⅲ	HBT80C-2122Ⅲ
混凝土理论输送压力(低压/高压)/MPa		70/45	85/55	85/55	87/57	85/50
混凝土理论输送量(低压/高压)/(m³·h⁻¹)		45	50/33	65/40	75/45	85/55
电动机额定功率/kW		110	110	132	160	2×110
最大骨料尺寸/mm	输送管径 $\phi150$ mm	50				
	$\phi125$ mm	40				
混凝土坍落度/mm		100～230				
输送缸直径×最大行程/mm		$\phi200×1\,800$	$\phi200×1\,800$	$\phi200×1\,800$	$\phi200×1\,800$	$\phi200×2\,100$
料斗容积×上料高度/(m³·mm)		0.7×1 320	0.7×1 320	0.7×1 420	0.7×1 420	0.7×1 420
外形尺寸 长×宽×高/mm		6 691×2 068 ×2 215	6 690×2 068 ×2 215	6 891×2 075 ×2 295	6 891×2 075 ×2 295	7 390×2 100 ×2 532
总质量/kg		6 600	6 600	7 300	7 600	10 500
类型		S阀电动机拖泵				

表 6-5　三一重工拖式混凝土输送泵主要规格及其技术参数(二)

型　号		HBT90C-2016DⅢ	HBT100C-2118 DⅢ	HBT120C-2120DⅢ	HBT120C-2120DⅢB	HBT120C-2016DⅢ
混凝土理论输送压力(低压/高压)/MPa		10/16	10/18	13/21	13/21	9/16
混凝土理论输送量(低压/高压)/(m³·h⁻¹)		95/60	105/70	120/75	120/75	130/75
柴油机额定功率/kW		181/186	181/186	273	273	273
最大骨料尺寸/mm	输送管径 $\phi150$ mm	50				
	$\phi125$ mm	40				
混凝土坍落度/mm		100～230				
输送缸直径×最大行程/mm		$\phi230×2\,000$	$\phi200×2\,100$	$\phi200×2\,100$	$\phi200×2\,100$	$\phi230×2\,000$
料斗容积×上料高度/(m³·mm)		0.7×1 420	0.7×1 420	0.7×1 420	0.7×1 420	0.7×1 420

型 号	HBT90C-2016DⅢ	HBT100C-2118 DⅢ	HBT120C-2120DⅢ	HBT120C-2120DⅢB	HBT120C-2016DⅢ
外形尺寸 长×宽×高/mm	7 430×2 075 ×2 628	7 390×2 075 ×2 628	7 390×2 099 ×2 900	7 390×2 099 ×2 900	7 390×2 099 ×2 900
总质量/kg	6 800	6 900	9 100	9 100	9 100
类型	柴油S阀拖式				

表 6-6　上海鸿得利拖式混凝土输送泵主要规格及其技术参数

序号	项　目	单位	型　号	
			HBT60-9-75Z	HBT60-13-90S
1	理论混凝土输送量(低压/高压)	m³/h	63	60/40
2	理论混凝土输出压力(低压/高压)	MPa	8.5	3/13
3	液压系统压力	MPa	32	32
4	分配阀形式	—	Z阀	S阀
5	输送缸缸径/行程	mm	φ205/1 400	φ205/1 400
6	主油泵排量	mL/r	190	190
7	电动机功率	kW	75	90
8	上料高度	mm	≤1 500	≤1 450
9	料斗容积	m³	0.7	0.7
10	混凝土坍落度	mm	50～230	80～230
11	理论最大垂直高度	m	130	200

四、混凝土输送泵的选用

1. 混凝土输送泵造型原则

(1)以施工组织设计为依据选择混凝土输送泵,所选混凝土输送泵应满足施工方法和工程质量及大小。

(2)所选混凝土输送泵应具备技术先进、可靠性高、经济性好、工作效率高的特点。

(3)所选混凝土输送泵必须满足施工中单位时间内最大混凝土浇筑时的要求高度和最高高度、最大水平距离,应有一定技术和生产能力储备,均衡生产能力为 1.2～1.5 倍。

(4)应满足特殊施工条件要求。

(5)应考虑企业对该项工程的资金投入能力和今后的发展方向及能力储备。

2. 混凝土输送泵合理选择步骤

(1)所选混凝土输送泵首先应满足投入使用工程单位时间内泵送混凝土的最大量、泵送最远距离和最高高度要求,以此确定混凝土输送泵的最大泵送混凝土压力是选低压泵还是选高压泵。

(2)所选混凝土输送泵应满足投入使用工程混凝土的要求。如混凝土的坍落度、粗骨料最大粒径、砂石的级配、混凝土是低强度或是高强度。

（3）混凝土输送泵应根据施工现场动力供给条件选择。若现场有系统电源供给，容量能满足要求，则以选用电动泵为宜，否则应选用柴油泵。

3. 选型注意事项

（1）初选混凝土输送泵，一定要先走访用户，详细了解实际使用情况。

（2）一定要选用正规厂家批量生产的混凝土输送泵。

（3）应与厂家直接签订购买合同，尽量减少中间环节，以便于维修服务。

因混凝土输送泵选型影响因素较多，选型时必须进行综合考虑。选型时既要从实际需要出发，又要有一定的技术储备，以保证企业投入后有一定的发展后劲。

4. 混凝土输送泵主要参数选择

混凝土输送泵的主要参数有泵的最大输送量、泵送混凝土额定压力及发动机功率。在功率恒定的情况下，泵送距离或高度越小，混凝土的输送量就越大，直至达到最大值；反之，泵送距离或高度越大，直至达到最大值，则混凝土的输送量就越小。所以，在选择混凝土输送泵时，要同时考虑上述三个参数。

五、混凝土输送泵安全使用技术

（1）混凝土泵应安放在平整、坚实的地面上。周围不得有障碍物，支腿应支设牢靠，机身应保持水平和稳定，轮胎应楔紧。

（2）混凝土输送管道的敷设应符合下列规定：

1）管道敷设前应检查并确认管壁的磨损量应符合使用说明书的要求，管道不得有裂纹、砂眼等缺陷。新管或磨损量较小的管道应敷设在泵出口处。

2）管道应使用支架或与建筑结构固定牢固。泵出口处的管道底部应依据泵送高度、混凝土排量等设置独立的基础，并能承受相应荷载。

3）敷设垂直向上的管道时，垂直管不得直接与泵的输出口连接，应在泵与垂直管之间敷设长度不小于 15 m 的水平管，并加装逆止阀。

4）敷设向下倾斜的管道时，应在泵与斜管之间敷设长度不小于 5 倍落差的水平管。当倾斜度大于 7°时，应加装排气阀。

（3）作业前应检查并确认管道连接处管卡扣牢，不得泄漏。混凝土泵的安全防护装置应齐全、可靠，各部位操纵开关、手柄等位置应正确，搅拌斗防护网应完好、牢固。

（4）砂石粒径、水泥强度等级及配合比应符合出厂规定，并应满足混凝土泵的泵送要求。

（5）混凝土泵启动后，应空载运转，观察各仪表的指示值，检查泵和搅拌装置的运转情况，并确认一切正常后作业。泵送前应向料斗加入清水和水泥砂浆，润滑泵及管道。

（6）混凝土泵在开始或停止泵送混凝土前，作业人员应与出料软管保持安全距离，作业人员不得在出料口下方停留。出料软管不得埋在混凝土中。

（7）泵送混凝土的排量、浇筑顺序应符合混凝土浇筑施工方案的要求。施工荷载应控制在允许范围内。

（8）混凝土泵工作时，料斗中混凝土应保持在搅拌轴线以上，不应吸空或无料泵送。

混凝土输送泵常见故障分析与处理

(9)混凝土泵工作时,不得进行维修作业。

(10)混凝土泵作业中,应对泵送设备和管路进行观察,发现隐患应及时处理。对磨损超过规定的管子、卡箍、密封圈等,应及时更换。

(11)混凝土泵作业后应将料斗和管道内的混凝土全部排出,并对泵、料斗、管道进行清洗。清洗作业应按说明书要求进行,不宜采用压缩空气进行清洗。

第四节 混凝土泵车

一、混凝土泵车构造与工作原理

混凝土泵车是将液压活塞式或挤压式混凝土泵安装在汽车底盘上,并用液压折叠式臂架管道来输送混凝土,从而构成一种汽车式混凝土输送泵。其构造如图 6-7 所示。在车架的前部设有转台,其上装有三段式可折叠的液压臂架,其在工作时可进行变幅、曲折和回转三个动作。输送管道从装在泵车后部的混凝土泵出发,向泵车前方延伸。穿过转台中心的活动套环向上进入臂架底座,然后穿过各段臂架的铰接轴管,到达第三段臂架的顶端,在其上再接一段约 5 m 长的橡胶软管。混凝土可沿管道一直输送到浇筑部位。由于旋转台和臂架系统可回转 360°,臂架变幅仰角为 $-20° \sim +90°$,因而,泵车的工作范围很大。

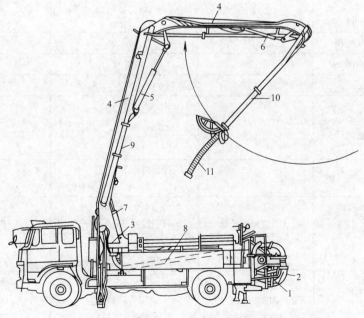

图 6-7 混凝土输送泵车构造示意

1—混凝土泵;2—输送泵;3—布料杆回转支撑装置;4—布料杆臂架;
5、6、7—控制布料杆摆动的油缸;8、9、10—输送管;11—橡胶软管

二、混凝土泵车型号及技术性能参数

建筑施工中常用的臂架式混凝土泵车型号及技术参数见表 6-7。

表 6-7　臂架式混凝土输送泵车型号及主要技术性能参数

<table>
<tr><td colspan="3">型　　号</td><td>B—HB20</td><td colspan="2">IPF85B</td><td>HBQ60</td></tr>
<tr><td rowspan="11">性能</td><td colspan="2">输送量/(m³·h⁻¹)</td><td>20</td><td colspan="2">10～85</td><td>15～70</td></tr>
<tr><td rowspan="2">最大输送
距离/m</td><td>水平</td><td>270
（管径 150）</td><td colspan="2">310～750
（因管径而异）</td><td>340～500
（因管径而异）</td></tr>
<tr><td>垂直</td><td>50
（管径 150）</td><td colspan="2">80～125
（因管径而异）</td><td>65～90
（因管径而异）</td></tr>
<tr><td colspan="2" rowspan="2">骨料的
最大粒径/mm</td><td>40（碎石）</td><td colspan="2" rowspan="2">25～50
（因管径和集
料种类而异）</td><td rowspan="2">25～50
（因管径和集
料种类而异）</td></tr>
<tr><td>50（卵石）</td></tr>
<tr><td colspan="2">混凝土坍落度
适用范围/cm</td><td>5～23</td><td colspan="2">5～23</td><td>5～23</td></tr>
</table>

<table>
<tr><td rowspan="3">泵体
规格</td><td colspan="2">混凝土缸数</td><td>2</td><td colspan="2">2</td><td>2</td></tr>
<tr><td colspan="2">混凝土缸径×行程/mm</td><td>180×1 000</td><td colspan="2">195×1 400</td><td>180×1 500</td></tr>
<tr><td colspan="2">输送管清洗方式</td><td>气洗、水洗</td><td colspan="2">水洗</td><td>气洗、水洗</td></tr>
</table>

<table>
<tr><td rowspan="2">汽车底盘</td><td rowspan="2" colspan="2">型　　号</td><td rowspan="2">黄河 JN150</td><td>IPF85B—2</td><td>IPF85B</td><td rowspan="2">罗曼 R10215F</td></tr>
<tr><td>ISUZU CVR144</td><td>ISUZU—SJR461</td></tr>
<tr><td></td><td colspan="2">发动机最大功率
[马力/(r·min⁻¹)]</td><td>160/1 800</td><td>188/2 300</td><td>188/2 300</td><td>215/2200</td></tr>
</table>

<table>
<tr><td rowspan="2">臂架</td><td colspan="2">最大水平长度/m</td><td>17.96</td><td colspan="2">17.40</td><td>17.70</td></tr>
<tr><td colspan="2">最大垂直高度/m</td><td>21.20</td><td colspan="2">20.70</td><td>21.00</td></tr>
</table>

<table>
<tr><td colspan="3">总质量/kg</td><td>约 15 000</td><td>14 740</td><td>15 330</td><td>约 15 500</td></tr>
<tr><td colspan="3">外形尺寸/(mm×mm×mm)
（长×宽×高）</td><td>9 490×2 470×
3 445</td><td>9 030×
2 490×
3 270</td><td>9 000×
2 495×
3 280</td><td>8 940×2 500×
3 340</td></tr>
</table>

<table>
<tr><td rowspan="7">性能</td><td colspan="2">排量/(m³·h⁻¹)</td><td>70</td><td>大排量时
15～90</td><td>高压时
10～45</td><td>10～75</td></tr>
<tr><td rowspan="2">最大输送
距离/m</td><td>水平</td><td>270～530
（因管径而异）</td><td colspan="2">470～1 720
（因管径、压力而异）</td><td>250～600
（因管径而异）</td></tr>
<tr><td>垂直</td><td>70～110
（因管径而异）</td><td colspan="2">90～200
（因管径、压力而异）</td><td>50～95
（因管径而异）</td></tr>
<tr><td colspan="2">容许骨料的
最大尺寸/mm</td><td>25～50
（因管径和骨
料种类而异）</td><td colspan="2">25～50
（因管径和骨
料种类而异）</td><td>25～50
（因管径和骨
料种类而异）</td></tr>
<tr><td colspan="2">混凝土坍落度
适应范围/cm</td><td>5～23</td><td colspan="2">5～23</td><td>5～23</td></tr>
</table>

型　号		B－HB20	IPF85B	HBQ60	
泵体规格	混凝土缸数	2	2	2	
	缸径×行程/mm	180×1 500	190×1 570	195×1 400	
	清洗方式	气洗、水洗	气洗、水洗	气洗、水洗	
汽车底盘	型　号	三菱 EP117J 型 8t 车	日产 K－CK20 L	ISUZU SLR450	日野 KB721
	发动机最大功率 [马力/(r·min^{-1})]	215/2 500	185/2 300	195/2 300	190/2 350
臂架	最大水平长度/m	17.70	18.10	17.40	
	最大垂直高度/m	21.20	20.60	20.70	
总质量/kg		15 350	约 16 000	15 430	15 290
外形尺寸/(mm×mm×mm) （长×宽×高）		8 840×2 475× 3 400	9 135×2 490× 3 365	8 900×2 490× 3 490	

三、混凝土泵车安全使用技术

(1)混凝土泵车应停放在平整、坚实的地方，与沟槽和基坑的安全距离应符合使用说明书的要求。臂架回转范围内不得有障碍物，与输电线路的安全距离应符合现行行业标准《施工现场临时用电安全技术规范》(JGJ 46—2005)的有关规定。

(2)混凝土泵车作业前，应将支腿打开，并应采用垫木垫平，车身的倾斜度不应大于 3°。

(3)作业前应重点检查下列项目，并应符合相应要求：

1)安全装置应齐全、有效，仪表应指示正常；

2)液压系统，工作机构应运转正常；

3)料斗网格应完好、牢固；

4)软管安全链与臂架连接应牢固。

(4)伸展布料杆应按出厂说明书的顺序进行。布料杆在升离支架前不得回转。不得用布料杆起吊或拖拉物件。

(5)当布料杆处于全伸状态时，不得移动车身。当需要移动车身时，应将上段布料杆折叠固定，移动速度不得超过 10 km/h。

(6)不得接长布料配管和布料软管。

第五节　混凝土振捣器

混凝土振捣器是一种通过振动装置产生低幅高频振动，从而对新浇筑的混凝土进行振动捣实的机具。在混凝土工程施工中，振捣器属于常用的小型施工机具，类型很多，分类方法也很繁杂。

（1）按传递振动的方式，混凝土振捣器可分为插入式振捣器、附着式振捣器及平板式振捣器等，如图6-8所示。

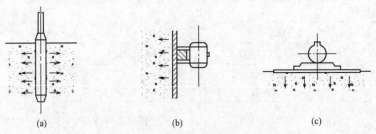

图6-8　混凝土振捣器

(a)插入式振捣器；(b)附着式振捣器；(c)平板式振捣器

（2）按振捣器所使用的原动力，混凝土振捣器可分为电动式、内燃式、风动式和液压式等。

（3）按产生振动的原理，混凝土振捣器可分为行星式、偏心式等。

（4）按振动频率，混凝土振捣器可分为低频(2 000～5 000/min)、中频(5 000～8 000/min)、高频(8 000～20 000/min)等。

一、插入式振捣器

1. 插入式振捣器构造

插入式振捣器由电动机、传动装置和工作装置三部分构成。其工作装置是一个棒状空心圆柱体，通称振动棒，棒内有振动子，在动力源驱动下，振动子的振动使整个棒体产生高频微幅的机械振动。各类插入式振动器的结构分述如下：

(1)电动行星插入式振捣器。电动行星插入式振捣器采用高频、外滚、软轴连接，由电动机、防逆装置、软轴软管组件和振动棒四部分组成，如图6-9所示。

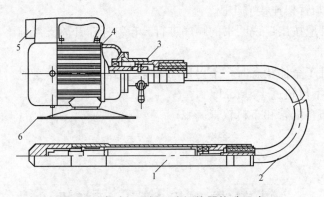

图6-9　电动行星插入式振捣器构造示意

1—振动棒；2—软轴软管组件；3—防逆装置；4—电动机；5—电源开关；6—电动机底座

(2)电动偏心插入式振捣器。电动偏心插入式振捣器是依靠偏心振动子在振动棒内旋转时产生的离心力来工作的，除振动棒外，其他结构和行星插入式振动器相同。电动偏心插入式振捣器振动棒的构造和工作原理如图6-10所示。

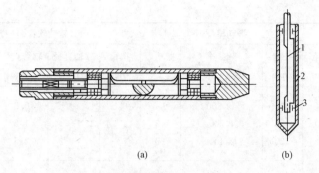

图 6-10　电动偏心插入式振捣器振动棒的构造和工作原理示意

(a)振动棒构造；(b)振动棒工作原理

1—偏心轴；2—套管；3—轴承

(3)电动直连插入式振捣器。电动直连插入式振捣器(图 6-11)，是一种棒径大、生产率高的大型混凝土振捣器。其由和电动机连成一体的振动棒和配套的变频机组两部分组成，主要利用变频机组提高交流电频率，以提高电动机转速，从而提高振捣器的振动频率，因而不需增速机构。

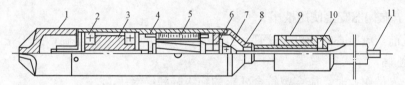

图 6-11　电动直连插入式振捣器构造示意

1—端塞；2—轴承；3—偏心轴；4—中间壳体；5—电动机；

6—轴承；7—接线盖；8—尾盖；9—减振器；10—连接管；11—引出电缆

2. 插入式振捣器的型号及技术性能参数

插入式振捣器的型号及技术性能参数见表 6-8。

表 6-8　插入式振捣器的型号及主要技术性能参数

形式	型号	振动棒(器)					软轴软管		电动机	
		直径/mm	长度/mm	频率/(次·min⁻¹)	振动力/kN	振幅/mm	软轴直径/mm	软管直径/mm	功率/kW	转速/(r·min⁻¹)
电动软轴行星式	ZN25	26	370	15 500	2.2	0.75	8	24	0.8	2 850
	ZN35	36	422	13 000~14 000	2.5	0.8	10	30	0.8	2 850
	ZN45	45	460	12 000	3~4	1.2	10	30	1.1	2 850
	ZN50	51	451	12 000	5~6	1.15	13	36	1.1	2 850
	ZN60	60	450	12 000	7~8	1.2	13	36	1.5	2 850
	ZN70	68	460	11 000~12 000	9~10	1.2	13	36	1.5	2 850
电动软轴偏心式	ZPN18	18	250	17 000	—	0.4	—		0.2	11 000
	ZPN25	26	260	15 000	—	0.5	8	30	0.8	15 000
	ZPN35	36	240	14 000	—	0.8	10	30	0.8	15 000
	ZPN50	48	220	13 000	—	1.1	10	30	0.8	15 000
	ZPN70	71	400	6 200	—	2.25	13	36	2.2	2 850

形式	型号	振动棒(器)						软轴软管		电动机	
		直径 /mm	长度 /mm	频率 /(次·min⁻¹)	振动力 /kN	振幅 /mm		软轴直径 /mm	软管直径 /mm	功率 /kW	转速 /(r·min⁻¹)
电动 直联 式	ZDN80	80	436	11 500	6.6	0.8		—	0.8	11 500	
	ZDN100	100	520	8 500	13	1.6		—	1.5	8 500	
	ZDN130	130	520	8 400	20	2		—	2.5	8 400	
风动 偏心 式	ZQ50	53	350	1 500~1 800	6	0.44		—	—	—	—
	ZQ100	102	600	5 500~6 200	2	2.58		—	—	—	—
	ZQ150	150	800	5 000~6 000		2.85		—	—	—	—
内燃 行星 式	ZR35	36	425	14 000	2.28	0.78		10	30	2.9	3 000
	ZR50	51	452	12 000	5.6	1.2		13	36	2.9	3 000
	ZR70	68	480	12 000~14 000	9~10	1.8		13	36	2.9	3 000

3. 插入式振捣器安全使用技术

(1)作业前，应检查电动机、软管、电缆线、控制开关等，并应确认处于完好状态。电缆线连接应正确。

(2)操作人员作业时，应穿戴符合要求的绝缘鞋和绝缘手套。

(3)电缆线应采用耐候型橡皮护套铜芯软电缆，并不得有接头。

(4)电缆线长度不应大于 30 m。不得缠绕、扭结和挤压，并不得承受任何外力。

(5)振捣器软管的弯曲半径不得小于 500 mm，操作时应将振捣器垂直插入混凝土，深度不宜超过 600 mm。

(6)振捣器不得在初凝的混凝土、脚手板和干硬的地面上进行试振。在检修或作业间断时，应切断电源。

(7)作业完毕，应切断电源，并应将电动机、软管及振动棒清理干净。

二、附着式、平板式振捣器

1. 附着式、平板式振捣器构造

附着式振捣器是依靠其底部螺栓或其他锁紧装置固定在模板、滑槽、料斗、振动导管等上面，间接将振动波传递给混凝土或其他被振密的物料，作为振动输送、振动给料或振动筛分之用。按其动力及频率的不同有多种规格，但其构造基本相同，都是由主机和振动装置组合而成，如图 6-12 所示。

平板式振捣器又称表面振捣器，它直接浮放在混凝土表面上，可移动地进行振捣作业。其构造和附着式相似，如图 6-13 所示。不同之处是振动器下部装有钢制振板，振板一般为槽形，两边有操作手柄，可系绳提拖着移动。

2. 附着式、平板式振捣器型号及技术性能参数

附着式、平板式振捣器型号及技术性能参数见表 6-9 和表 6-10。

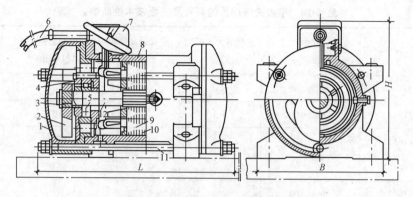

图 6-12　附着式振捣器构造示意

1—端盖；2—偏心振动子；3—平键；4—轴承压盖；5—滚动轴承；6—电缆；
7—接线盒；8—机壳；9—转子；10—定子；11—螺栓；12—轴

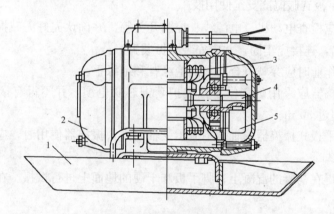

图 6-13　平板式振捣器构造示意

1—底板；2—外壳；3—定子；4—转子轴；5—偏心振动子

表 6-9　附着式振动器的型号及主要技术性能参数

型　号	附着台面尺寸/mm（长×宽）	空载最大激振力/kN	空载振动频率/Hz	偏心力矩/(N·cm)	电动机功率/kW
ZF18-50(ZF1)	215×175	1.0	47.5	10	0.18
ZF55-50	600×400	5	50	—	0.55
ZF80-50(ZW-3)	336×195	6.3	47.5	70	0.8
ZF100-50(ZW-13)	700×500	—	50	—	1.1
ZF150-50(ZW-10)	600×400	5～10	50	5～100	1.5
ZF180-50	560×360	8～10	48.2	170	1.8
ZF220-50(ZW-20)	400×700	10～18	47.3	100～200	2.2
ZF300-50(YZF-3)	650×410	10～20	46.5	220	3

表 6-10　平板式振动器的型号及主要技术性能参数

型　号	振动平板尺寸 /(mm×mm)(长×宽)	空载最大激振力 /kN	空载振动频率 /Hz	偏心力矩 /(N·cm)	电动机功率 /kW
ZB55-50	780×468	5.5	47.5	55	0.55
ZB75-50(B-5)	500×400	3.1	47.5	50	0.75
ZB110-50(B-11)	700×400	4.3	48	65	1.1
ZB150-50(B-15)	400×600	9.5	50	85	1.5
ZB220-50(B-22)	800×500	9.8	47	100	2.2
ZB300-50(B-22)	800×600	13.2	47.5	146	3.0

3. 附着式、平板式振捣器安全使用技术

(1)作业前，应检查电动机、电源线、控制开关等，并确认完好无破损。附着式振捣器的安装位置应正确，连接应牢固，并应安装减振装置。

(2)操作人员作业时应穿戴符合要求的绝缘鞋和绝缘手套。

(3)平板式振捣器应采用耐气候型橡皮护套铜芯软电缆，并不得有接头和承受任何外力，其长度不应超过 30 m。

(4)附着式、平板式振捣器的轴承不应承受轴向力，振捣器使用时，应保持振捣器电动机轴线在水平状态。

(5)振捣器不得在初凝的混凝土、脚手板和干硬的地面上进行试振。在检修或作业间断时，应切断电源。

(6)平板式振捣器作业时应使用牵引绳控制移动速度，不得牵拉电缆。

(7)在同一块混凝土模板上同时使用多台附着式振捣器时，各振动器的振频应一致，安装位置宜交错设置。

(8)安装在混凝土模板上的附着式振捣器，每次作业时间应根据施工方案确定。

(9)作业完毕，应切断电源，并应将振捣器清理干净。

第六节　混凝土振动台

一、混凝土振动台构造

混凝土振动台又称台式振动器，是混凝土拌合料的振动成形机械。如图 6-14 所示，ZT3 型振动台由上部框架、下部框架、支撑弹簧、电动机、齿轮同步器、振动子等组成。

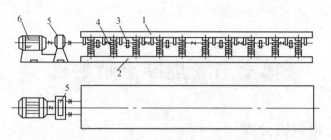

图 6-14　ZT3 型振动台构造示意

1—上部框架(台面)；2—下部框架；3—振动子；4—支撑弹簧；5—齿轮同步器；6—电动机

二、混凝土振动台的型号及技术性能参数

混凝土振动台的型号及技术性能参数见表 6-11。

表 6-11　混凝土振动台的型号及主要技术性能参数

型　号	SZT-0.6×1	SZT-1×1	HZ9-1 1×2	HZ9-1×4	HZ9-1.5×4	HZ9-1.5×6	HZ9-1.5×6	HZ9-2.4×6.2
振动频率 /(min^{-1})	2 850	2 850	2 850	2 850	2 940	2 940	1 470	1 470～ 2 850
激振力 /kN	4.52～ 13.16	4.52～ 13.16	14.6～ 30.7	22.0～ 49.4	63.7～ 98.0	85～130	145	150～230
振幅/mm	0.3～0.7	0.3～0.7	0.3～0.9	0.3～0.7	0.3～0.7	0.3～0.8	1～2	0.3～0.7
电动机功率/kW	1.1	1.1	7.5	7.5	22	22	22	25

三、混凝土振动台安全使用技术

(1)作业前，应检查电动机、传动及防护装置，并确认完好、有效。轴承座、偏心块及机座螺栓应紧固、牢靠。

(2)振动台应设有可靠的锁紧夹，振动时应将混凝土槽锁紧，混凝土模板在振动台上不得无约束振动。

(3)振动台电缆应穿在电管内，并预埋牢固。

(4)作业前，应检查并确认润滑油不得有泄漏，油温、传动装置应符合要求。

(5)在作业过程中，不得调节预置拨码开关。

(6)振动台应保持清洁。

如何对混凝土振动台进行诊断分析

第七节　混凝土喷射机

一、混凝土喷射机分类

混凝土喷射机是将速凝混凝土喷向岩石或结构物表面，从而使结构物得到加强或保护的机具，特别适用于地下构筑物的混凝土支护或喷锚支护。混凝土喷射机的分类方法如下：

（1）**按喷射方法，可分为干式和湿式两种。**目前我国生产的都属于干式，即混凝土在微潮（水胶比为 0.1～0.2）状态下输送到喷嘴处加水喷出。

（2）**按结构形式，混凝土喷射机可分为罐式、螺旋式和转子式三种。**

二、混凝土喷射机构造

1. 罐式混凝土喷射机

罐式混凝土喷射机有 HP1-0.8、WG-25G、HP1-4、HP1-5、HP1-5A 等形式，均为垂直排列双罐式。这种喷射机具有结构简单、工作可靠的特点，但不能连续加料，因而操作频繁。其中，WG-25G 型罐式混凝土喷射机采用气压联锁装置，操作更加简单、可靠。其构造如图 6-15 所示。

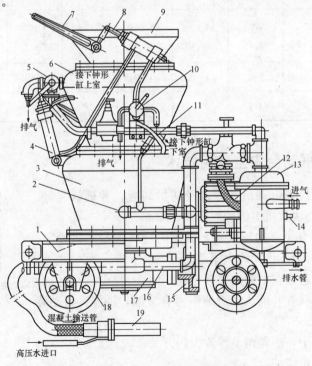

图 6-15　WG-25G 型罐式混凝土喷射机构造示意

1—车架；2—下罐进气管；3—下罐；4—三通阀操作汽缸；5—三通阀；6—上罐；7—手把；
8—上钟门操作汽缸；9—加料斗；10—操作阀；11—气压表；12—电动机；13—油水分离器；
14—电源线；15—三角带轮；16—主吹气管；17—蜗轮蜗杆减速器；18—车轮；19—喷嘴

2. 螺旋式混凝土喷射机

螺旋式混凝土喷射机主要靠螺旋外缘和筒壁之间的混凝土拌合料作为密封层进行输送。其主要由料斗、套筒、螺旋轴以及车架组成，如图 6-16 所示。

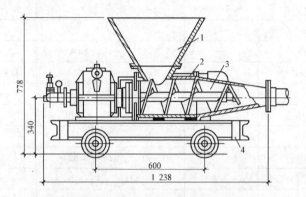

图 6-16　螺旋式混凝土喷射机构造示意

1—料斗；2—套筒；3—螺旋轴；4—车架

3. 转子式混凝土喷射机

转子式混凝土喷射机主要由驱动装置、转子总成、压紧机构、给料系统、气路系统、输料系统等组成。其构造如图 6-17 所示。

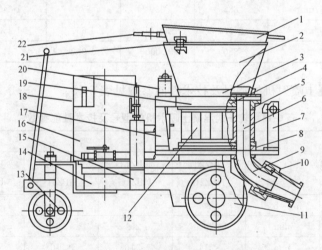

图 6-17　转子式混凝土喷射机构造示意

1—振动筛；2—料斗；3—上座体；4—上密封板；5—衬板；6—料腔；7—后支架；8—下密封板；
9—弯头；10—助吹器；11—轮组；12—转子；13—前支轮；14—减速器；15—气路系统；
16—电动机；17—前支架；18—开关；19—压环；20—压紧杆；21—弹簧座；22—振动器

三、混凝土喷射机技术性能参数

下面主要介绍罐式混凝土喷射机和转子式混凝土喷射机的技术性能参数。

(1)罐式混凝土喷射机的型号及技术性能参数见表 6-12。

表 6-12　罐式混凝土喷射机的型号及技术性能参数

项　目		型　号				
		HP1-0.8	WG-25G	HP1-5	HP1-5A	HP1-4
喷射量/(m³·h⁻¹)		0.5~0.8	4~5	4~5	4~5	4
最大骨料粒径/mm		8~10	25	25	25	25
骨料过筛尺寸/mm		—	20×20	20×20	20×20	20×20
压缩空气压力/(kg·cm⁻²)		2.5	1~6	1.5~6	1.5~5.5	1.5~5.5
耗气量/(m³·min⁻¹)		3.5	6~8	9	6~8	4
最大水平输送距离/m		—	200	240	—	200
最大垂直输送距离/m		—	40		—	40
输送管内径/mm			50	50	50	50
给水压力/(kg·cm⁻²)		3.2	—	2	—	3
电动机	功率/kW	1.1	3	3	2.8	2.8
	转速/(r·min⁻¹)	930	—	950	1 420	1 430
喂料器转速/(r·min⁻¹)				15.3		
行走装置形式		铁轮	600 或 900 轨距	胶轮	铁轮	—
外形尺寸	长/mm	1 420	1 500	1 849	1 650	2 240
	宽/mm	885	830	970	1 640	1 660
	高/mm	1 670	1 470	1 660	1 250	1 050
总质量/kg		380	1 000	1 000		约 800

(2)转子式混凝土喷射机的型号及技术性能参数见表 6-13。

表 6-13　转子式混凝土喷射机的型号及技术性能参数

项　目			型　号				
			HPZ2T HPZ2U	HPZ4T HPZ4U	HPZ6T HPZ6U	HPZ9T HPZ9U	HPZ13T HPZ13U
最大生产率		m³·h⁻¹	2	4	6	9	13
骨料粒径	最大	mm	20	25	30	30	
	常用	mm	<14	<16	<16		
最大垂直输送高度		m	40	60		60	
水平输送距离	最佳	m	20~40			20~40	
	最大	m	240			240	
配套电动机功率		kW	2.2	4.0~5.5	5.5~7.5	10.0	15.0
压缩空气耗量		m³·min⁻¹	—	5~8	8~10	12~14	18
输送软管内径		mm	38	50		65~85	

注：型号末位为变形代号，T 为直通型；U 为 U 形(指料杯形状)。

四、混凝土喷射机安全使用技术

(1)喷射机风源、电源、水源、加料设备等应配套齐全。

(2)管道应安装正确，连接处应紧固密封。当管道通过道路时，管道应有保护措施。

(3)喷射机内部应保持干燥和清洁。应按出厂说明书规定的配合比配料，不得使用结块的水泥和未经筛选的砂石。

(4)作业前应重点检查下列项目，并应符合相应要求：

1)安全阀应灵敏可靠；

2)电源线应无破损现象，接线应牢靠；

3)各部密封件应密封良好，橡胶结合板和旋转板上出现的明显沟槽应及时修复；

4)压力表指针显示应正常，应根据输送距离，及时调整风压的上限值；

5)喷枪水环管应保持畅通。

(5)启动时，应按顺序分别接通风、水、电。开启进气阀时，应逐步达到额定压力。启动电动机后，应空载试运转，确认一切正常后方可投料作业。

(6)机械操作人员和喷射作业人员应有信号联系，送风、加料、停料、停风及发生堵塞时，应联系畅通，密切配合。

(7)喷嘴前方不得有人员。

(8)发生堵臂时，应先停止喂料，敲击堵塞部位，使物料松散，然后用压缩空气吹通。操作人员作业时，应紧握喷嘴，不得甩动管道。

(9)作业时，输送软管不得随地拖拉和折弯。

(10)停机时，应先停止加料，再关闭电动机，然后停止供水，最后停送压缩空气，并应将仓内及输料管内的混合料全部喷出。

(11)停机后，应将输料管、喷嘴拆下清洗干净，清除机身内外粘附的混凝土料及杂物，并应使密封件处于放松状态。

**PC5I(C)型
混凝土喷射机**

第八节　混凝土布料机(杆)

混凝土布料机(杆)是泵送混凝土的末端设备，其作用是将泵压来的混凝土通过管道送到要浇筑构件的模板内。混凝土布料机(杆)是为了扩大混凝土浇筑范围，提高泵送施工机械化水平而开发研制的新产品。混凝土布料机(杆)是混凝土输送泵的配套设备，与混凝土输送泵连接，扩大了混凝土泵送范围。

一、混凝土布料机(杆)类型及其构造

1. 手动式布料机(杆)

手动式布料机(杆)可以人力推动回转，整机质量较轻，可借助塔式起重机搬运，在楼层上转移位置以改变布料点。

手动式布料机(杆)通常放置在建筑物的上面，需要平衡重以保持稳定。其位置转移一般是靠塔式起重机等来吊搬，而混凝土泵置于建筑物底部的地面上。

手动式布料机(杆)构造简单，主要由折叠式臂架(一般为大、中、小三节)、输送管道、回转支承装置、液压变幅机构、上下支座及配重等几部分组成，如图 6-18 所示。布料杆采用液压驱动，控制方式有驾驶室控制、线控及遥控三种。手动式布料机(杆)的上部还加配了多速起重系统，可以作为塔式起重机使用。

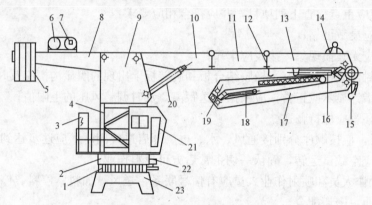

图 6-18　手动式布料机(杆)

1—回转齿圈；2—上支座；3—电控柜；4—回转塔身；5—配重块；6—卷扬绳；
7—高度限位器；8—平衡臂；9—转台；10—大臂(后)；11—大臂(中)；
12—安全钩；13—大臂(前)；14—荷载限制器；15—吊钩；16—中臂油缸；
17—中臂；18—小臂油缸；19—小臂；20—大臂油缸；21—驾驶室；22—回转限位器；23—下支座

2. 固定式布料机(杆)

国产固定式布料机(杆)的布料臂架有液压屈伸式臂架和采用卷扬绳轮变幅系统实现俯仰的臂架两种。

如图 6-19 所示，固定式布料杆分别采用俯仰式臂架和液压屈伸式臂架。固定式布料机(杆)一般装在管柱式或格构式塔架上，而塔架可安装在建筑物的里面或旁边，这种布料机(杆)的结构与移置式的大体相同，当建筑物升高时，即接高塔身，布料机(杆)也就随之升高。由于塔身较高，需要用撑杆固定在建筑物上，以提高其稳定性。

固定式布料机(杆)与建筑结构的接触形式，可分为附着式和内爬式两种。

3. 塔式起重布料两用机

塔式起重布料两用机多以重型塔式起重机为基础研制而成，主要用于造型复杂的大面积高层建筑综合体工程。布料系统可装设在塔帽下方经加固改装的转台上。

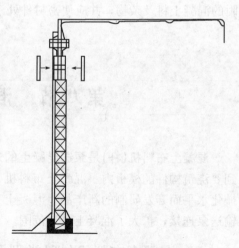

图 6-19　固定式布料机(杆)

如图 6-20 所示，塔式起重布料两用机是利用塔式起重机的起重臂来作布料臂的一种结构形式，其塔机与一般通用塔机不同，起重臂为铰接三节臂，臂杆一侧(或内部)装有混凝土输送管。当作起重机使用时，各臂杆均伸直，铰接处用销锁定即可用钢丝绳滑轮组起升重物。起重臂由第一节臂的油缸来变幅，第二、三节臂油缸不起作用。当作布料臂使用时，拆除节臂锁定销，并在第三节臂的前端装上软管托架，接好浇灌软管，这样三节臂即变为布料机(杆)。

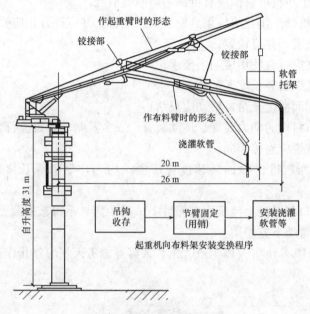

图 6-20　塔式起重布料两用机

二、混凝土布料机(杆)选型

混凝土布料机(杆)的使用与保养相对较为简单，在使用时主要是确保在悬臂动作范围内无障碍物、无高压线，而使用完毕后主要是确保布料管内混凝土残留物的清洁、干净，防止下次使用时堵塞。

由于现场施工环境复杂，施工工艺不同，混凝土浇筑受到很多因素的制约。各种不同形式的布料杆都有其最适宜的施工环境，为了达到设备的最佳配置，充分发挥泵送效率，高效、优质、经济、可靠地完成施工任务，选型时可以着重从以下几个方面考虑：

(1)充分分析工程特点，如混凝土施工层面积大小、平面形状特点；工地配置的设备情况(如泵的数量，塔式起重机的起重能力等)；工程结构可利用的状况(如有无电梯井)等。

(2)了解各种形式布料机(杆)的性能结构特点及其所能发挥的优势，有无明显的限制因素，如安装在电梯井内的内爬式布料机(杆)是否因臂架长度限制而无法实现边角部位的浇筑，起重设备的起吊能力是否能满足移动式布料机(杆)整体转移的要求等。

(3)针对工程特点，选择最合适的布料机(杆)。另外，当几个形式的布料机(杆)同时能满足一个工程需求时，应选择受限因素最少的，以便今后其他工程使用。

三、混凝土布料机(杆)安全使用技术

(1)设置混凝土布料机(杆)前,应确认现场有足够的作业空间,混凝土布料机(杆)任一部位与其他设备及构筑物的安全距离不应小于0.6 m。

(2)混凝土布料机(杆)的支撑面应平整、坚实。固定式混凝土布料机(杆)的支撑应符合使用说明书的要求,支撑结构应经设计计算,并应采取相应的加固措施。

(3)手动式混凝土布料机(杆)应有可靠的防倾覆措施。

(4)混凝土布料机(杆)作业前应重点检查下列项目,并应符合相应要求:

1)支腿应打开垫实,并应锁紧;

2)塔架的垂直度应符合使用说明书要求;

3)配重块应与臂架安装长度匹配;

4)臂架回转机构润滑应充足,转动应灵活;

5)机动混凝土布料机的动力装置、传动装置、安全及制动装置应符合要求;

6)混凝土输送管道应连接牢固。

(5)手动混凝土布料机(杆)回转速度应缓慢、均匀,牵引绳长度应满足安全距离的要求。

(6)输送管出料口与混凝土浇筑面宜保持1 m的距离,不得被混凝土掩埋。

(7)人员不得在臂架下方停留。

(8)当风速达到10.8 m/s及以上或大雨、大雾等恶劣天气应停止作业。

本章小结

混凝土机械包括混凝土搅拌机、混凝土搅拌运输车、混凝土输送泵、混凝土泵车、混凝土振捣器、混凝土振动台、混凝土喷射机和混凝土布料机(杆)等。混凝土搅拌机是将水泥、砂石骨料和水混合并拌制成混凝土混合料的机械。其主要由拌筒、加料和卸料机构、供水系统、原动机、传动机构、机架和支承装置等组成。混凝土搅拌运输车是运输混凝土的专用车辆,由汽车底盘和搅拌装置构成。混凝土输送泵是指将混凝土从搅拌设备处通过水平或垂直管道,连续不断地输送到浇筑地点的一种混凝土输送机械,常用的HB8型液压活塞式混凝土输送泵是由电动机、料斗、球阀、机架、混凝土泵缸、空气压缩机、油缸、行走轮等组成。混凝土泵车是将液压活塞式或挤压式混凝土泵安装在汽车底盘上,并用液压折叠式臂架管道来输送混凝土,从而构成一种汽车式混凝土输送泵。混凝土振捣器是一种通过振动装置产生低幅高频振动,从而对新浇筑的混凝土进行振动捣实的机具。混凝土振动台又称台式振动器,其是混凝土拌合料的振动成形机械,常用的ZT3型振动台由上部框架、下部框架、支撑弹簧、电动机、齿轮同步器、振动子等组成。混凝土喷射机是将速凝混凝土喷向岩石或结构物表面,从而使结构物得到加强或保护的机具。混凝土布料机(杆)是泵送混凝土的末端设备,可分为手动式布料机(杆)、固定式布料机(杆)和塔式起重布料两用机。

一、填空题

1. 混凝土搅拌机的组成可以分为_____、_____、_____三个部分。

2. 混凝土输送泵按其工作原理，可分为_____和_____。

3. 拖式混凝土输送泵的原动力有_____和_____两种。

4. 按传递振动的方式，可分为_____、_____及_____等。

5. _____又称表面振捣器，它直接浮放在混凝土表面上，可移动地进行振捣作业。

二、选择题

1. 搅拌机开关箱应设置在距搅拌机(　　)m 的范围内。

    A. 5   B. 10   C. 15   D. 20

2. 混凝土布料机任一部位与其他设备及构筑物的安全距离不应小于(　　)m。

    A. 0.3   B. 0.4   C. 0.5   D. 0.6

三、问答题

1. 混凝土搅拌机是如何分类的？

2. 混凝土搅拌运输车是如何分类的？

3. 混凝土搅拌运输车的安全使用应符合哪些规定？

4. 简述混凝土输送泵的选择步骤。

5. 混凝土输送管道的敷设应符合哪些要求？

6. 混凝土泵车作业前，应检查哪些项目？

7. 插入式振捣器安全使用应遵循哪些规定？

第七章　钢筋机械与设备

 知识目标

　　了解常用的钢筋加工、钢筋焊接机械与设备的类型；熟悉常见钢筋加工、焊接机械与设备的构造组成、技术参数，掌握钢筋加工、焊接机械与设备的安全使用。

能力目标

　　通过本章内容的学习，能够熟练进行钢筋调直切断机、钢筋切断机、钢筋弯曲机、钢筋冷拉机、钢筋冷拔机等钢筋加工机械与设备及交（直）流焊机、氩弧焊机、点焊机、二氧化碳气体保护焊机等钢筋焊接机械与设备的安全使用操作。

第一节　钢筋加工机械与设备

一、钢筋调直切断机

　　钢筋调直切断机，是一种用于调直和切断直径为 14 mm 以下的钢筋的机器，切断长度可根据客户要求定制。钢筋调直切断机广泛适用于不锈钢钢丝、冷拔丝、镀锌丝、铁丝、钢丝、铝丝、水抽线、钢筋等。

　　钢筋调直切断机按调直原理的不同，可分为孔模式和斜辊式两种；按其切断机构的不同分为下切剪刀式和旋转剪刀式两种。下切剪刀式根据切断控制装置的不同，还可分为机械控制式和光电控制式。

　　下面以 GT4/8 型钢筋调直切断机为例，进行钢筋切断机相关内容的介绍。

　　1. 构造

　　GT4/8 型钢筋调直切断机主要由放盘架、调直筒、传动箱、切断机构、承受架及机座等组成。其构造如图 7-1 所示。

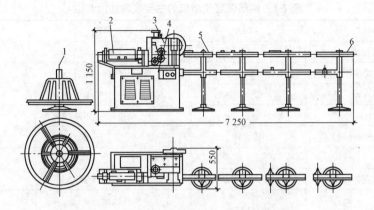

图 7-1　GT4/8 型钢筋调直切断机构造示意

1—放盘架；2—调直筒；3—传动箱；4—机座；5—承受架；6—定尺板

2. 工作原理

如图 7-2 所示，电动机经胶带轮驱动调直筒旋转，实现调直钢筋的动作。另外，通过同一电动机上的另一胶带轮传递给一对锥齿轮转动偏心轴，再经过两级齿轮减速后带动上压辊和下压辊相对旋转，从而实现调直和曳引运动。偏心轴通过双滑块带动锤头上下运动，当上切刀进入锤头下面时即受到锤头敲击，实现切断作业。上切刀依赖拉杆重力作用完成回程动作。

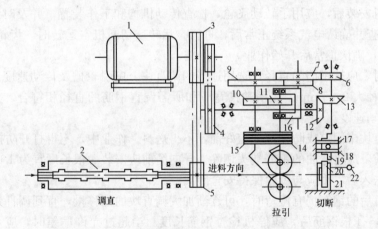

图 7-2　GT4/8 型钢筋调直切断机工作原理示意

1—电动机；2—调直筒；3~5—胶带轮；6~11—齿轮；12、13—锥齿轮；14、15—上、下压辊；
16—框架；17、18—双滑块；19—锤头；20—上切刀；21—方刀台；22—拉杆

在工作时，方刀台和拉杆相连，拉杆上装有定尺板。当钢筋端部顶到定尺板时，即将方刀台拉到锤头下面，切断钢筋。

3. 技术性能参数

钢筋调直切断机的主要技术性能参数见表 7-1。

表 7-1　钢筋调直切断机的主要技术性能参数

参数名称		GT4/8	参数名称		GT4/8
调直切断钢筋直径/mm		4~8	切断		Y90S-6
钢筋抗拉强度/MPa		650	功率	调直/kW	7.5
切断长度/mm		300~6 500		牵引/kW	
切断长度误差/(mm·m^{-1})		≤3		切断/kW	0.75
牵引速度/(m·min^{-1})		40、65	外形尺寸	长/mm	1 854
调直筒转速/(r·min^{-1})		2 900		宽/mm	741
送料、牵引辊直径/mm		90		高/mm	1 400
电机型号	调直	Y132M-4	整机质量/kg		1 280
	牵引				

4. 钢筋调直切断机安全使用技术

(1)一般规定。

1)机械的安装应坚实、稳固。固定式机械应有可靠的基础；移动式机械作业时应楔紧行走轮。

2)手持式钢筋加工机械作业时，应佩戴绝缘手套等防护用品。

3)加工较长的钢筋时，应有专人帮扶。帮扶人员应听从机械操作人员指挥，不得任意推拉。

(2)料架、料槽应安装平直，并应与导向筒、调直筒和下切刀孔的中心线一致。

(3)切断机安装后，应用手转动飞轮，检查传动机构和工作装置，并及时调整间隙，紧固螺栓。在检查并确认电气系统正常后，进行空运转。切断机空运转时，齿轮应啮合良好，并不得有异响，确认正常后开始作业。

(4)作业时，应按钢筋的直径，选用适当的调直块、曳引轮槽及传动速度。调直块的孔径应比钢筋直径大 2~5 mm。曳引轮槽宽应和所需调直钢筋的直径相符合。大直径钢筋宜选用较慢的传动速度。

(5)在调直块未固定或防护罩未盖好前，不得送料。作业中，不得打开防护罩。

(6)送料前，应将弯曲的钢筋端头切除。导向筒前应安装一根长度宜为 1 m 的钢管。

(7)钢筋送入后，手应与曳轮保持安全距离。

(8)当调直后的钢筋仍有慢弯时，可逐渐加大调直块的偏移量，直到调直为止。

(9)切断 3~4 根钢筋后，应停机检查钢筋长度。当超过允许偏差时，应及时调整限位开关或定尺板。

二、钢筋切断机

钢筋切断机是将钢筋原材料或已调直的钢筋切断成所需长度的专用机械，有机械传动式和液压传动式两种。其中，最常用的机械传动式钢筋切断机为卧式钢筋切断机，因其结构简单，使用方便，得到了广泛应用。下面所介绍的机械传动式钢筋切断机即为卧式钢筋切断机。

(一)构造

1. 机械传动式钢筋切断机构造

如图 7-3 所示，卧式钢筋切断机主要由电动机、传动系统、减速机构、曲轴机构、机体及切断机构等组成，适用于 6～40 mm 普通碳素钢筋的切断。

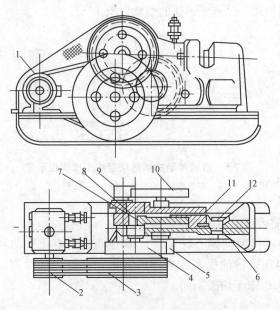

图 7-3   卧式钢筋切断机构造示意

1—电动机；2、3—胶带轮；4、5、9、10—减速齿轮；6—固定刀片；

7—连杆；8—曲柄轴；11—滑块；12—活动刀片

2. 液压传动式钢筋切断机构造组成

液压传动式钢筋切断机主要由电动机、液压传动系统（液体缸体、液压泵缸）、操作装置、定刀片、动刀片等组成，如图 7-4 所示。

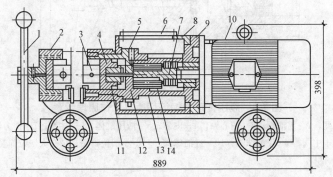

图 7-4   液压传动式钢筋切断机构造示意

1—手柄；2—支座；3—主刀片；4—活塞；5—放油阀；6—观察玻璃；7—偏心轴；

8—油箱；9—连接架；10—电动机；11—皮碗；12—液压缸体；13—液压泵缸；14—柱塞

（二）工作原理

1. 机械传动式钢筋切断机工作原理

如图 7-5 所示，机械传动式钢筋切断机由电动机驱动，通过胶带轮、圆柱齿轮减速带动偏心轴旋转。在偏心轴上装有连杆，连杆带动滑块和活动刀片在机座的滑道中作往复运动，并和固定在机座上的固定刀片相配合切断钢筋。切断机的刀片选用碳素工具钢并经热处理制成，一般前角度为 3°，后角度为 12°。一般固定刀片和活动刀片之间的间隙为 0.5～1 mm。在刀口两侧机座上装有两个挡料架，以减少钢筋的摆动现象。

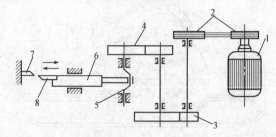

图 7-5　机械传动式钢筋切断机工作原理示意

1—电动机；2—胶带轮；3、4—减速齿轮；5—偏心轴；6—连杆；7—固定刀片；8—活动刀片

2. 液压传动式钢筋切断机工作原理

如图 7-6 所示，电动机带动偏心轴旋转，偏心轴的偏心面推动和它接触的柱塞作往返运动，使柱塞泵产生高压，将油压入油缸体内，推动油缸内的活塞，驱使动刀片前进，和固定在支座上的定刀片相错而切断钢筋。

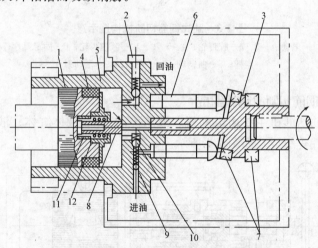

图 7-6　液压传动式钢筋切断机工作原理示意

1—活塞；2—放油阀；3—偏心轴；4—皮碗；5—液压缸体；6—柱塞；7—推力轴承；
8—主阀；9—吸油球阀；10—进油球阀；11—小回位弹簧；12—大回位弹簧

(三)技术性能参数

1. 机械传动式钢筋切断机技术性能参数

机械传动式钢筋切断机的型号及主要技术性能参数见表 7-2。

表 7-2　机械传动式钢筋切断机的型号及主要技术性能参数

项　　目	型　　号			
	CQ40	CQ40A	CQ40B	CQ50
切断钢筋直径/mm	6～40	6～40	6～40	6～50
切断次数/(次·min⁻¹)	40	40	40	30

项 目		型 号			
		CQ40	CQ40A	CQ40B	CQ50
电动机	型号	Y100L-2	Y100L-2	Y100L-2	Y132S-4
	功率/kW	3	3	3	5.5
	转速 /(r·min^{-1})	2 880	2 880	2 880	1 450
外形尺寸	长/mm	1 150	1 395	1 200	1 600
	宽/mm	430	556	490	695
	高/mm	750	780	570	915
整机质量/kg		600	720	450	950
构造或传动特点		开式、插销离合器曲柄	凸轮、滑键离合器	全封闭曲柄连杆、转键离合器	曲柄连杆传动半开式

2. 液压传动式钢筋切断机技术性能参数

液压传动式钢筋切断机的型号及主要技术性能参数见表7-3。

表 7-3 液压传动式钢筋切断机的型号及主要技术性能参数

形 式		电动	手动	手持	
型 号		DYJ-32	SYJ-16	GQ-12	GQ-20
切断钢筋直径/mm		8～32	16	6～12	6～20
工作总压力/kN		320	80	100	150
活塞直径/mm		95	36	—	—
最大行程/mm		28	30	—	—
液压泵柱塞直径/mm		12	8	—	—
单位工作压力/MPa		45.5	79	34	34
液压泵输油速度/(L·min^{-1})		4.5	—	—	—
压杆长度/mm		—	438	—	—
压杆作用力/N		—	220	—	—
贮油量/kg		—	35	—	—
电动机	型号	Y形	—	单相串激	单相串激
	功率/kW	3	—	0.567	0.750
	转速/(r·min^{-1})	1 440	—	—	—
外形尺寸	长/mm	889	680	367	420
	宽/mm	396	—	110	218
	高/mm	398	—	185	130
总质量/kg		145	6.5	7.5	14

(四)钢筋切断机安全使用技术

(1)一般规定。参见"钢筋调直切断机"使用相关规定。

(2)接送料的工作台面应和切刀下部保持水平,工作台的长度应根据加工材料长度确定。

(3)启动前,应检查并确认切刀不得有裂纹,刀架螺栓应紧固,防护罩应牢靠。应用手转动皮带轮,检查齿轮啮合间隙并及时调整。

(4)启动后,应先空运转,检查并确认各传动部分及轴承运转正常后,开始作业。

(5)机械未达到正常转速前,不得切料。操作人员应使用切刀的中、下部位切料,应紧握钢筋对准刃口迅速投入,并应站在固定刀片一侧用力压住钢筋,防止钢筋末端弹出伤人。不得用双手分在刀片两边,握住钢筋切料。

(6)操作人员不得剪切超过机械性能规定强度及直径的钢筋或烧红的钢筋。一次切断多根钢筋时,其总截面面积应在规定范围内。

(7)剪切低合金钢筋时,应更换高硬度切刀,剪切直径应符合机械性能的规定。

(8)切断短料时,手和切刀之间的距离应大于 150 mm,并应采用套管或夹具将切断的短料压住或夹牢。

(9)机械在运转中,不得用手直接清除切刀附近的断头和杂物。在钢筋摆动范围和机械周围,非操作人员不得停留。

(10)当发现机械有异常响声或切刀歪斜等不正常现象时,应立即停机检修。

(11)液压式切断机启动前,应检查并确认液压油位符合规定。切断机启动后,应空载运转,检查并确认电动机旋转方向应符合规定,并应打开放油阀,在排净液压缸体内的空气后开始作业。

(12)手动液压式切断机使用前,应将放油阀按顺时针方向旋紧,作业完毕后,应立即按逆时针方向旋松。

三、钢筋弯曲机

钢筋弯曲机是将调直、切断后的钢筋弯曲成所要求的尺寸和形状的专用设备。在建筑工地广泛使用的台式钢筋弯曲机按传动方式,可分为**机械式**和**液压式**两类。其中,**机械式钢筋弯曲机又可分为蜗轮蜗杆式、齿轮式等形式**。以下主要介绍在建筑工地使用较为广泛的 GW40 型蜗轮蜗杆式钢筋弯曲机。

1. 构造

如图 7-7 所示,蜗轮蜗杆式钢筋弯曲机主要由机架、电动机、传动系统、工作机构(工作盘、插入座、夹持器、转轴等)及控制系统等组成。机架下装有行走轮,便于移动。

2. 工作原理

钢筋弯曲机工作原理如图 7-8 所示。首先将钢筋放到工作盘的芯轴和成形轴之间,开动弯曲机使工作盘转动,由于钢筋一端被挡铁轴挡住,因而钢筋被成形轴推压,绕芯轴进行弯曲。当达到所要求的角度时,自动或手动使工作盘停止,然后使工作盘反转复位。如要改变钢筋弯曲的曲率,可以更换不同直径的芯轴。

3. 技术性能参数

常用钢筋弯曲机的型号及主要技术性能参数见表 7-4。

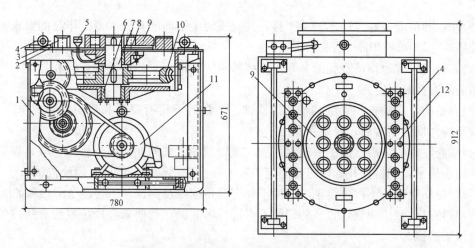

图 7-7　蜗轮蜗杆式钢筋弯曲机构造示意

1—机架；2—工作盘；3—插入座；4—转轴；5—油杯；6—蜗轮箱；7—工作主轴；
8—立轴承；9—工作盘；10—蜗轮；11—电动机；12—孔眼条板

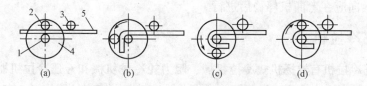

图 7-8　钢筋弯曲机工作原理示意

(a)装料；(b)弯 90°；(c)弯 180°；(d)回位

1—芯轴；2—成形轴；3—挡铁轴；4—工作盘；5—钢筋

表 7-4　常用钢筋弯曲机的型号及主要技术性能参数

类　别		弯　曲　机		
型　号		GW32	GW40A	GW50A
弯曲钢筋直径/mm		6～32	6～40	6～50
工作盘直径/mm		360	360	360
工作盘转速/(r · min⁻¹)		10/20	3.7/14	6
电动机	型号	YEJ100L-4	Y100L$_2$-4	Y112M-4
	功率/kW	2.2	3	4
	转速/(r · min⁻¹)	1 420	1 430	1 440
外形尺寸	长/mm	875	774	1 075
	宽/mm	615	898	930
	高/mm	945	728	890
总质量/kg		340	442	740

4. 安全使用技术

(1)一般规定。参见"钢筋调直切断机"使用技术相关规定。

(2)工作台和弯曲机台面应保持水平。

(3)作业前应准备好各种芯轴及工具，并应按加工钢筋的直径和弯曲半径的要求，装好相应规格的芯轴和成型轴、挡铁轴。

(4)芯轴直径应为钢筋直径的2.5倍。挡铁轴应有轴套。挡铁轴的直径和强度不得小于被弯钢筋的直径和强度。

(5)启动前，应检查并确认芯轴、挡铁轴、转盘等不得有裂纹和损伤，防护罩应有效。在空载运转并确认正常后，开始作业。

(6)作业时，应将需弯曲的一端钢筋插入在转盘固定销的间隙内，将另一端紧靠机身固定销并用手压紧，在检查并确认机身固定销安放在挡住钢筋的一侧后，启动机械。

(7)弯曲作业时，不得更换轴心、销子和变换角度以及调速，不得进行清扫和加油。

(8)对超过机械铭牌规定直径的钢筋不得进行弯曲。在弯曲未经冷拉或带有锈皮的钢筋时，应戴防护镜。

(9)在弯曲高强度钢筋时，应进行钢筋直径换算，钢筋直径不得超过机械允许的最大弯曲能力，并应及时调换相应的芯轴。

(10)操作人员应站在机身设有固定销的一侧。成品钢筋应堆放整齐，弯钩不得朝上。

(11)转盘换向应在弯曲机停稳后进行。

四、钢筋冷拉机

常用的钢筋冷拉机有**卷扬机式冷拉机械、阻力轮冷拉机械和液压冷拉机械**等。其中，卷扬机式冷拉机械具有适应性强、设备简单、成本低、制造维修容易等特点，在施工中最常用。本节以卷扬机式钢筋冷拉机为例，介绍其构造、工作原理、技术性能参数及安全操作要点。

1. 构造

如图7-9所示，卷扬机式钢筋冷拉机主要由电动卷扬机、钢筋滑轮组（定滑轮组、动滑轮组）、地锚、导向滑轮、夹具（前夹具、后夹具）和测力器等组成。主机采用慢速卷扬机，冷拉粗钢筋时选用JJM-5型；冷拉细钢筋时选用JJM-3型。为提高卷扬机的牵引力，降低冷拉速度，以适应冷拉作业的需要，常配装多轮滑轮组，如JJM-5型卷扬机配装六轮滑轮组后，其牵引力由50 kN提高到600 kN，绳速由9.2 m/min降低到0.76 m/min。

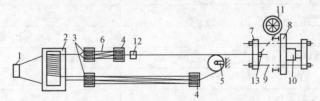

图7-9 卷扬机式钢筋冷拉机构造示意

1—地锚；2—电动卷扬机；3—定滑轮组；4—动滑轮组；5—导向滑轮；6—钢丝绳；7—活动横梁；
8—固定横梁；9—传力杆；10—测力器；11—放盘架；12—前夹具；13—后夹具

2. 工作原理

由于卷筒上钢丝绳是正、反向穿绕在两副动滑轮组上的，因此，当卷扬机旋转时，夹持钢筋的一组动滑轮被拉向卷扬机，使钢筋被拉伸；而另一组动滑轮则被拉向导向滑轮，等下一次冷拉时交替使用。钢筋所受的拉力经传力杆、活动横梁传给测力装置，从而测出拉力的大小。拉伸长度可通过标尺测出或用行程开关来控制。

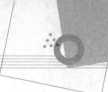

3. 技术性能参数

卷扬机式钢筋冷拉机的主要技术性能参数见表7-5。

表7-5　卷扬机式钢筋冷拉机的主要技术性能参数

项　目	粗钢筋冷拉	细钢筋冷拉
卷扬机型号规格	JJM-5(5 t慢速)	JJM-3(3 t慢速)
滑轮直径及门数	计算确定	计算确定
钢丝绳直径/mm	24	15.5
卷扬机速度/(m·min⁻¹)	小于10	小于10
测力器形式	千斤顶式测力器	千斤顶式测力器
冷拉钢筋直径/mm	12～36	6～12

4. 安全使用技术

(1)一般规定。参见"钢筋调直切断机"使用技术相关规定。

(2)应根据冷拉钢筋的直径,合理选用冷拉卷扬机。卷扬钢丝绳应经封闭式导向滑轮,并应和被拉钢筋成直角。操作人员应能见到全部冷拉场地。卷扬机与冷拉中心线距离不得小于5 m。

(3)冷拉场地应设置警戒区,并应安装防护栏及警告标志。非操作人员不得进入警戒区。作业时,操作人员与受拉钢筋的距离应大于2 m。

(4)采用配重控制的冷拉机应有指示起落的记号或专人指挥。冷拉机的滑轮、钢丝绳应相匹配。配重提起时,配重离地高度应小于300 mm。配重架四周应设置防护栏杆及警告标志。

(5)作业前,应检查冷拉机,夹齿应完好;滑轮、拖拉小车应润滑灵活,拉钩、地锚及防护装置应齐全、牢固。

(6)采用延伸率控制的冷拉机,应设置明显的限位标志,并应有专人负责指挥。

(7)照明设施宜设置在张拉警戒区外。当需设置在警戒区内时,照明设施安装高度应大于5 m,并应有防护罩。

(8)作业后,应放松卷扬钢丝绳,落下配重,切断电源并锁好开关箱。

五、钢筋冷拔机

1. 构造

立式单筒冷拔机由电动机、支架、拔丝模、卷筒、阻力轮、盘料架等组成,如图7-10所示。卧式双筒冷拔机的卷筒是水平设置的,其构造如图7-11所示。

2. 工作原理

(1)立式单筒冷拔机的工作原理。电动机动力通过蜗轮、蜗杆减速后,驱动立轴旋转,使安装在立轴上的卷筒一起转动,卷绕着强行通过拔丝模的钢筋,完成冷拔工序。当卷筒上面缠绕的冷拔钢筋达到一定数量后,可用冷拔机上的辅助吊具将成卷钢筋卸下,再使卷筒继续进行冷拔作业。

(2)卧式双筒冷拔机的工作原理。电动机动力经减速器减速后驱动左右卷筒以20 r/min的转速旋转,卷筒的缠绕强力使钢筋通过拔丝模完成拉拔工序,并将冷拔后的钢筋缠绕在卷筒上,达到一定数量后卸下,使卷筒继续冷拔作业。

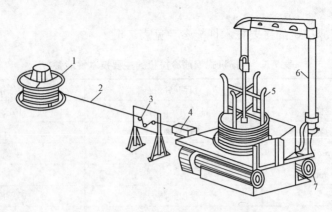

图 7-10　立式单筒冷拔机的构造示意

1—盘料架；2—钢筋；3—阻力轮；4—拔丝模；5—卷筒；6—支架；7—电动机

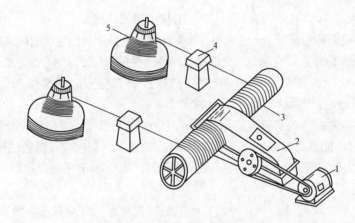

图 7-11　卧式双筒冷拔机的构造示意

1—电动机；2—减速器；3—卷筒；4—拔丝模盒；5—承料架

3. 技术性能参数

钢筋冷拔机的型号及主要技术性能参数见表 7-6。

表 7-6　钢筋冷拔机的型号及主要技术性能参数

项　目		1/750 型	4/650 型	4/550 型
卷筒个数及直径/(个，mm)		1 750	4 650	4 550
进料钢材直径/mm		9	7.1	6.5
成品钢丝直径/mm		4	3～5	3
钢材抗拉强度/MPa		1 300	1 450	1 100
成品卷筒的转速/(r·min⁻¹)		30	40～80	60～120
成品卷筒的线速度/(m·min⁻¹)		75	80～160	104～207
卷筒电动机	型号	JR3-250 M-8	Z2-92	ZJTT-W81-A/6
	功率/kW	40	40	40
	转速/(r·min⁻¹)	750	1 000、2 000	440～1 320

项　目		1/750 型	4/650 型	4/550 型
通风机	型号	CQ13-J	CQ13-J	CQ11-J
	风量/(m³·h⁻¹)	2 800	2 800	1 500
	风压/MPa	12	12	12
通风机	电动机型号	JO2-22-2 D₂-T₂	JO2H-22-2	JQ2H-12-2
	功率/kW	2.2	2.2	1.1
	转速/(r·min⁻¹)	2 880	2 900	2 900
冷却水总耗量/(m³·h⁻¹)		2	4.5	3
润滑油泵	型号	—	2CY-7.5/25-1	2CY-7.5/25-1
	流量/(m³·h⁻¹)	—	7.5	7.5
	电动机型号	—	JO2-31-4	JO3-132S
	功率/kW	—	2.2	7.5
	转速/(r·min⁻¹)	—	1 430	1 500
外形尺寸	长/mm	9 550	15 440	14 490
	宽/mm	3 000	4 150	3 290
	高/mm	3 700	3 700	3 700
质量/kg		6 030	20 125	12 085

4. 安全使用技术

(1)一般规定。参见"钢筋调直切断机"使用相关规定。

(2)启动机械前，应检查并确认机械各部连接应牢固，模具不得有裂纹，轧头与模具的规格应配套。

(3)钢筋冷拔量应符合机械出厂说明书的规定。机械出厂说明书未作规定时，可按每次冷拔缩减模具孔径 0.5～1.0 mm 进行。

(4)轧头时，应先将钢筋的一端穿过模具，钢筋穿过的长度宜为 100～150 mm，再用夹具夹牢。

(5)作业时，操作人员的手与轧辊应保持 300～500 mm 的距离。不得用手直接接触钢筋和滚筒。

(6)冷拔模架中应随时加足润滑剂，润滑剂可采用石灰和肥皂水调和晒干后的粉末。

(7)当钢筋的末端通过冷拔模后，应立即脱开离合器，同时用手闸挡住钢筋末端。

(8)在冷拔过程中，当出现断丝或钢筋打结乱盘时，应立即停机处理。

六、钢筋螺纹成型机

钢筋螺纹成型机包括钢筋直螺纹成型机和钢筋锥螺纹成型机，是将钢筋端部加工成直螺纹、锥螺纹的专用设备。

钢筋螺纹成型机的安全使用应遵循下列规定：

(1)一般规定。参见"钢筋调直切断机"使用的相关规定。

（2）在机械使用前，应检查并确认刀具安装应正确，连接应牢固，运转部位润滑应良好，不得有漏电现象，空车试运转并确认正常后作业。

（3）钢筋应先调直再下料。钢筋切口端面应与轴线垂直，不得用气割下料。

（4）加工锥螺纹时，应采用水溶性切削润滑液。当气温低于 0 ℃时，可掺入 15%～20% 亚硝酸钠。套丝作业时，不得用机油作润滑液或不加润滑液。

（5）加工时，钢筋应夹持牢固。

（6）机械在运转过程中，不得清扫刀片上面的积屑、杂物和进行检修。

（7）不得加工超过机械铭牌规定直径的钢筋。

七、钢筋除锈机

钢筋除锈机一般包括自动钢筋除锈机和手动钢筋除锈机两种。自动钢筋除锈机一般作为大量钢筋除锈的首选，但其不能处理加工过的螺纹钢。相比较手动钢筋除锈机，自动钢筋除锈机操作方便，除锈效果更好，比较适合于钢筋经销商和工地大量钢筋除锈，能有效解决钢筋除锈的难题。手动钢筋除锈机是早期传统的钢筋除锈机，适用于 50 t 以内，特别是 30 t 左右的螺纹钢，不能处理经加工变形的螺纹钢。其主要适用于工地少量钢筋除锈，相对于自动钢筋除锈机，手动钢筋除锈机的除锈效率相对较低，需要两三个人操作。

钢筋除锈机安全使用应遵循下列规定：

（1）一般规定。参见"钢筋调直切断机"安全使用相关规定。

（2）作业前应检查并确认钢丝刷固定牢靠，传动部分应润滑充分，封闭式防护罩及排尘装置等应完好。

（3）操作人员应束紧袖口，并应佩戴防尘口罩、手套和防护眼镜。

（4）带弯钩的钢筋不得上机除锈。弯度较大的钢筋宜在调直后除锈。

（5）操作时，应将钢筋放平，并侧身送料。不得在除锈机正面站人。较长钢筋除锈时，应有两人配合操作。

第二节　钢筋焊接机械与设备

一、交（直）流焊机

电焊机一般按输出电源种类，可分为交流电源和直流电两种。利用电感的原理，电感量在接通和断开时会产生巨大的电压变化，利用正负两极在瞬间短路时产生的高压电弧来熔化电焊条上的焊料，来使它们达到原子结合的目的。

交（直）流焊机安全使用应遵循下列规定：

（1）一般规定。

1）焊接（切割）前，应先进行动火审查，确认焊接（切割）现场防火措施符合要求，并应配备相应的消防器材和安全防护用品，落实监护人员后，开具动火证。

2)焊接设备应有完整的防护外壳，一、二次接线柱处应有保护罩。

3)现场使用的电焊机应设有防雨、防潮、防晒和防砸的措施。

4)焊割现场及高空焊割作业下方，严禁堆放油类、木材、氧气瓶、乙炔瓶、保温材料等易燃、易爆物品。

5)电焊机绝缘电阻不得小于 0.5 MΩ，电焊机导线绝缘电阻不得小于 1 MΩ，电焊机接地电阻不得大于 4 Ω。

6)电焊机导线和接地线不得搭在易燃、易爆、带有热源或有油的物品上；不得利用建(构)筑物的金属结构、管道、轨道或其他金属物体搭接起来形成焊接回路，并不得将电焊机和工件双重接地，严禁使用氧气、天然气等易燃易爆气体管道作为接地装置。

7)电焊机的一次侧电源线长度不应大于 5 m，二次线应采用防水橡皮护套铜芯软电缆，电缆长度不应大于 30 m，接头不得超过 3 个，并应双线到位。当需要加长导线时，应相应增加导线的截面面积。当导线通过道路时，应架高，或穿入防护管内埋设在地下；当通过轨道时，应从轨道下面通过。当导线绝缘受损或断股时，应立即更换。

8)电焊钳应有良好的绝缘和隔热能力。电焊钳握柄应绝缘良好，握柄与导线连接应牢靠，连接处应采用绝缘布包好。操作人员不得用胳膊夹持电焊钳，并不得在水中冷却电焊钳。

9)对承压状态的压力容器和装有剧毒、易燃、易爆物品的容器，严禁进行焊接或切割作业。

10)当需焊割受压容器、密闭容器、粘有可燃气体和溶液的工件时，应先消除容器及管道内压力。清除可燃气体和溶液，并冲洗有毒、有害、易燃物质；对存有残余油脂的容器，宜用蒸汽、碱水冲洗，打开盖口，并确认容器清洗干净后，应灌满清水后进行焊割。

11)在容器内和管道内焊割时，应采取防止触电、中毒和窒息的措施。焊割密闭容器时，应留出气孔，必要时应在进、出气口处装设通风设备；容器内照明电压不得超过 12 V；容器外应有专人监护。

12)焊割铜、铝、锌、锡等有色金属时，应通风良好，焊割人员应戴防毒面罩或采取其他防毒措施。

13)当预热焊件温度达 150 ℃~700 ℃时，应设挡板隔离焊件发出的辐射热，焊接人员应穿戴隔热的石棉服装和鞋、帽等。

14)雨雪天不得在露天电焊。在潮湿地带作业时，应铺设绝缘物品，操作人员应穿绝缘鞋。

15)电焊机应按额定焊接电流和暂载率操作，并应控制电焊机的温升。

16)当清除焊渣时，应戴防护眼镜，头部应避开焊渣飞溅方向。

17)交流电焊机应安装防二次侧触电保护装置。

(2)使用前，应检查并确认初、次级线接线正确，输入电压符合电焊机的铭牌规定，接线螺母、螺栓及其他部件完好齐全，不得松动或损坏。直流焊机换向器与电刷接触应良好。

(3)当多台焊机在同一场地作业时，相互间距不应小于 600 mm 应逐台启动，并应使三相负载保持平衡。多台焊机的接地装置不得串联。

(4)移动电焊机或停电时，应切断电源，不得用拖拉电缆的方法移动焊机。

(5)调节焊接电流和极性开关应在卸除负荷后进行。

(6)硅整流直流电焊机主变压器的次级线圈和控制变压器的次级线圈不得用摇表测试。

(7)长期停用的焊机启用时,应空载通电一定时间,进行干燥处理。

二、氩弧焊机

氩弧焊机是使用氩弧焊的机器,采用高压击穿的起弧方式。氩弧焊机按照电极的不同可分为熔化极氩弧焊机和非熔化极氩弧焊机两种。熔化极氩弧焊机施焊时,焊丝通过丝轮送进,导电嘴导电,在母材与焊丝之间产生电弧,使焊丝和母材熔化,并用惰性气体氩气保护电弧和熔融金属来进行焊接的。非熔化极氩弧焊是电弧在非熔化极(通常是钨极)和工件之间燃烧,在焊接电弧周围流过一种不和金属起化学反应的惰性气体(常用氩气),形成一个保护气罩,使钨极端头,电弧和熔池及已处于高温的金属不与空气接触,能防止氧化和吸收有害气体。从而形成致密的焊接接头,其力学性能非常好。

氩弧焊机的安全使用应遵循下列规定:

(1)一般规定。参见"交(直)流焊机"安全使用相关规定。

(2)作业前,应检查并确认接地装置安全可靠,气管、水管应通畅,不得有外漏。工作场所应有良好的通风措施。

(3)应先根据焊件的材质、尺寸、形状,确定极性,再选择焊机的电压、电流和氩气的流量。

(4)安装氩气表、氩气减压阀、管接头等配件时,不得粘有油脂,并应拧紧丝扣(至少5扣)。开气时,严禁身体对准氩气表和气瓶节门,应防止氩气表和气瓶节门打开伤人。

(5)水冷型焊机应保持冷却水清洁。在焊接过程中,冷却水的流量应正常,不得断水施焊。

(6)焊机的高频防护装置应良好;振荡器电源线路中的连锁开关不得分接。

(7)使用氩弧焊时,操作人员应戴防毒面罩。应根据焊接厚度确定钨极粗细,更换钨极时,必须切断电源。磨削钨极端头时,应设有通风装置,操作人员应佩戴手套和口罩,磨削下来的粉尘,应及时清除。钍、铈、钨极不得随身携带,应贮存在铅盒内。

(8)焊机附近不宜有振动,焊机上及周围不得放置易燃、易爆或导电物品。

(9)氮气瓶和氩气瓶与焊接地点应相距 3 m 以上,并应直立固定放置。

(10)作业后,应切断电源,关闭水源和气源。焊接人员应及时脱去工作服,清洗外露的皮肤。

三、点焊机

点焊适合于钢筋预制加工中焊接各种形式的钢筋网。点焊机是使相互交叉的钢筋在其接触处形成牢固焊点的一种压力焊接方法。

点焊机的种类很多,按结构形式,可分为固定式和悬挂式;按压力传动方式,可分为杠杆式、气动式和液压式;按电极类型,又可分为单头、双头和多头等形式。

1. 构造

如图 7-12 所示,杠杆弹簧式点焊机主要由变压器、电极臂(上电极臂、下电极臂)、杠杆系统、分级开关和冷却系统等组成。

2. 工作原理

图 7-13 所示为杠杆弹簧式点焊机工作原理。点焊时，将表面清理好的平直钢筋叠合在一起放在两个电极之间，踏下脚踏板，使两根钢筋的交点接触紧密，同时断路器也相接触，接通电源使钢筋交接点在短时间内产生大量的电阻热，钢筋很快被加热到熔点而处于熔化状态。放开脚踏板，断路器随杠杆下降切断电流，在压力作用下，熔化了的钢筋交接点冷却凝结成焊接点。

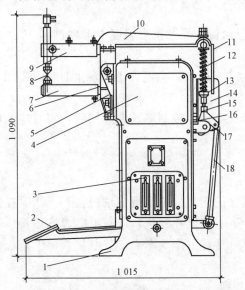

图 7-12　杠杆弹簧式点焊机构造示意

1—基础螺栓；2—踏脚；3—分级开关；4—变压器；
5—夹座；6—下夹块；7—下电极臂；8—电极；
9—上电极臂；10—压力臂；11—指示板；12—弹簧；
13—调节螺母；14—开关罩；15—转块；16—滚柱；
17—三角形连杆；18—连杆

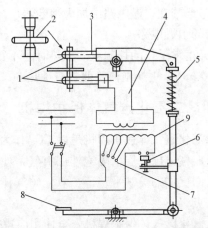

图 7-13　杠杆弹簧式点焊机工作原理示意

1—电极；2—钢筋；3—电极臂；4—变压器次级线圈；
5—弹簧；6—断路器；7—变压器调节级数开关；
8—脚踏板；9—变压器初级线圈

3. 技术性能参数

常用点焊机型号及主要技术性能参数见表 7-7。

表 7-7　常用点焊机型号及主要技术性能参数

指　标	DN-25	DN1-75	DN-75
形　式	脚踏式	凸轮式	气动式
额定容量/(kV·A)	25	75	75
额定电压/V	220/380	220/380	220/380
初级线圈电流/A	114/66	341/197	—
次级电压/V	1.76～3.52	3.52～7.04	8
次级电压调节级数	8(9)	8	8
悬臂有效伸长距离/mm	250	350	800
上电极行程/mm	20	20	20
电极间最大压力/N	1 250	1 600(2 100)	1 900
自身质量/kg	240	455(370)	650

4. 安全使用技术

(1)一般规定。参见"交(直)流焊机"安全使用相关规定。

(2)作业前，应清除上、下两电极的油污，并应先接通控制线路的转向开关和焊接电流的开关，调整好极数，再接通水源、气源，最后接通电源。

(3)焊机通电后，应检查并确认电气设备、操作机构、冷却系统、气路系统工作正常。不得有漏电现象。

(4)作业时，气路、水冷系统应畅通。气体应保持干燥。排水温度不得越过 40 ℃，排水量可根据水温调节。

(5)严禁在引燃电路中加大熔断器，当负载过小，引燃管内电弧不能发生时，不得闭合控制箱的引燃电路。

(6)正常工作的控制箱的预热时间不得少于 5 min。当控制箱长期停用时，每月应通电加热 30 min。更换闸流管前，应预热 30 min。

四、二氧化碳气体保护焊机

二氧化碳气体保护焊机是以 CO₂ 作为保护气体的熔化极电弧焊方法设备，工作时在弧周围形成气体保护层，隔绝外部氧气，使焊缝不至于氧化和碳化，从而提高焊缝质量，使焊接平面更加的美观平整。二氧化碳气体保护焊机具有工作效率高，节电显著，生产成本低的特点。

二氧化碳气体保护焊机安全使用应遵循下列规定：

(1)一般规定。参见"交(直)流焊机"安全使用相关规定。

(2)作业前，二氧化碳气体应按规定进行预热。开气时，操作人员必须站在瓶嘴的侧面。

(3)作业前，应检查并确认焊丝的进给机构、电线的连接部分、二氧化碳气体的供应系统及冷却水循环系统符合要求，焊枪冷却水系统不得漏水。

(4)二氧化碳气瓶宜存放在阴凉处，不得靠近热源，并应放置牢靠。

(5)二氧化碳气体预热器端的电压，不得大于 36 V。

五、埋弧焊机

埋弧焊机是一种利用电弧在焊剂层下燃烧进行焊接的焊接机器。其固有的焊接质量稳定、焊接生产率高、无弧光及烟尘很少等优点，使其成为压力容器、管段制造、箱形梁柱钢结构等制作中的主要焊接机器。埋弧焊机分为**自动焊机**和**半自动焊机**两大类。**自动埋弧焊机是由埋弧焊机和辅助设备组成，可以达到自动焊接；半自动埋弧焊机是由焊接小车、埋弧焊机组成，焊接小车可以前后行走，速度可调。**

埋弧焊机的安全使用应遵循下列规定：

(1)一般规定。参见"交(直)流焊机"使用的相关规定。

(2)作业前，应检查并确认各导线连接应良好；控制箱的外壳和接线板上的罩壳应完好；送丝滚轮的沟槽及齿纹应完好；滚轮、导电嘴(块)不得有过度磨损，接触应良好；减速箱润滑油应正常。

(3)软管式送丝机构的软管槽孔应保持清洁，并定期吹洗。

（4）在焊接中，应保持焊剂连续覆盖，以免焊剂中断露出电弧。

（5）在焊机工作时，手不得触及送丝机构的滚轮。

（6）作业时，应及时排走焊接中产生的有害气体，在通风不良的室内或容器内作业时，应安装通风设备。

六、对焊机

对焊机适用于水平钢筋的预制加工，属于塑性压力焊接，是将电能转化成热能，将对接的钢筋端头部位加热到近于熔化的高温状态，并施加一定压力进行顶锻而实现连接的一种工艺。

对焊机的种类繁多，按焊接方式可分为电阻对焊、连续闪光对焊和预热闪光对焊；按结构形式可分为弹簧顶锻式、杠杆挤压弹簧式、电动凸轮顶锻式和气压顶锻式等。

1. 构造

对焊机主要由焊接变压器、左电极、右电极、交流接触器、送料机构和控制元件等组成。其构造如图 7-14 所示。

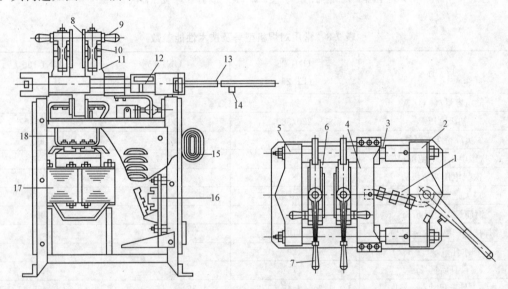

图 7-14　对焊机构造示意

1—调节螺钉；2—导轨架；3—导轮；4—滑动平板；5—固定平板；6—左电极；7—旋紧手柄；

8—护板；9—套钩；10—右电极；11—夹紧臂；12—行程标尺；13—操作杆；14—接触器按钮；

15—分级开关；16—交流接触器；17—焊接变压器；18—铜引线

2. 工作原理

如图 7-15 所示，对焊机的电极分别装在固定平板和滑动平板上，滑动平板可沿机身上的导轨移动，电流通过变压器次级线圈传到电极上。当推动压力机构使两根钢筋端头接触在一起后，造成短路电阻产生热量，加热钢筋端头；当加热到高塑性后，再加力挤压，使两端头牢固地对接。

3. 技术性能参数

常用对焊机型号及技术性能参数见表 7-8。

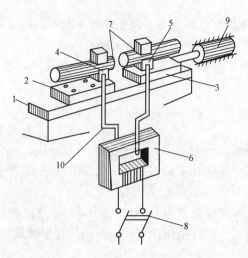

图 7-15　对焊机工作原理示意

1—机身；2—固定平板；3—滑动平板；4—固定电极；5—活动电极；
6—变压器；7—钢筋；8—开关；9—压力机构；10—变压器次级线圈

表 7-8　常用对焊机型号及技术性能参数

指标	UN1-25 (LP-25)	UN1-75 (LP-75)	UN1-100 (LP-100)
额定容量/(kV·A)	25	75	100
初级电压/V	220/380	220/380	220/380
负载持续率/％	20	20	20
次级电压调节范围/V	1.75～3.25	3.52～7.04	4.5～7.6
次级电压调节级数	8	8	8
最大送料行程/mm	20	30	40～50
钢筋最大截面/mm²	300	600	1 000
焊接生产率/(次·h⁻¹)	110	75	20～30
冷却水耗量/(L·h⁻¹)	120	200	200
自身质量/kg	275	445	465
外形尺寸/m	1.34×0.48×1.3	1.52×0.55×1.08	1.58×0.55×1.15

4. 安全使用技术

(1)一般规定。参见"交(直)流焊机"使用的相关规定。

(2)对焊机应安置在室内或防雨的工棚内，并应有可靠的接地或接零。当多台对焊机并列安装时，相互间距不得小于 3 m，并应分别接在不同相位的电网上，分别设置各自的断路器。

(3)焊接前，应检查并确认对焊机的压力机构应灵活，夹具应牢固，气压、液压系统不得有泄漏。

(4)焊接前，应根据所焊接钢筋的截面，调整二次电压，不得焊接超过对焊机规定直径的钢筋。

(5)断路器的接触点、电极应定期光磨，二次电路连接螺栓应定期紧固。冷却水的温度不得超过 40 ℃；排水量应根据温度调节。

(6)焊接较长钢筋时，应设置托架。

(7)闪光区应设挡板，与焊接无关的人员不得入内。

(8)冬期施焊时，温度不应低于 8 ℃，作业后，应放尽机内冷却水。

七、竖向钢筋电渣压力焊机

电渣压力焊是借助被焊钢筋端头之间形成的电弧，来熔化焊剂而获得 2 000 ℃ 以上高温熔渣将被焊钢筋端头均匀地熔化，再经挤压而形成焊接接头的方法。竖向钢筋电渣压力焊机适用于多、高层框架（或框剪等）结构中的竖向钢筋直径在 16～32 mm 的 HPB300、HRB335、HRB400 级钢筋的焊接。

竖向钢筋电渣压力焊机的安全使用应符合下列规定：

(1)一般规定。参见"交(直)流焊机"安全使用的相关规定。

(2)应根据施焊钢筋直径选择具有足够输出电流的电焊机。电源电缆和控制电缆连接应正确、牢固。焊机及控制箱的外壳应接地或接零。

(3)作业前，应检查供电电压并确认正常，当一次电压降大于 8％ 时，不宜焊接。焊接导线长度不得大于 30 m。

(4)作业前，应检查并确认控制电路正常，定时应准确，误差不得大于 5％，机具的传动系统、夹装系统及焊钳的转动部分应灵活自如，焊剂应已干燥，所需附件应齐全。

(5)作业前，应按所焊钢筋的直径，根据参数表，标定好所需的电流和时间。

(6)起弧前，上下钢筋应对齐，钢筋端头应接触良好。对锈蚀或粘有水泥等杂物的钢筋，应在焊接前用钢丝刷清除，并保证导电良好。

(7)每个接头焊完后，应停留 5～6 min 保温，寒冷季节应适当延长保温时间。焊渣应在完全冷却后清除。

八、气焊(割)设备

气焊也叫作气体焊接，是利用气体燃烧产生的高热融化金属，达到焊接的目的，对薄厚不等的材料都适用，主要用于焊接薄的材料和切割后金属材料。气焊(割)设备主要包括氧气瓶、乙炔瓶、氧气减压器、乙炔减压器、焊炬(或割炬)等，如图 7-16 所示。

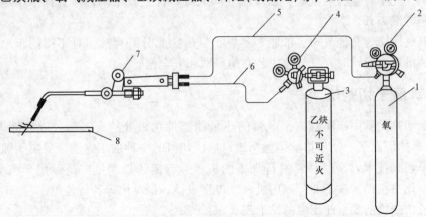

图 7-16　气焊(割)设备

1—氧气瓶；2—氧气减压器(氧气表)；3—乙炔瓶；4—乙炔减压器(乙炔表)；

5—氧气橡胶管；6—乙炔橡胶管；7—焊炬(或割炬)；8—工件

气焊(割)设备的安全使用应遵循下列规定：

(1)一般规定。参见"交(直)流焊机"使用相关规定。

(2)气瓶每三年应检验一次，使用期不应超过 20 年。气瓶压力表应灵敏正常。

(3)操作者不得正对气瓶阀门出气口，不得用明火检验是否漏气。

(4)现场使用的不同种类气瓶应装有不同的减压器，未安装减压器的氧气瓶不得使用。

(5)氧气瓶、压力表及其焊割机具上不得沾染油脂。氧气瓶安装减压器时，应先检查阀门接头，并略微打开氧气瓶阀门吹除污垢，然后安装减压器。

(6)开启氧气瓶阀门时，应采用专用工具，动作应缓慢。氧气瓶中的氧气不得全部用尽，应留 49 kPa 以上的剩余压力。关闭氧气瓶阀门时，应先松开减压器的活门螺栓。

(7)乙炔钢瓶使用时，应设有防止回火的安全装置；同时使用两种气体作业时，不同气瓶都应安装单向阀，防止气体相互倒灌。

(8)作业时，乙炔瓶与氧气瓶之间的距离不得少于 5 m，气瓶与明火之间的距离不得少于 10 m。

(9)乙炔软管、氧气软管不得错装。乙炔气胶管、防止回火装置及气瓶冻结时，应用 40 ℃以下热水加热解冻，不得用火烤。

(10)点火时，焊枪口不得对人。正在燃烧的焊枪不得放在工件或地面上。焊枪带有乙炔和氧气时，不得放在金属容器内，以防止气体逸出，发生爆燃事故。

(11)点燃焊(割)炬时，应先开乙炔阀点火，再开氧气阀调整火焰大小。关闭时，应先关闭乙炔阀，再关闭氧气阀。

氢氧并用时，应先开乙炔气，再开氢气，最后开氧气，再点燃。灭火时，应先关氧气，再关氢气，最后关乙炔气。

(12)操作时，氢气瓶、乙炔瓶应直立放置，且应安放稳固。

(13)作业中，发现氧气瓶阀门失灵或损坏不能关闭时，应让瓶内的氧气自动放尽后，再进行拆卸修理。

(14)作业中，当氧气软管着火时，不得折弯软管断气，应迅速关闭氧气阀门，停止供氧。当乙炔软管着火时，应先关熄炬火，可弯折前面一段软管将火熄灭。

(15)工作完毕，应将氧气瓶、乙炔瓶气阀关好，拧上安全罩，检查操作场地，确认无着火危险，方准离开。

(16)氧气瓶应与其他气瓶、油脂等易燃、易爆物品分开存放，且不得同车运输。氧气瓶不得散装吊运。运输时，氧气瓶应装有防振圈和安全帽。

九、等离子切割机

等离子切割是利用高温等离子电弧的热量使工件切口处的金属部分或局部熔化(和蒸发)，并借高速等离子的动量排除熔融金属以形成切口的一种加工方法。等离子弧切割机是借助等离子切割技术对金属材料进行加工的机械。等离子切割机广泛运用于汽车、机车、压力容器、化工机械、核工业、通用机械、工程机械、钢结构等各行各业。

等离子切割机的安全使用应遵循下列规定：

(1)一般规定。参见"交(直)流焊机"使用相关规定。

(2)作业前，应检查并确认不得有漏电、漏气、漏水现象，接地或接零应安全可靠。应将工作台与地面绝缘，或在电气控制系统安装空载断路继电器。

（3）小车、工件位置应适当，工件应接通切割电路正极，切割工作面下应设有熔渣坑。

（4）应根据工件材质、种类和厚度选定喷嘴孔径，调整切割电源、气体流量和电极的内缩量。

（5）自动切割小车应经空车运转，并应选定合适的切割速度。

（6）操作人员应戴好防护面罩、电焊手套、帽子、滤膜防尘口罩和隔声耳罩。

（7）切割时，操作人员应站在上风处操作。可从工作台下部抽风，并宜缩小操作台上的敞开面积。

（8）切割时，当空载电压过高时，应检查电器接地或接零、割炬把手绝缘情况。

（9）高频发生器应设有屏蔽护罩，用高频引弧后，应立即切断高频电路。

（10）作业后，应切断电源，关闭气源和水源。

十、仿形切割机

仿形切割机是指依电磁滚轮沿钢质样板滚动，割嘴与滚轮同心沿轨迹运动，就可气割出与样板相同的各种工件。这种切割机适用于大批量生产。

仿形切割机安全使用应遵循下列规定：

（1）一般规定。参见"交（直）流焊机"使用相关规定。

（2）应按出厂使用说明书要求接通切割机的电源，并应做好保护接地或接零。

（3）作业前，应先空运转，检查并确认氧、乙炔和加装的仿形样板配合无误后，开始切割作业。

（4）作业后，应清理保养设备，整理并保管好氧气带、乙炔气带及电缆线。

本章小结

钢筋加工机械包括钢筋调直切断机、钢筋切断机、钢筋弯曲机、钢筋冷拉机、钢筋冷拔机、钢筋螺纹成型机、钢筋除锈机等。钢筋调直切断机是一种用于调直和切断直径 14 mm 以下的钢筋的机器，切断长度可根据客户要求定制。钢筋切断机是将钢筋原材料或已调直的钢筋切断成所需长度的专用机械，有机械传动式和液压传动式两种。钢筋弯曲机是将调直、切断后的钢筋弯曲成所要求的尺寸和形状的专用设备。常用的钢筋冷拉机有卷扬式冷拉机械、阻力轮冷拉机械和液压冷拉机械等。常用的钢筋冷拔机有立式单筒冷拔机和卧式双筒冷拔机两种。钢筋螺纹成型机包括钢筋直螺纹成型机和钢筋锥螺纹成型机，是将钢筋端部加工成直螺纹、锥螺纹的专用设备。钢筋除锈机一般包括自动钢筋除锈机和手动钢筋除锈机两种。钢筋焊接机械包括交（直）流焊机、氩弧焊机、点焊机、二氧化碳气体保护焊机、埋弧焊机、对焊机、竖向钢筋电渣压力焊机、气焊（割）设备、等离子切割机、仿形切割机等。交（直）流电焊机是按输出电源种类区分的。氩弧焊机是使用氩弧焊的机器，采用高压击穿的起弧方式，氩弧焊机按照电极的不同分为熔化极氩弧焊机和非熔化极氩弧焊机两种。点焊机是使相互交叉的钢筋在其接触处形成牢固焊点的一种压力焊接方法。二氧化碳气体保护焊机是以 CO_2 作为保护气体的熔化极电弧焊方法设备。埋弧焊机是一种利用电弧在焊剂层下燃烧进行焊接的焊接机器。对焊机属于塑性压力焊接，主要由焊接变压器、左电极、右电极、交流接触器、送料机构和控制元件等组成。竖向钢筋电渣压力焊机适用于多、高层框架（或框剪等）结构中的竖向钢筋直径在16~32 mm的HPB300、HRB335、HRB400级钢筋的焊接。气焊（气割）设备主要包括氧气瓶、乙炔瓶、氧气减压器、乙炔减压器、焊炬（或割炬）等。等离子弧切割机是借助等离子切割技术对金属材料进行加工的机械。仿形切割机是指依电磁滚轮沿钢质样板滚动，割嘴与滚轮同心沿轨迹运动，就可气割出与样板相同的各种工件，适用于大批量生产。

思考题

一、填空题

1. 钢筋调直切断机按调直原理的不同可分为＿＿＿＿＿和＿＿＿＿＿两种。

2. 卧式钢筋切断机主要由＿＿＿＿＿、＿＿＿＿＿、＿＿＿＿＿、＿＿＿＿＿、＿＿＿＿＿及切断机构等组成。

3. 在建筑工地广泛使用的台式钢筋弯曲机按传动方式可分为＿＿＿＿＿和＿＿＿＿＿两类。

二、选择题

1. 钢筋调直切断机，是一种用于调直和切断直径(　　)mm以下的钢筋的机器。
   A. 14　　　　　　B. 24　　　　　　C. 34　　　　　　D. 44

2. 卧式钢筋切断机适用于切断(　　)mm普通碳素钢筋。
   A. 0~40　　　　　B. 0~60　　　　　C. 6~40　　　　　D. 4~60

3. 切断短料时，手和切刀之间的距离应大于(　　)mm，并应采用套管或夹具将切断的短料压住或夹牢。
   A. 1.5　　　　　　B. 15　　　　　　C. 105　　　　　　D. 150

4. 进行钢筋冷拉操作时，操作人员与受拉钢筋的距离应大于(　　)m。
   A. 0.5　　　　　　B. 1　　　　　　C. 1.5　　　　　　D. 2

5. 钢筋氩弧焊时，氩气瓶和氩气瓶与焊接地点应相距(　　)m以上，并应直立固定放置。
   A. 0.5　　　　　　B. 1　　　　　　C. 1.5　　　　　　D. 3

6. 二氧化碳气体预热器端的电压，不得大于(　　)V。
   A. 36　　　　　　B. 38　　　　　　C. 120　　　　　　D. 240

三、问答题

1. 简述钢筋冷拉机的工作原理。

2. 钢筋冷拔机使用前，应对哪些项目进行检查？

3. 点焊机是如何进行分类的？

第八章　其他建筑施工机械与设备

::: 知识目标 :::   >>>

　　了解建筑工程地下施工、木工及其他常用的中小型机械与设备的类型，掌握顶管机、盾构机与带锯机、圆盘锯等木工机械、咬口机、剪板机等中、小型机械与设备的安全使用。

::: 能力目标 :::   >>>

　　通过本章内容的学习，能够熟练进行顶管机、盾构机与带锯机、圆盘锯等木工机械、咬口机、剪板机等中、小型机械与设备的安全使用操作。

第一节　地下施工机械

一、顶管机

　　顶管施工是非开挖施工方法，是一种不开挖或者少开挖的管道埋设施工技术。顶管机主要由旋转挖掘系统、主顶液压推进系统、泥土输送系统、注浆系统、测量设备、地面吊装设备和电气系统等组成。

　　常见的顶管机有机械式顶管机、挤压式顶管机和人工挖掘顶管机。机械式顶管机适用于岩层、硬土层和整体稳定性较好的土层，工作效率比较高；挤压式顶管机适用于淤泥质土，流塑性土质，而且要求覆土深度比较深；人工挖掘顶管机适用于地基强度较高的土层，也有在软土中应用的，但需提前采用注浆来改善土质，或在工具管前加网格，以稳定挖掘面。其最大特点是适应地下障碍物较多且较大的条件，可排除障碍的可能性最大最好。

　　顶管机安全使用应遵循下列规定：

　　（1）一般规定。

　　1）地下施工机械选型和功能应满足施工地质条件和环境安全要求。

2)地下施工机械及配套设施应在专业厂家制造，应符合设计要求，并应在总装调试合格后才能出厂。出厂时，应具有质量合格证书和产品使用说明书。

3)作业前，应充分了解施工作业周边环境，对邻近建(构)筑物、地下管网等应进行监测，并应制订对建(构)筑物、地下管线保护的专项安全技术方案。

4)作业中，应对有害气体及地下作业面通风量进行监测，并应符合职业健康安全标准的要求。

5)作业中，应随时监视机械各运转部位的状态及参数，发现异常时，应立即停机检修。

6)气动设备作业时，应按照相关设备使用说明书和气动设备的操作技术要求进行施工。

7)应根据现场作业条件，合理选择水平及垂直运输设备，并应按相关规范执行。

8)地下施工机械作业时，必须确保开挖土体的稳定。

9)地下施工机械在施工过程中，当停机时间较长时，应采取措施，维持开挖面稳定。

10)地下施工机械使用前，应确认其状态良好，满足作业要求。在使用过程中，应按使用说明书的要求进行保养、维修，并应及时更换受损的零件。

11)在掘进过程中，遇到施工偏差过大、设备故障、意外的地质变化等情况时，必须暂停施工，经处理后再继续掘进。

12)地下大型施工机械设备的安装、拆卸应按使用说明书的规定进行，并应制定专项施工方案，由专业队伍进行施工，安装、拆卸过程中应有专业技术和安全人员监护。

(2)选择顶管机，应根据管道所处土层性质、管径、地下水水位、附近地上与地下建(构)筑物和各种设施等因素，经技术经济比较后确定。

(3)导轨应选用钢质材料制作，安装后应牢固，不得在使用中产生位移，并应经常检查校核。

(4)千斤顶的安装应符合下列规定：

1)千斤顶宜固定在支撑架上，并应与管道中心线对称，其合力应作用在管道中心的垂面上；

2)当千斤顶多于一台时，宜取偶数，且其规格宜相同；当规格不同时，其行程应同步，并应将同规格的千斤顶对称布置；

3)千斤顶的油路应并联，每台千斤顶应有进油、回油的控制系统。

(5)油泵和千斤顶的选型应相匹配，并应有备用油泵；油泵安装完毕，应进行试运转，并应在合格后使用。

(6)顶进前，全部设备应经过检查并经过试运转确认合格。

(7)顶进时，工作人员不得在顶铁上方及侧面停留，并应随时观察顶铁有无异常迹象。

(8)顶进开始时，应先缓慢进行，在各接触部位密合后，再按正常顶进速度顶进。

(9)千斤顶活塞退回时，油压不得过大，速度不得过快。

(10)安装后的顶铁轴线应与管道轴线平行、对称。顶铁、导轨和顶铁之间的接触面不得有杂物。

(11)顶铁与管口之间应采用缓冲材料衬垫。

(12)管道顶进应连续作业。管道在顶进过程中，遇下列情况之一时，应立即停止顶进，检查原因并经处理后继续顶进：

1)工具管前方遇到障碍；

2)后背墙变形严重；

3)顶铁发生扭曲现象；

4)管位偏差过大且校正无效；

5)顶力超过管端的允许顶力；

6)油泵、油路发生异常现象，

7)管节接缝、中继间渗漏泥水、泥浆；

8)地层、邻近建(构)筑物、管线等周围环境的变形量超出控制允许值。

(13)使用中继间应符合下列规定：

1)中继间安装时应将凸头安装在工具管方向，凹头安装在工作井一端；

2)中继间应有专职人员进行操作，同时应随时观察有可能发生的问题；

3)中继间使用时，油压、顶力不宜超过设计油压顶力，应避免引起中继间变形；

4)中继间应安装行程限位装置，单次推进距离应控制在设计允许距离内；

5)穿越中继间的高压进水管、排泥管等软管应与中继间保持一定距离，应避免中继间往返时损坏管线。

二、盾构机

盾构机全称盾构隧道掘进机，是一种使用盾构法的隧道掘进机。现代盾构掘进机集光、机、电、液、传感、信息技术于一体，具有开挖切削土体、输送土渣、拼装隧道衬砌、测量导向纠偏等功能。盾构机根据工作原理一般可分为手掘式盾构、挤压式盾构、半机械式盾构(局部气压、全局气压)和机械式盾构(开胸式切削盾构、气压式盾构、泥水加压盾构、土压平衡盾构、混合型盾构、异型盾构)。

盾构机的基本工作原理就是一个圆柱体的钢组件沿隧洞轴线边向前推进边对土壤进行挖掘。该圆柱体组件的壳体即护盾，它对挖掘出的还未衬砌的隧洞段起着临时支撑的作用，承受周围土层的压力，有时还承受地下水水压以及将地下水挡在外面。挖掘、排土、衬砌等作业在护盾的掩护下进行。

盾构机的安全使用应遵循下列规定：

(1)一般规定。参见"顶管机"使用相关规定。

(2)盾构机组装前，应对推进千斤顶、拼装机、调节千斤顶进行试验验收。

(3)盾构机组装前，应将防止盾构机后退的推进系统平衡阀、调节拼装机的回转平衡阀的二次溢流压力调到设计压力值。

(4)盾构机组装前，应将液压系统各非标制品的阀组按设计要求进行密闭性试验。

(5)盾构机组装完成后，应先对各部件、各系统进行空载、负载调试及验收，最后应进行整机空载和负载调试及验收。

(6)盾构机始发、接收前，应落实盾构基座稳定措施，确保牢固。

(7)盾构机应在空载调试运转正常后，开始盾构始发施工。在盾构始发阶段，应检查各部位润滑并记录油脂消耗情况；初始推进过程中，应对推进情况进行监测，并对监测反馈资料进行分析，不断调整盾构掘进施工参数。

(8)盾构掘进中，每环掘进结束及中逾停止掘进时，应按规定程序操作各种机电设备。

(9)盾构掘进中，当遇有下列情况之一时，应暂停施工，并应在排除险情后继续施工：

1)盾构位置偏离设计轴线过大；

2)管片严重碎裂和渗漏水；

3)开挖面发生坍塌或严重的地表隆起、沉降现象；

4)遭遇地下不明障碍物或意外的地质变化；

5)盾构旋转角度过大，影响正常施工；

6)盾构扭矩或顶力异常。

(10)盾构暂停掘进时，应按程序采取稳定开挖面的措施，确保暂停施工后盾构姿态稳定不变。暂停掘进前，应检查并确认推进液压系统不得有渗漏现象。

(11)双圆盾构掘进时，双圆盾构两刀盘应相向旋转，并保持转速一致，不得接触和碰撞。

(12)盾构带压开仓更换刀具时，应确保工作面稳定，并应进行持续充分的通风及毒气测试合格后，进行作业。地下情况较复杂时，作业人员应戴防毒面具。更换刀具时，应按专项方案和安全规定执行。

(13)盾构切口与到达接收井距离小于 10 m 时，应控制盾构推进速度、开挖面压力、排土量。

(14)盾构推进到冻结区域停止推进时，应每隔 10 min 转动刀盘一次，每次转动时间不得少于 5 min。

(15)当盾构全部进入接收井内基座上后，应及时做好管片与洞圈间的密封。

(16)盾构调头时应专人指挥，应设专人观察设备转向状态，避免方向偏离或设备碰撞。

(17)管片拼装时，应按下列规定执行：

1)管片拼装应落实专人负责指挥，拼装机操作人员应按照指挥人员的指令操作，不得擅自转动拼装机。

2)举重臂旋转时，应鸣号警示。严禁施工人员进入举重臂回转范围内。拼装工应在全部就位后开始作业。在施工人员未撤离施工区域时，严禁启动拼装机。

3)拼装管片时，拼装工必须站在安全可靠的位置，不得将手脚放在环缝和千斤顶的顶部。

4)举重臂应在管片固定就位后复位。封顶拼装就位未完毕时，施工人员不得进入封顶块的下方。

5)举重臂拼装头应拧紧到位，不得松动，发现有磨损情况时，应及时更换，不得冒险吊运。

6)管片在旋转上升之前，应用举重臂小脚将管片固定，管片在旋转过程中不得晃动。

7)当拼装头与管片预埋孔不能紧固连接时，应制作专用的拼装架。拼装架设计应经技术部门审批，并经过试验合格后开始使用。

8)拼装管片应使用专用的拼装销，拼装销应有限位装置。

9)装机回转时，在回转范围内，不得有人。

10)管片吊起或升降架旋回到上方时，放置时间不应超过 3 min。

(18)盾构的保养与维修应坚持"预防为主、经常检测、强制保养、养修并重"的原则，并应由专业人员进行保养与维修。

(19)盾构机拆除退场时，应按下列规定执行：

1)机械结构部分应先按液压、泥水、注浆、电气系统顺序拆卸,最后拆卸机械结构件;

2)吊装作业时,应仔细检查并确认盾构机各连接部件与盾构机已彻底拆开分离,千斤顶全部缩回到位,所有注浆、泥水系统的手动阀门已关闭;

3)大刀盘应按要求位置停放,在井下分解后,应及时吊上地面;

4)拼装机按规定位置停放,举重钳应缩到底,提升横梁应烧焊马脚固定,同时在拼装机横梁底部应加焊接支撑,防止下坠。

(20)盾构机转场运输时,应按下列规定执行:

1)应根据设备的最大尺寸,对运输线路进行实地勘察;

2)设备应与运输车辆有可靠固定措施,

3)设备超宽、超高时,应按交通法规办理各类通行证。

悬臂式掘进机

第二节　木工机械

一、带锯机

带锯机是指以环状无端的带锯条为锯具,绕在两个锯轮上作单向连续的直线运动来锯切木材的锯机。其主要由床身、锯轮、上锯轮升降和仰俯装置、带锯条张紧装置、锯条导向装置、工作台、导向板等组成。床身由铸铁或钢板焊接制成。带锯机在木材工业中应用广泛,机型繁多,按工艺用途可分为大带锯、再剖带锯机和细木工带锯机;按锯轮安置方位分为立式的、卧式的和倾斜式的;立式的又分为右式的和左式的;按带锯机安装方式可分为固定式的和移动式的;按组合台数可分为普通带锯机和多联带锯机等。一般的木工带锯机和木工跑车配套使用。

带锯机的安全使用应遵循下列规定:

(1)一般规定。

1)机械操作人员应穿紧口衣裤,并束紧长发,不得系领带和戴手套。

2)机械的电源安装和拆除及机械电气故障的排除,应由专业电工进行,机械应使用单向开关,不得使用倒顺双向开关。

3)机械安全鞋置应齐全有效,传动部位应安装防护罩,各部件应连接紧固。

4)机械作业场所应配备齐全可靠的消防器材。在工作场所,不得吸烟和动火,并不得混放其他易燃易爆物品。

5)工作场所的木料应堆放整齐,道路应畅通。

6)机械应保持清洁,工作台上不得放置杂物。

7)机械的皮带轮、锯轮、刀轴、锯片、砂轮等高速转动部件的安装应平衡。

8)各种刀具破损程度不得超过使用说明书的规定要求。

9)加工前,应清除木料中的钢钉、钢丝等金属物。

10)装设除尘装置的木工机械作业前,应先启动排尘装置,排尘管道不得变形、漏气。

11)机械运行中，不得测量工件尺寸和清理木屑、刨花和杂物。

12)机械运行中，不得跨越机械传动部分。排除故障、拆装刀具应在机械停止运转，并切断电源后进行。

13)操作时，应根据木材的材质、粗细、湿度等选择合适的切削和进给速度。操作人员与辅助人员应密切配合，并应同步匀速接送料。

14)使用多功能机械时，应只使用其中一种功能，其他功能的装置不得妨碍操作。

15)作业后，应切断电源，锁好闸箱，并应进行清理、润滑。

16)机械噪声不应超过建筑施工场界噪声限值；当机械噪声越过限值时，应采取降噪措施。机械操作人员应按规定佩戴个人防护用品。

(2)作业前，应对锯条及锯条安装质量进行检查。锯条齿侧或锯条接头处的裂纹长度超过10 mm、连续缺齿两个和接头超过两处的锯条不得使用。当锯条裂纹长度在10 mm以下时，应在裂纹终端冲一止裂孔。锯条松紧度应调整适当。带锯机启动后，应空载试运转，并应确认运转正常，无串条现象后，开始作业。

(3)作业中，操作人员应站在带锯机的两侧，跑车开动后，行程范围内的轨道周围不应站人，不应在运行中跑车。

(4)原木进锯前，应调好尺寸，进锯后不得调整。进锯速度应均匀。

(5)倒车应在木材的尾端越过锯条500 mm后进行，倒车速度不宜过快。

(6)平台式带锯作业时，送接料应配合一致，进料、接料时不得将手送进台面。锯短料时，应采用推棍送料。回送木料时，应离开锯条50 mm及以上。

(7)带锯机运转中，当木屑堵塞吸尘管口时，不得清理管口。

(8)作业中，应根据锯条的宽度与厚度及时调节挡位或增减带锯机的压砣(重锤)。当发生锯条口松或串条等现象时，不得用增加压砣(重锤)重量的办法进行调整。

二、圆盘锯

圆盘锯主要采用空气压缩机或高压空气瓶驱动气动马达高速运转，实现快速切割，其主要技术指标见表8-1。

表8-1　圆盘锯的主要技术指标

序号	项目	要求
1	动力源	压缩空气
2	要求的空气流量	900 L/min
3	要求的空气气压	7 kg
4	功率	4.352 马力
5	锯片直径	350 mm
6	最大切割深度	125 mm
7	重量(不含锯片)	9.8 kg

圆盘锯的安全使用应遵循下列规定：

(1)一般规定。参见"带锯机"使用相关规定。

(2)木工圆锯机上的旋转锯片必须设置防护罩。

（3）安装锯片时，锯片应与轴同心，夹持锯片的法兰盘直径应为锯片直径的1/4。

（4）锯片不得有裂纹。锯片不得有连续2个及以上的缺齿。

（5）被锯木料的长度不应小于500 mm。作业时，锯片应露出木料10～20 mm。

（6）送料时，不得将木料左右晃动或抬高；遇木节时，应缓慢送料；接近端头时，应采用推棍送料。

（7）当锯线走偏时，应逐渐纠正，不得猛扳，以防止损坏锯片。

（8）作业时，操作人员应戴防护眼镜，手臂不得跨越锯片，人员不得站在锯片的旋转方向。

三、平面刨

刨削方法必须针对不同表面加以制定，而且不同的表面应用不同刨刀才能加工。平面刨是用于平面刨削的工具，其安全使用应遵循下列规定：

（1）一般规定。参见"带锯机"使用相关规定。

（2）刨料时，应保持身体平稳，用双手操作。刨大面时，手应按在木料上面；刨小料时，手指不得低于料高一半。不得手在料后推料。

（3）当被刨木料的厚度小于30 mm，或长度小于400 mm时，应采用压板或推棍推进。厚度小于15 mm，或长度小于250 mm的木料，不得在平刨上加工。

（4）刨旧料前，应将料上的钉子、泥砂清除干净。被刨木料如有破裂或硬节等缺陷时，应处理后再施刨。遇木槎、节疤应缓慢送料。不得将手按在节疤上强行送料。

（5）刀片、刀片螺钉的厚度和重量应一致，刀架与夹板应吻合贴紧，刀片焊缝超出刀头或有裂缝的刀具不应使用。刀片紧固螺钉应嵌入刀片槽内，并离刀背不得小于10 mm。刀片紧固力应符合使用说明书的规定。

（6）机械运转时，不得将手伸进安全挡板里侧去移动挡板或拆除安全挡板。

四、压刨床

压刨床是指用旋转或固定刨刀加工木料的平面或成形面的木工机床。木工刨床可分为单面压刨床、双面压刨床、三面压刨床、四面压刨床和精光刨床等。常用的单面压刨床和多面压刨床的安全使用应遵循下列规定：

（1）一般规定。参见"带锯机"使用相关规定。

（2）作业时，不得次刨削两块不同材质或规格的木料，被刨木料的厚度不得超过使用说明书的规定。

（3）操作者应站在进料的一侧。送料时应先进大头。接料人员应在被刨料离开料辊后接料。

（4）刨刀与刨床台面的水平间隙应为10～30 mm。不得使用带开口槽的刨刀。

（5）每次进刀量宜为2～5 mm。遇硬木或节疤，应减小进刀量，降低送料速度。

（6）刨料的长度不得小于前后压辊之间距离。厚度小于10 mm的薄板应垫托板作业。

（7）压刨床的逆止爪装置应灵敏有效。进料齿辊及托料光辊应调整水平。上下距离应保持一致，齿辊应低于工件表面1～2 mm，光辊应高出台面0.3～0.8 mm。工作台面不得歪斜和高低不平。

(8)刨削过程中，遇木料走横或卡住时，应先停机，再放低台面，取出木料，排除故障。

(9)按要求安装刀片。

五、木工车床

木工车床是由床身、安装在床身的导轨尾部的尾座、安装在床身的导轨中部的刀架、安装在床身头部的床头箱、安装在床头箱上的主轴及其上的卡盘、安装在床头箱上的电机、安装在电机轴和主轴及床头箱上的变速传动装置所构成，可分为普通木工车床、仿形木工车床和圆棒机等。木工车床适用于加工直径大、长度短的工件，可用高速钢或硬质合金刀具对钢件、铸铁件及轻合金件进行加工，可完成外圆、内孔、端面、锥面、切槽、切断等粗、精车削加工。

木工车床的安全使用应遵循下列规定：

(1)一般规定。参见"带锯机"使用相关规定。

(2)车削前，应对车床各部装置及工具、卡具进行检查，并确认安全可靠。工件应卡紧，并应采用顶针顶紧。应进行试运转，确认正常后，方可作业。应根据工件木质的硬度，选择适当的进刀量和转速。

(3)车削过程中，不得用手摸的方法检查工件的光滑程度。当采用砂纸打磨时，应先将刀架移开。车床转动时，不得用手来制动。

(4)方形木料应先加工成圆柱体，再上车床加工。不得切削有节疤或裂缝的木料。

六、木工铣床

木工铣床是用高速旋转的铣刀将木料开槽、开榫和加工出成形面等的木工机床，主要用于模型加工。木工铣床可分为立式单轴木工铣床、木模铣床和镂铣机三种。

木工铣床的安全使用应遵循下列规定：

(1)一般规定。参见"带锯机"使用相关规定。

(2)作业前，应对铣床各部件及铣刀安装进行检查，铣刀不得有裂纹或缺损，防护装置及定位止动装置应齐全可靠。

(3)当木料有硬节时，应低速送料。应在木料送过铣刀口150 mm后，再进行接料。

(4)当木料铣切到端头时，应在已铣切的一端接料。送短料时，应用推料棍。

(5)铣切量应按使用说明书的规定执行。不得在木料中间插刀。

(6)卧式铣床的操作人员作业时，应站在刀刃侧面，不得面对刀刃。

七、开榫机

开榫机是用来加工木制品榫头(阳榫)的木工机床。开榫机有直榫开榫机和燕尾榫开榫机两类。前者分为单头和双头两种；后者分为立式和卧式两种。

开榫机的安全使用应遵循下列规定：

(1)一般规定。参见"带锯机"使用相关规定。

(2)作业前，应紧固好刨刀、锯片，并试运转3~5 min，确认正常后作业。

(3)作业时，应侧身操作，不得面对刀具。

(4)切削时，应用压料杆将木料压紧，在切削完毕前，不得松开压料杆。短料开榫时，应用垫板将木料夹牢。不得用手直接握料作业。

(5)不得上机加工有节疤的木料。

八、打眼机

木工打眼机又称为钻机、打孔机、通孔机等，有半自动和全自动两种类型。打眼机的安全使用应遵循下列规定：

(1)一般规定。参见"带锯机"使用相关规定。

(2)作业前，应调整好机架和卡具，台面应平稳，钻头应垂直，凿心应在凿套中心卡牢，并应与加工的钻孔垂直。

(3)打眼时，应使用夹料器，不得用手直接扶料。遇节疤时，应缓慢压下，不得用力过猛。

(4)作业中，当凿心卡阻或冒烟时，应立即抬起手柄。不得用手直接清理钻出的木屑。

(5)更换凿心时，应先停车，切断电源，并应在平台上垫上木板后进行更换。

九、锉锯机

锉锯机是用于锉光工件的手工工具。锉锯机的安全使用应遵循下列规定：

(1)一般规定。参见"带锯机"使用相关规定。

(2)作业前，应检查并确认砂轮不得有裂缝和破损，并应安装牢固。

(3)启动时，应先空运转，当有剧烈搬动时，应找出偏重位置，调整平衡。

(4)作业时，操作人员不得站在砂轮旋转时离心力方向一侧。

(5)当撑齿钩遇到缺齿或撑钩妨碍锯条运动时，应及时处理。

(6)锉磨锯齿的速度宜按下列规定执行：带锯应控制在 40～70 齿/min；圆锯应控制在 26～30 齿/min。

(7)锯条焊接时应接合严密，平滑均匀，厚薄一致。

十、磨光机

木工磨光机是指使用磨料改善工件表面光洁度，有时也可提高尺寸精度的机床。其安全使用应符合下列规定：

(1)一般规定。参见"带锯机"使用相关规定。

(2)作业前，应对下列项目进行检查，并符合相应要求：

1)盘式磨光机防护装置应齐全有效；

2)砂轮应无裂纹破损；

3)带式磨光机砂筒上砂带的张紧度应适当；

4)各部轴承应润滑良好，紧固连接件应连接可靠。

(3)磨削小面积工件时，宜尽量在台面整个宽度内排满工件，磨削时，应渐次连续进给。

(4)带式磨光机作业时，压垫的压力应均匀。砂带纵向移动时，砂带应和工作台横向移动互相配合。

(5)盘式磨光机作业时，工件应放在向下旋转的半面进行磨光。手不得靠近磨盘。

第三节　建筑施工其他中小型机械与设备

一、咬口机

咬口机又称辘骨机、咬缝机、咬边机、风管咬口机、风管辘骨机、直立咬口机，是一种多功能的机种，主要用于金属板材连接和圆风管闭合连接的咬口加工。咬口机可分为多功能咬口机、联合角咬口机、插条咬口机、平口咬口机、弯头咬口机、直立咬口机。

咬口机结构由给料部分、成型部分、传动部分三部分组成。 给料部分主要是人工送料，利用轧辊之间的间隙进料；成型部分主要指主机部分，核心部分是轧辊。当两压辊之间进料过多或进入滚轮之间挤压成型；传动部分主传动系统为：电动机—三角形带—减速机—开式齿轮—轧辊。主机由电磁调速电机提供动力，经皮带轮、圆柱齿轮减速机，通过棒销联轴器传至主动轴。

咬口机安全使用应遵循下列规定：

(1)不得用手触碰转动中的辊轮，工件送到末端时，手指应离开工件。

(2)工件长度、宽度不得超过机械允许加工的范围。

(3)作业中如有异物进入辊中，应立即停车处理。

二、剪板机

剪板机是用一个刀片相对另一刀片做往复直线运动剪切板材的机器，是借于运动的上刀片和固定的下刀片，采用合理的刀片间隙，对各种厚度的金属板材施加剪切力，使板材按所需要的尺寸断裂分离。剪板机属于锻压机械中的一种，主要作用就是金属加工行业。

剪板机的安全使用应符合下列规定：

(1)启动前，应检查并确认各部润滑、紧固应完好，切刀不得有缺口。

(2)剪切钢板的厚度不得超过剪板机规定的能力。切窄板材时，应在被剪板材上压一块较宽钢板，使垂直压紧装置下落时，能压牢被剪板材。

(3)应根据剪切板材厚度，调整上下切刀间隙。正常切刀间隙不得大于板材厚度的 5%，斜口剪时，不得大于 7%。间隙调整后，应进行手转动及空车运转试验。

(4)剪板机限位装置应齐全有效。制动装置应根据磨损情况，及时调整。

(5)多人作业时，应有专人指挥。

(6)应在上切刀停止运动后送料。送料时，应放正、放平、放稳，手指不得接近切刀和压板，并不得将手伸进垂直压紧装置的内侧。

三、折板机

折板机可以迅速、经济地分割 PCB，它的圆刀和导向刀是用特殊的钢材制成的，折板机的优点是使用寿命长。

折板机的安全使用应遵循下列规定：

(1)作业前，应先校对模具，按被折板厚的 1.5～2 倍预留间隙，并进行试折，在检查并确认机械和模具装备正常后，再调整到折板规定的间隙，开始正式作业。

(2)作业中，应经常检查上模具的紧固件和液压或气压系统，当发现有松动或泄漏等情况，应立即停机，并妥善处理后，继续作业。

(3)批量生产时，应使用后标尺挡板进行对准和调整尺寸，并应空载运转，检查并确认其摆动应灵活可靠。

四、卷板机

卷板机是一种利用工作辊使板料弯曲成形的设备，可以成形筒形件、锥形件等不同形状的零件，是非常重要的一种加工设备。卷板机的工作原理是通过液压力、机械力等外力的作用，使工作辊运动，从而使板材压弯或卷弯成形。根据不同形状的工作辊的旋转运动以及位置变化，可以加工出椭圆形件、弧形件、筒形件等零件。

卷板机的安全使用应符合下列规定：

(1)作业中，操作人员应站在工件的两侧，并应防止人手和衣服被卷入轧辊内。工件上不得站人。

(2)用样板检查圆度时，应在停机后进行。滚卷工件到末端时，应留一定的余量。

(3)滚卷较厚、直径较大的筒体或材料强度较大的工件时，应少量下降动轧辊，并应经多次滚卷成型。

(4)滚卷较窄的筒体时，应放在轧辊中间滚卷。

五、坡口机

坡口机是管道或平板在焊接前端面进行倒角坡口的专用工具，适用于钢材、铸铁、硬质塑料、有色金属等材料。

坡口机的安全使用应遵循下列规定：

(1)刀排、刀具应稳定牢固。

(2)当工件过长时，应加装辅助托架。

(3)作业中，不得俯身近视工件。不得用手摸坡口及擦拭铁屑。

六、法兰卷圆机

法兰卷圆机具有独立的液压系统与电器控制系统，采用按钮集中控制，具有点动和联动两种操作方式，其压力和行程均可在规定范围内进行调整。其结构合理，具有体积小、能耗低、效率高、无噪声的优点。**法兰卷圆机主要由主机、液压站和电控柜三大部分组成。**由电动油泵输出的高压油，经高压油管送入工作油缸或马达内，高压油推动工作油缸或马达内柱塞，产生推力和扭矩，通过模具部件弯曲型材。

法兰卷圆机安全使用应遵循下列规定：

(1)加工型钢规格不应超过机具的允许范围。

(2)当轧制的法兰不能进入第二道型辊时，不得用手直接推送，应使用专用工具送入。

(3)当加工法兰直径超过 1 000 mm 时，应采取加装托架等安全措施。

(4)作业时，人员不得靠近法兰尾端。

七、弯管机

弯管机是指用于弯管的机器，还能做千斤顶用，大致可分为液压电动弯管机、卧式液压弯管机、多功能滚动式弯管机、数显弯管机等，应用于电力施工、公铁路建设、桥梁、船舶等方面管道铺设及修造。

弯管机安全使用应遵循下列规定：

(1)弯管机作业场所应设置围栏。

(2)应按加工管径选用管模，并应按顺序将管模放好。

(3)不得在管子和管模之间加油。

(4)作业时，应夹紧机件，导板支承机构应按弯管的方向及时进行换向。

八、小型台钻

小型台钻是指可安放在作业台上，主轴垂直布置的小型钻床。其优点是体积小巧，操作简便。小型台钻的安全使用应遵循下列规定：

(1)多台钻床布置时，应保持合适安全距离。

(2)操作人员应按规定穿戴防护用品，并应扎紧袖口。不得围围巾及戴手套。

(3)启动前应检查下列各项，并应符合相应要求：

1)各部螺栓应紧固；

2)行程限位、信号等安全装置应齐全有效；

3)润滑系统应保持清洁，油量应充足；

4)电气开关、接地或接零应良好；

5)传动及电气部分的防护装置应完好牢固；

6)夹具、刀具不得有裂纹、破损。

(4)钻小件时，应用工具夹持；钻薄板时，应用虎钳夹紧，并应在工件下垫好木板。

(5)手动进钻、退钻时，应逐渐增压或减压，不得用管子套在手柄上加压进钻。

(6)排屑困难时，进钻、退钻应反复交替进行。

(7)不得用手触摸旋转的刀具或将头部靠近机床旋转部分，不得在旋转着的刀具下翻转、卡压或测量工件。

本章小结

顶管施工是非开挖施工方法，是一种不开挖或者少开挖的管道埋设施工技术，常见的顶管机有机械式顶管机、挤压式顶管机和人工挖掘顶管机。盾构机是一种使用盾构法的隧道掘进机，按工作原理不同可分为手掘式盾构、挤压式盾构、半机械式盾构和机械式盾构。常用的木工机械包括带锯机、圆盘锯、平面刨、压刨床、木工车床、木工铣床、开榫机、打眼机、锉锯机和磨光机等。建筑工程施工常用中小型机械与设备包括咬口机、剪板机、折板机、卷板机、坡口机、法兰卷圆机、弯管机及小型台钻等。本章学习后，应掌握建筑工程用顶管机、盾构机、木工机械及常用中、小型机械与设备的安全使用技术。

思考题

一、填空题

1. _____是非开挖施工方法，是一种不开挖或者少开挖的管道埋设施工技术。

2. 圆盘锯主要采用_____驱动气动马达高速运转，实现快速切割。

3. _____是指用旋转或固定刨刀加工木料的平面或成形面的木工机床。

4. 木工铣床分为_____、_____和_____ 3 种。

5. 咬口机结构由三部分组成：_____、_____、_____。

二、选择题

1. 盾构掘进时，盾构切口与到达接收井距离小于(   )m 时，应控制盾构推进速度、开挖面压力、排土量。

    A. 4   B. 6   C. 8   D. 10

2. 带锯机倒车应在木材的尾端越过锯条(   )mm 后进行，倒车速度不宜过快。

    A. 300   B. 500   C. 700   D. 900

3. 作业时，圆盘锯的锯片应露出木料(   ) mm。

    A. 0～10   B. 0～20   C. 10～20   D. 10～50

三、问答题

1. 顶管作业时，如何进行千斤顶的安装？

2. 管道顶进过程中，哪些情形下应停止顶进？

3. 盾构机组装完成后，应对哪些项目进行调试验收？

4. 盾构掘进作业时，哪些情形下应暂停施工？

5. 如何进行盾构机的转场运输？

6. 带锯机是如何分类的？

7. 磨光机作业前应检查哪些项目？

8. 剪板机的安全使用应遵循哪些规定？

参考文献

References

[1] 傅海军. 建筑设备[M]. 2版. 北京：机械工业出版社，2017.

[2] 王青山. 建筑设备[M]. 北京：机械工业出版社，2018.

[3] 雷锐锋. 建筑施工机械检查要点图解[M]. 北京：建筑工业出版社，2015.

[4] 张海涛，黄卫平. 建筑工程机械[M]. 武汉：武汉大学出版社，2009.

[5] 张青，宋世军，张瑞军，等. 工程机械概论[M]. 北京：化学工业出版社，2009.

[6] 线登洲，刘承华. 建筑施工常用机械设备管理及使用[M]. 北京：建筑工业出版社，2008.

[7] 李启月. 工程机械[M]. 长沙：中南大学出版社，2007.

[8] 周春华，钟建国，黄长礼，等. 土、石方机械[M]. 北京：机械工业出版社，2003.

[9] 田奇. 建筑机械使用与维修[M]. 北京：中国建材工业出版社，2003.

[10] 刘古岷，王渝，胡国庆，等. 桩工机械[M]. 北京：机械工业出版社，2001.